生命と地球の進化アトラス

VOLUME

II

デボン紀から
白亜紀

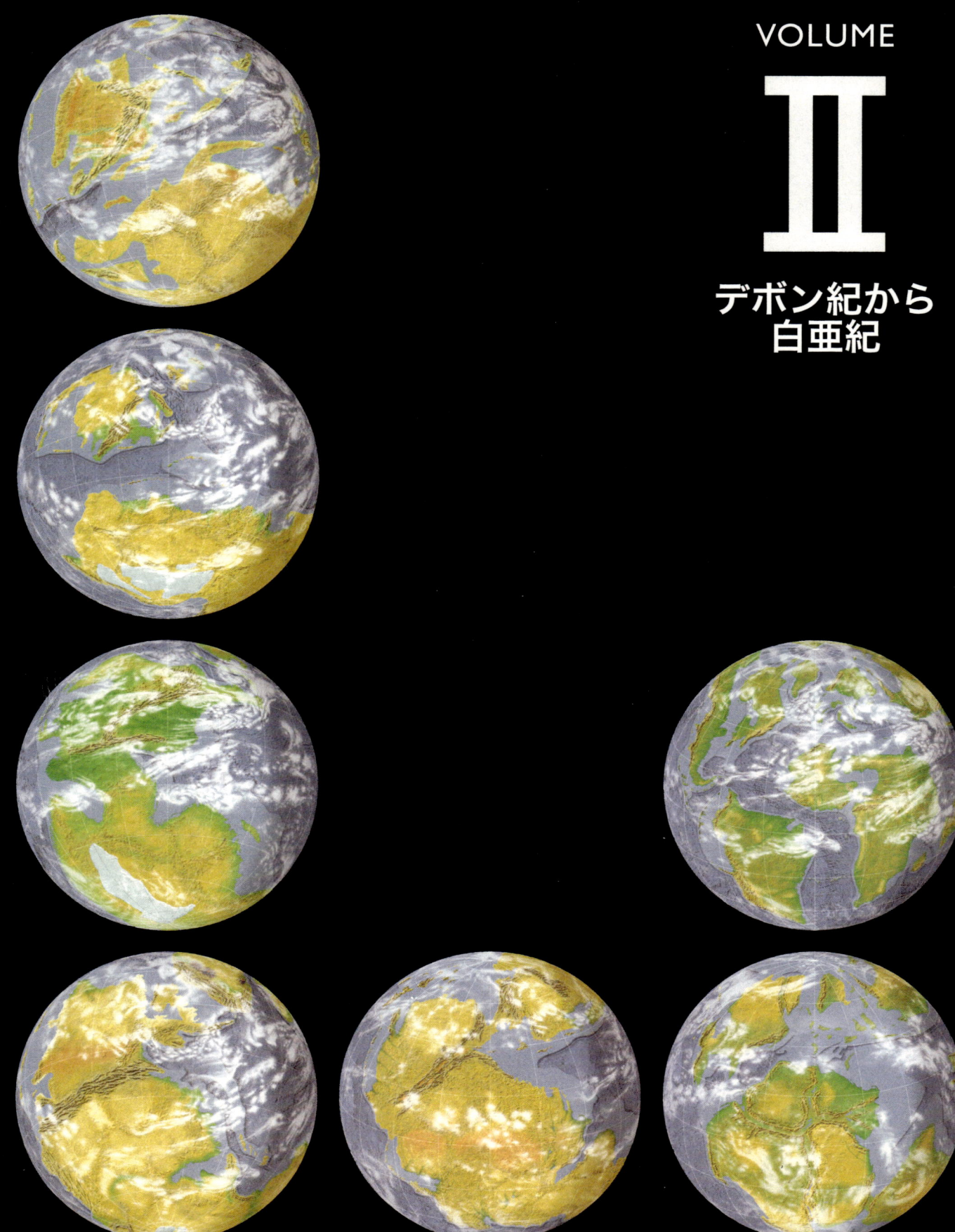

生命と地球の進化アトラス

VOLUME

II

デボン紀から
白亜紀

ドゥーガル・ディクソン 著

小畠郁生 監訳

朝倉書店

Principal contributors
Dougal Dixon

Dr. Ian Jenkins
University of Bristol, UK

Professor Richard T.J. Moody
University of Kingston, UK

Dr. Andrey Yu. Zhuravlev
Paleontological institue, Moscow

Project director Ayala Kingsley
Project editor Lauren Bourque
Art editors Ayala Kingsley, Martin Anderson
Cartographic manager Richard Watts
Cartographic editor Tim Williams
Paleogeography Dougal Dixon
Additional design Roger Hutchins
Picture research Alison Floyd
Picture management Claire Turner
Production director Clive Sparling
Proofreader Lynne Wycherley
Index Ann Barrett

Illustrators Julian and Janet Baker,
Robert and Rhoda Burns, Felicity Cole,
Dougal Dixon, Bill Donohoe, Brin Edwards,
Samantha Elmhurst, David Hardy,
Ron Hayward, Karen Hiscock, Ruth Lindsay,
Maltings Partnership, Denys Ovenden,
Colin Rose, David Russell, John Sibbick

Planned and produced by
Andromeda Oxford Limited
11–13 The Vineyard
Abingdon
Oxfordshire
OX14 3PX
England

www.andromeda.co.uk

© 2001 Andromeda Oxford Ltd

Japanese translation rights arranged
with Andromeda Oxford Limited,
Abingdon, Oxfordshire, England
through Tuttle-Mori Agency, Inc., Tokyo

Published in the United States of America by
Macmillan Reference USA
1633 Broadway
New York,
NY 10019

All rights reserved. No part of this book may be
reproduced or transmitted in any form, or by any means,
electronic or mechanical,including photocopying, recording, or by
any information storage and retrieval system, without permission
in writing from the publisher.

目　次

シリーズの序　6
地質年代図　9

PART 3　古生代後期　10

デボン紀　14

魚類の進化　26

石炭紀前期　28

両生類の進化　36

石炭紀後期　38

昆虫類の進化　50

ペルム紀　52

哺乳類型爬虫類の進化　64

PART 4　中生代　66

三畳紀　70

爬虫類の進化　80

ジュラ紀　82

アンモナイト類の進化　98
恐竜類の進化　100

白亜紀　102

顕花植物の進化　118
鳥類の進化　120

用語解説　122
参考文献・謝辞　137
監訳者あとがき　138
日本語参考図書・訳者一覧　139
索　引　140

シリーズの序

この現代ではたいていの人が，地球の起源，海中での生命の誕生，恐竜の時代，原始人類，氷河時代などについて，おおまかな知識はすでにもっている．しかし，あちこちの採石場や海岸に露出した岩石や，偶然に発見された化石から，これらの膨大な物語が組み立てられたのが，僅かこの200年ほどの間にすぎないというのは驚くべきことである．

すでに古代ギリシャ人やローマ人も，自然の世界を科学的に観察していた．西暦1200年に中国の博物学者で詩人の朱子（Zhu Xi）も，「高い山に貝殻を見たことがある．……その貝は水中に住んでいたにちがいない．低い土地が今や高地となり，軟らかいものが硬い石に変わったのだ」と書いている．しかし，それから600年後のヨーロッパでも，自然科学の歩みはまだ遅々としたものだった．いくつかの重要な発見はあったが，いぜんとして地球はごく近い過去に，最高の創造主によってつくられたものだという考え方が一般的だった．

少しずつ，この考え方に疑問を投げかける人が現れ始めた．1788年，スコットランドの地主でアマチュアの地質学者であったジェイムズ・ハットン（James Hutton）は，地球がそれまで考えられもしなかった，気も遠くなるほど古いものであることを強く主張した．彼はスコットランドで，河川や海岸の浸食や砕屑物の堆積層を観察し，古い岩石の層を調べた．その岩層の驚くほどの厚さは，それが膨大な時間をかけて生まれたものであることを示していた．「いつ始まったとも，いつ終わるとも知れない」とハットンはいい，斉一観という考え方を提唱して，「現在は過去を解くカギである」という言葉でそれを表した．この言葉は，自然の法則はどの時代にも変わらないということを意味する．これによって彼は中世的な考え方を葬り去り，地質学を科学として確立した．

ハットンの生きている間に，化石は単なる珍奇な個人収集物から，生命の起源に関する論争の核心を占めるものとなった．1750年ころまでは，ほとんどの博物学者（多数の聖職者が含まれていた）が，地球上の植物や動物はこれまでずっと同じ姿であったし，これからもずっと同じ姿であり続けるものと考えていた．生物の絶滅などということは，創造主が重大な誤りを犯したことを意味するものと考えられた．しかし，探検や産業的発掘が進むにともなって，未知の動植物の遺骸が次々に発見された．

北アメリカの初期の探検者たちは，そこで発見したものを研究のためヨーロッパに送った．貝殻やシダの葉はまだそれほどの問題にはならなかったが，1750年ころ，新植民地オハイオの地表堆積層から掘り出された巨大な骨や歯がロンドンやパリに送られてきた．ヨーロッパの学者たちは，これらはある種のゾウの遺物と考えたが，現代のインドゾウやアフリカゾウとは違っていた．何か別種のゾウ——彼らはこれにインコグニトゥム（Incognitum）（「未知のもの」）という名前をつけた——が，今も北アメリカの西部辺境に生きているのではないかと彼らは考えた．しかし，探検者がさらに西に進んでも生きているゾウは発見されず，この理屈は成り立たなくなった．1795年には，フランスの有名な解剖

学者で，古生物学者のジョルジュ・キュヴィエ（Georges Cuvier）は，アメリカのインコグニトゥムは絶滅した動物マストドンであると発表した．彼はほかにもいくつか，化石化した骨しか知られず，明らかに絶滅したと考えられる大型の動物について論文を発表した．これにはシベリアのマンモスや南アメリカの巨大な地上ナマケモノであるメガテリウム（*Megatherium*）が含まれていた．

キュヴィエは，これらの動物が消滅したのは，全地球的な破局によってすべての生物が一掃されたためと考えた．この考え方は聖書の大洪水や疫病の話と一致し，ゆっくりした変化を主張する斉一観に反対の伝統主義者もこれを支持した．しかし科学としての地質学が進むのにともなって，あらゆる証拠は斉一観を裏づけるように思われた．ごく最近の1960年代まで，多くの地質学者は「超斉一観主義者」となって，現代世界ではもはや観察されない作用は認めようとしないほどだった．実際には，破局論者も多くの点で正しかった．大量絶滅が隕石の衝突や氷河時代といった出来事によって起こったという考え方もある．このような出来事でさえ，今日では自然現象であることがわかっている．

斉一観の考え方を裏づける証拠は，主として1820〜1830年代に築かれた層序学――岩石の新旧の順序づけ――の原理から得られた．ハットンは岩石に対し時間枠を設定し，彼の後継者たちは地球上の多くの場所で特定の岩石の分布がくり返し見られることに気づいた．さらに，特定の岩層には，予測可能な化石群が含まれていた．イングランド南部のある岩層は，同じ化石群を含んでいるスコットランドやフランスの岩層と相互に対比できると考えられた．ある特定の岩層が相互に対比できるものであることが明らかになれば，その上や下にどのようなものがあるかを地質学者は予測することができた．地質時代の重要な区分――石炭紀，ジュラ紀，白亜紀，シルル紀など――が，年代の順にではなかったが，1つずつ定義され，名前がつけられていった．

しかし，化石はどう考えるべきものだろうか？　これは時代とともに，はっきりと変化していった．化石はジョルジュ・キュヴィエが主張したように，一連の創造と絶滅を表すものなのだろうか？　それともさまざまな時代を通してひとつながりのものなのだろうか？　イギリスやフランスの哲学者たちは19世紀の前半，この問題について議論をくり返したが，最後に1859年にその法則とメカニズムを明らかにしたのはチャールズ・ダーウィン（Charles Darwin）だった．今日見られる生物の多様性は，長い時間をかけた系統の分離（種の形成）によってのみ生じえたものであり，すべての生物は想像を絶する遠い昔の共通の祖先にまでさかのぼりうることを彼は示したのである．このようなモデルを与えられ，さらに多くの化石による裏づけを得て，19世紀の古生物学者は，その後ほとんど何の修正も必要としないほどの詳細な生命の歴史を描き上げた．20

> 時間と岩石と化石の複雑な関係について謎が解け始めたのは，1800年代の初め頃からだった．

世紀の発見は，遺伝学の役割が理解されたこととも相まって，さらに多くの光を投げかけたが，現代の古生物学研究の多くは，大まかに組み立てられた全体像の隙間を埋めていっているにすぎない．

地質の科学は1915年ころの2つの大きな進歩によって，革命的な発展を遂げた．その1つは放射年代測定法だった．マリー・キュリー（Marie Curie）およびピエル・キュリー（Pierre Curie）が1890年代に発見した放射性崩壊の原理を岩石に適用したものである．地質学者ははじめて，累重する岩層の絶対年代を確定したり，1830年代に確立された地質時代の放射年代をはっきりさせることができるようになった．

第2の革命は大陸漂移説（大陸移動説）によってもたらされた．1915年まで，地質学者の多くは地球が安定したものだと考えていた．ただし一部には，地図で見るアフリカと南アメリカがジグソー・パズルのようにぴったりと合うことや，はるかに離れた場所で見られる化石が似通っていることに気づいた人もいた．これらが単なる偶然ではないことを最初に主張したのはドイツの地質学者アルフレート・ウェゲナー（Alfred Wegener）だった．これらの大陸は約2億5000万年前のペルム紀から三畳紀には同じ1つの巨大な陸塊の一部だったのであり，今なお移動し続けているのだと彼は主張した．多くの地質学者は，地球は固体であり，大陸を移動させるようなメカニズムは存在しないという地球物理学の定説を論拠として，ウェゲナーの説を嘲笑した．

ウェゲナーの説が最終的に立証されたのは，1950年代から1960年代の初めに深海底でいくつかの発見が行われたのちのことだった．大陸漂移の原動力となっているのはプレートテクトニクスである．大陸や大洋底はいくつかのプレートの上に乗っている．大洋底の中央部で地球のマントルから湧き出してきた新しい地殻が，押し出されていったものがプレートである．新しい岩石が湧き出してくるのにともなって，海洋プレートはそこから両側に同じように押し出されていく．別のところでは，新しい地殻が押し出されてくるのに合わせて，プレートが別のプレートの下に潜り込んだり，2つのプレートが互いに押し合ったりしている．

5億5000万年前の岩石からウサギのようなもっと新しい時代の動物が発見されたら，進化の理論は根本からくつがえっていただろう．しかし，そのようなものが発見されたことはかつてない．

このような動きがアンデスやヒマラヤのような山脈をつくる．

地質学者は地球の歴史を1年ずつすべて調べつくすことはできないし，古生物学者はこれまで地球上に住んだすべての生物の化石を調べることはできない．しかし45億年にわたる地球の歴史を復元するだけの証拠は充分得られているし，予測にはずれる発見や，他の証拠と矛盾する発見というものはほとんどない．たとえば，100万年前に北アメリカやヨーロッパの大半が氷に覆われていたことは，何万という観測結果が一致して示している．カナダでは100万年前の砂漠の岩石や，熱帯のサンゴ礁は1つも見つかっていない．毎年何百万という新しい化石が発掘されているが，カンブリア紀の頁岩からウサギの化石が出てきたり，恐竜といっしょに人類が見つかったりして古生物学者に衝撃を与えたことはいまだかつてない．すでに得られている知識にもとづいて，その隙間の部分で，どのようなものが発見される可能性があるかについては推測することができる．このような考え方は独断的だということもできよう．しかし，何か予想外の新発見によってこれが誤りであることが立証されるまでは，岩石や化石は地球とそのすべての生物種の真の歴史を記録しているものと考えてよいだろう．

本書で読者は，地質学と古生物学の最新の知識を知ることができるだろう．層序学，年代測定，プレートテクトニクスの原理が大枠を定め，詳細な古地理学的地図はこの地球の驚くべき形の変化を示す．あらゆる国の地質学者が世界のあらゆる場所で，その生息環境や気候を調べ，蓄積してきた証拠がすべて，これを裏づけているのである．

第Ⅰ巻は地球の誕生に始まって，それがしだいに生物に適したものとなっていく変化をたどり，初期の生命の出現までについて語る．第Ⅱ巻では大陸が次々と形を変えていくのにともなう山脈の形成，森林の発達，両生類から恐竜類や鳥類までの動物の進化の物語を記す．第Ⅲ巻ではさらに最近の変化について記し，人類の登場や，われわれが地球に及ぼしつつある先例のないような影響についても述べる．これは200年前にジェイムズ・ハットンが想像できたよりも，さらに畏れに満ちた物語である．

マイケル・ベントン　英国・ブリストル大学

地質年代図

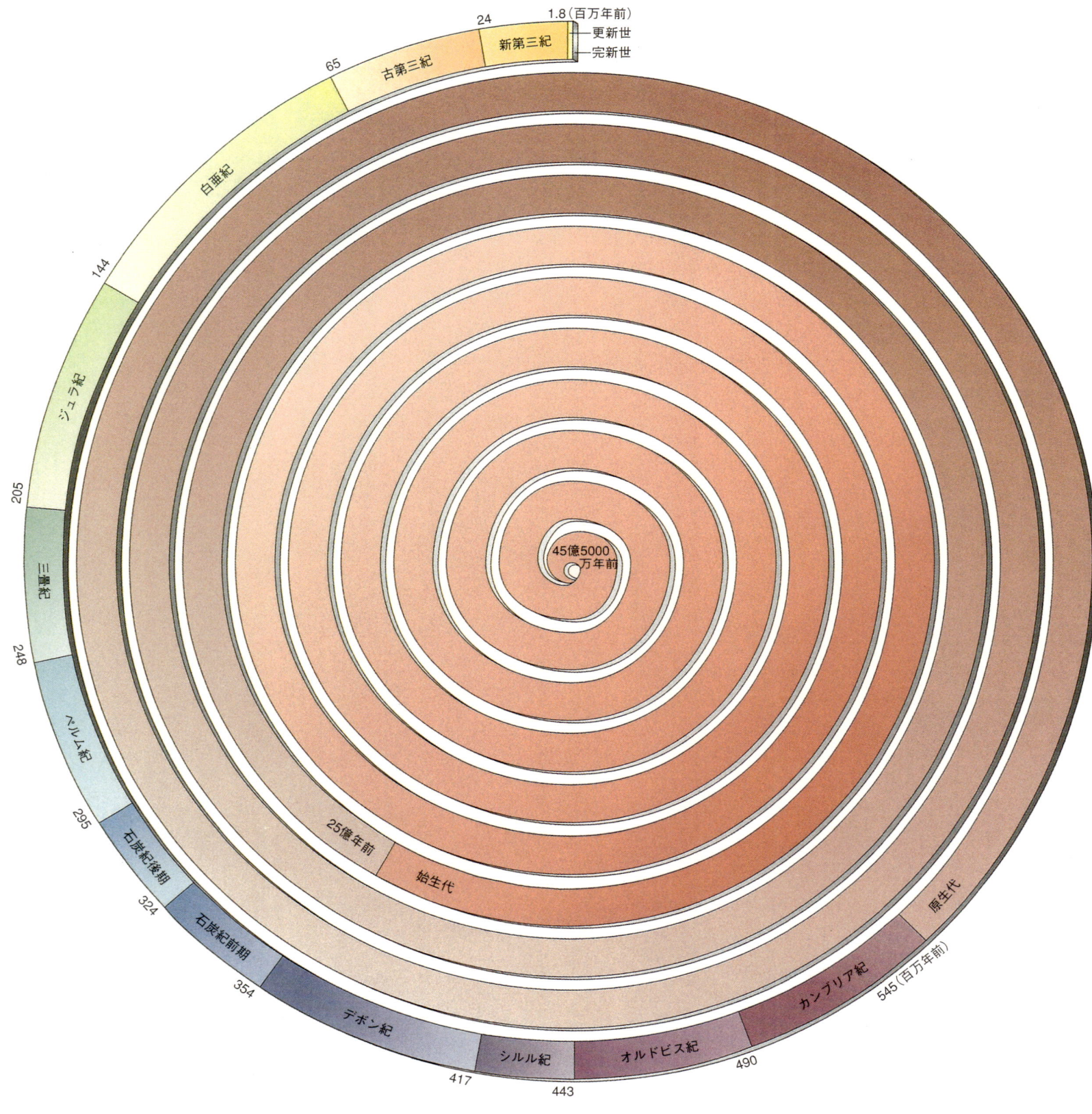

真の時間の長さ

この地質年代図は真の時間の長さがよくわかるよう、渦巻きの形に描かれている。したがって、20億5000万年続いた始生代と、200万年もなかった更新世との長さをはっきりと比べることができる。

最新版か？

地質学の世界で、地質年代ほどしじゅう変化するものはない。たえず検討しなおされているためである。本書で用いているデータは、特に他から指摘された部分を除き、主として Bilal U. Haq と Frans W.B.van Eysinga（Elsevier Science BV）の1988年の年代表にもとづく。

古生代後期

生命の上陸

PART 3

4億1700万年前から
2億4800万年前

- デボン紀 ▶
- 石炭紀前期 ▶
- 石炭紀後期 ▶
- ペルム紀 ▶

PART 3 古生代後期

　古生代後期の初期，宇宙から地球を眺めたとすると，海で隔てられた諸大陸が散在する現在の光景を偲ばせるものがあっただろう．古生代後期が推移するにつれ，地球の岩石圏プレートが徐々に動くことが原因で，諸大陸は漂移・衝突・結合してより大きな諸大陸を形成し，その過程で他の結合した大陸と共に弧状列島や小大陸をも取り込みながら，古生代の最末期にはすべての大陸性岩塊の断片が集まって単一の陸塊，パンゲア超大陸（supercontinent of Pangea）になっていた．

　パンゲアは現在の全大陸がぴったりくっついて合体した塊であり，そして，地質学的にある時期が来ると再び漂移する準備が整うものと考えることには魅力がある．太古の地理図上に現在の諸大陸の輪郭を重ねて描いた多くの古地理復原図がこのことを示唆していると思う．しかし，実際には，事実ははるかに複雑である．パンゲアは古い先カンブリア時代（Precambrian）の岩石から成るいくつかのクラトン性楯状地（cratonic shield）から成っていた．これらの楯状地はテクトニクスの観点では，安定した全大陸の中心部を形成し，褶曲山地（fold mountains）に囲まれ，互いどうしは分離していた．これらの山脈の古さは様々で，アパラチア山脈の最古の部分などは当時でさえ既に年を経て浸食され，数億年前に起こった衝突の接合境界線を示していた．一方，古ウラル山脈などは高くぎざぎざしていたが，これは新しい衝突の結果だった．

　パンゲアの地形には，時によって，将来に分裂し，私たちが今日見知っている大陸の形を生む境界線の兆しが見られる．大陸が衝突すると大山脈は大陸間で破砕され，変成した堆積岩の基底はより下部の地殻とマントル内に押し下げられる．これらの険しい境界部はより厚みがあるにもかかわらず，両側のクラトンほど硬直ではない．マントルの熱と下方での拡大の結果，最終的に超大陸が分裂するのは通常はこのような境界部沿いになる．地球の歴史上，超大陸の集成と分裂というサイクルはこれまでにも数回あったが，その中ではパンゲアの集成と分裂が一番新しい．

　古生代後期に起こった事件の中で重要なものは，ローレンシア（Laurentia）（北アメリカ）とバルティカ（Baltica）（ヨーロッパ北部）の衝突だった．5000万年後にパンゲアが分裂し始めた際，まさにこの境界線沿いに大きな割れ目の1つが出現し，大西洋を形成したのである．

　古生代後期の気候は単一の陸塊が徐々に集積しつつあったことを反映している．諸大陸がまだ漂移していた間は，海洋が近くにあったため，地表の気候状態は和らげられていた．全大陸の合体

後は，広大な陸塊に伴う極端な気候状態の証拠が見られる．海洋では暑期の水温上昇が極めて遅いが，いったん温度が上昇すると，気温が涼しくなってもその熱は長期間保持される．この反応の遅さが沿岸部では気候を和らげる役割を果たすが，内陸深くでは話が違ってくる．ペルム紀までにパンゲアは完成していたが，大陸中心部は酷暑と乾燥のため生息には適さなかったらしい．と同時に，超大陸の最南端は極地にあり，この地域は氷河時代を経験した．現在，アフリカで見られる氷河堆積物がその証拠である．

このような過去の環境上の特徴は岩石にも反映されている．諸大陸はそれが単なる個々の島々であったにせよ，1つの超大陸であったにせよ，すべてが乾燥地だったわけではない．今日でさえ，大陸の広い地域は浅海でおおわれている．インド洋のセーシェル諸島とモーリシャス島はかつてはアフリカ大陸塊の一部でその山頂部であり，バハマ諸島は地質学的には北アメリカの一部である巨大な海台の上部突出部である．したがって，古生代後期に合体してパンゲアを形成していた大陸片の多くは，大陸棚か海台だったかもしれない．この時代には，暖かい浅海域では細かい粒子が堆積して広大な石灰岩層を形成した．大陸の衝突で生まれた巨大な山地では浸食がすぐに始まり，浅海に砂洲と泥を広げた．陸の堆積物は新しくできた山々から流れ下った河川の堆積物から成り，暑い内陸部では砂漠堆積物が形成された．暑い乾燥条件下でできた堆積物は赤みを帯びる傾向を持ち，これは粒子内鉄分の酸化に原因する．赤色砂岩（red sandstone）はこの時代の大陸の岩石に典型的なものである．

> 古生代後期の終わりには，超大陸パンゲアは両極にまたがっていた．森林が地球上に広がるにつれ，地球の色も変わり始めていた．

古生代後期が推移するにつれて，大地の色彩は露出した岩石や堆積物の灰色，赤色，黄色から，植生の緑へと次第に変化し始めた．この時代は生物が水を離れ，乾燥した陸に完全に定着した時代でもあった．動物が浜辺を這い歩いた痕跡はカンブリア紀から，陸生の藻類が存在した証拠は先カンブリア時代からあるが，陸生生物が本当に確立したのは古生代後期が最初だった．

古生代後期末にあたるシルル紀には，浅海の縁に生息し，光合成する茎としか言えない原始的な陸生植物があった．デボン紀になると，このような最初の維管束植物（vascular plant）の茎が枝分かれし，葉が生まれた．デボン紀後期には森林が生まれ，ヒカゲノカズラ類，トクサ類とシダ種子類が河川堆積物でできた砂州に生育していた．これらが広大な湿地と巨大なヒカゲノカズラ類を伴う石炭紀の石炭林になった．より高い土地では最初の針葉樹類が生育していた．

植物の後に動物が続いた．昆虫類（insects）と他の節足動物が最初に上陸した．最初の昆虫類は無翅だったが，石炭紀後期になると空に飛び出した．脊椎動物も1つの固有領域から別の固有領域へと変移した．デボン紀には魚類（fishes）が放散し，強い筋肉を持つ一対の鰭と未発達な肺を持つ総鰭類（そうきるい）（lobefinned fishes）と呼ばれるグループが生まれた．これらが進化してすべての陸生脊椎動物の祖先にあたる最初の四肢動物——最も初期の両生類（amphibians）が生まれた．しかし，両生類は依然として水中に産卵する必要があった．爬虫類（reptiles）とその有殻卵の出現で，動物の生活は真に陸上に定着したことになる．

デボン紀

4億1700万年前から3億5400万年前

　地球とそこに住むすべての生物は，デボン紀（Devonian）に注目すべき変化を経験し始めた．脊椎動物が前面に出てきたのである．それまでは小型・無顎でオタマジャクシのような動物にすぎなかった魚類が多様な型に発展し，水を離れ始めていた．陸生植物も広がりつつあり，世界最初の森林を造り，大気を劇的に変化させていた．また，諸大陸の動きは陸塊を集め，さらに大きい超大陸を生みつつあった．大陸がつながった所では巨大な山脈が生まれた．この山脈から両側には堆積物が流れ出し，ニューヨーク州のキャッツキル・デルタ（Catskill Delta）からロシア西部にまで及ぶ特徴的な赤色岩層を形成した．この層の名残は，旧赤色砂岩（Old Red Sandstone）として知られる堆積相の累重に今日でも見られる．

　デボン紀は古生代後期の始まりを示している．この時代には，現在北アメリカとヨーロッパを造る陸塊の大部分は赤道を挟んだ乾燥地帯にあり，その結果，「旧赤色砂岩」として知られるようになった砂を堆積した．石炭紀にはこれらの陸塊はすでに北方に漂移しており，気候の変化を生んでいた．そのことが夾炭層として知られる岩石層序を生んだ熱帯林，湿地，三角州を育てたのである．その後，ペルム紀の初頭にも大陸の北方への漂移が続き，「新赤色砂岩」（New Red Sandstone）として知られる一連の累重する新しい地層を堆積させた．

　この層序は，当初，デボン紀を研究し命名した科学者たちの間では特に問題にされなかった．問題にしたのはデボン系を確認した19世紀初頭の地質学上の重要人物——イギリスの地質学者であるロデリク・イムピ・マーチソン（Roderick Impey Murchison）とアダム・セジウィック（Adam Sedgwick）で，彼らの最も重要な業績は既に古生代のより前期の体系を認知していたことだった．1839年，彼らはイングランド南西岸デボン（Devon）の海成層の層序に対し，デボン系を命名した．翌年，サンゴ類の専門家であるウィリアム・ロンズデール（William Lonsdale）がその著作中で，この一連の地層はマーチソンが定義したシルル系と，既に認められていた石炭系の間に来るものであり，北方で見られる赤色砂岩の巨大な層序と同時代である可能性を示唆した．本来この紀を命名する基になった海成層の層序はかなり限られていた．2つの異なるタイプの岩石，つまり，海成と砂漠成の砂岩が同時に形成された可能性があり，世界のどの地質時代であれ，どこもが同じ岩石で形成されるわけではなかったことが初めて知られたという点で，ロンズデールの説は重要である．

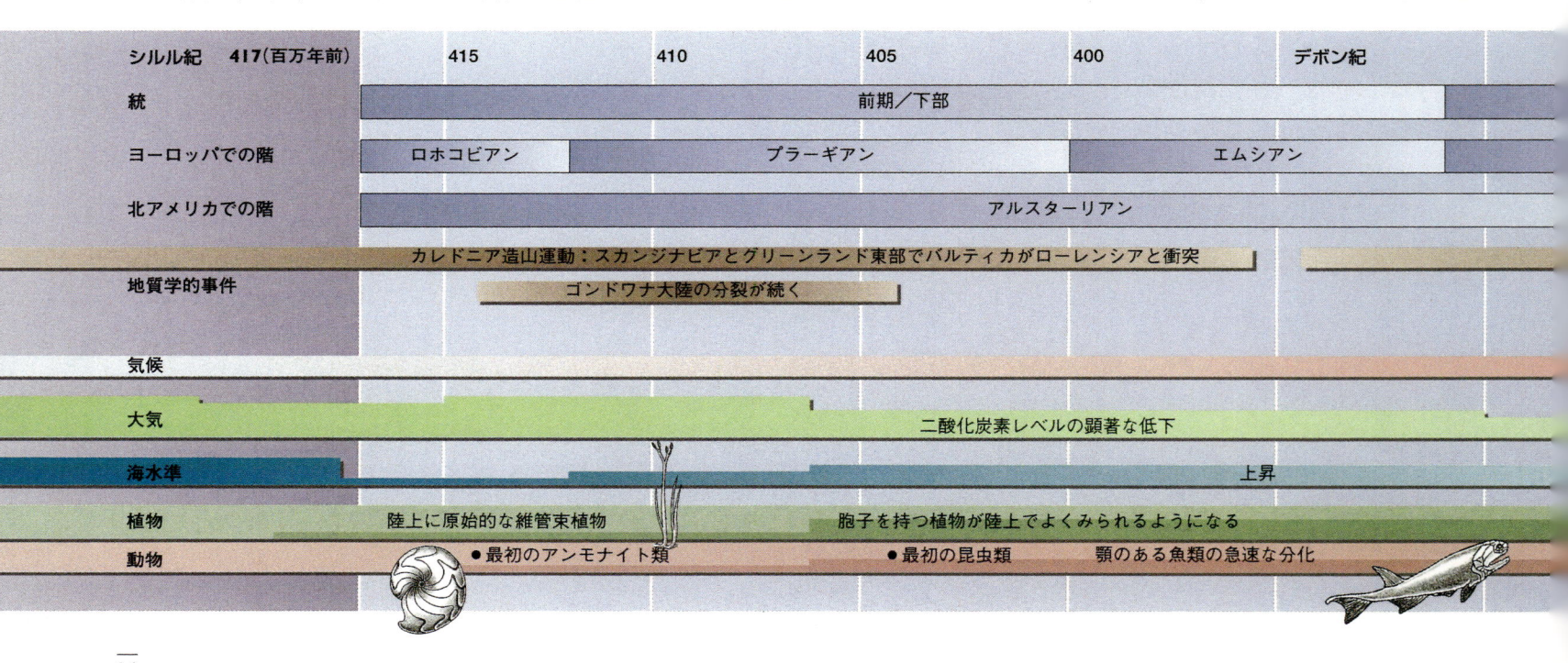

イギリスの測量技師ウィリアム・「ストラタ（地層屋）」・スミス（William "Strata" Smith）は，スコットランドの旧赤色砂岩を早くも1790年代に定義していた．

キーワード

- アカディア造山運動
- 盆地
- カレドニア造山運動
- クラトン
- 蒸発岩（蒸発残留岩）
- ローレンシア
- モラッセ
- 旧赤色砂岩
- 赤色岩層
- テレーン
- 維管束植物

古 生 代 後 期

デボン紀

旧赤色砂岩はウェールズ南部，スコットランド中央部と北部，アイルランド南端ではありふれた景観の一部だったが，当時の一流地質学者たちには多分に無視されていた．旧赤色砂岩は地方的なものであり，シルル紀とか石炭紀の化石の欠けている部分といった程度が一般的な見解だった．

旧赤色砂岩大陸の大部分は赤道南北の熱帯緯度域にまたがっていた．今日と同じで，デボン紀にも貿易風が赤道南北の大気中に水分をもたらしていた．湿った大気はそこで加熱され，上昇し，土壌や河川に雨を降らせ，温室のような生育条件を促進していた．高緯度の乾燥した大気は南北に吹き流されて冷却され，熱帯緯度付近で再び下降し，時折季節的な豪雨を伴う暑く乾燥した気候を生んだ．

> デボン紀を通じ，
> 気候は暖かく，
> 北方大陸では特に
> そうだった．
> 新しい陸塊が
> 大きくなるにつれ，
> 内陸はより乾燥した．

ローレンシア（現在の北アメリカ）とバルティカ（現在のスカンジナビア）の両大陸は，古生代のシルル紀末まで容赦なく互いに向かって移動しつつあったが，遂に衝突した．間にあったイアペトス海は沿海部，深い海溝，火山性の島弧ともども押しつぶされて消失する．その場所には巨大な2大陸の境界を示してそびえ立つ山脈——アカディア-カレドニア山脈が生まれた．プレートテクトニクス説と大陸漂移説（大陸移動説）が受け入れられる以前，地質学者たちはこれらの山脈は一時は大西洋に伸びていたが，間にあった部分が浸食されて無くなったものと考えていた．

大陸間の衝突は地球の歴史を通じて繰り返し起こっており，様々な時代の地形を形成する重要な要素になっている．これは現在も起こっている．オーストラリアは東南アジアに近づきつつあり，今後5000万年以内に衝突するだろう．アフリカはすでにヨーロッパに衝突する間際にあり，ねじ曲げられ，火山が多く，地震で裂かれ，込み入った地中海，また，ひものように引き伸ばされ，今にも消えようとしている水たまりの黒海（Black Sea），カスピ海（Caspian Sea），アラル海（Aral Sea）は，かつて両大陸の間に存在した海洋域の名残である．

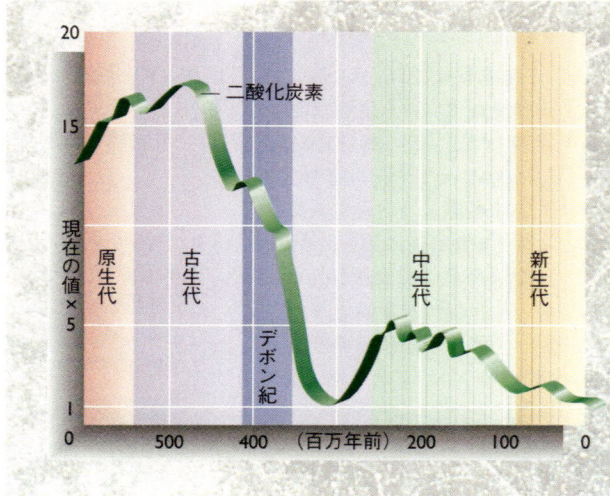

新たになりつつある大気

デボン紀における植物の急速な発展は，大気中の二酸化炭素の大部分が酸素に変えられたことを意味する．酸素の割合はデボン紀を通じて増加し，肺を持つ動物が陸上で生きられる水準に達した．しかし，二酸化炭素は中生代に再び増加し，その後，現在の水準まで下がった．

参照
石炭紀前期：アカディア-カレドニア造山運動，陸上生物
ペルム紀：新赤色砂岩
第Ⅰ巻，地球の起源と特質：大気の進化

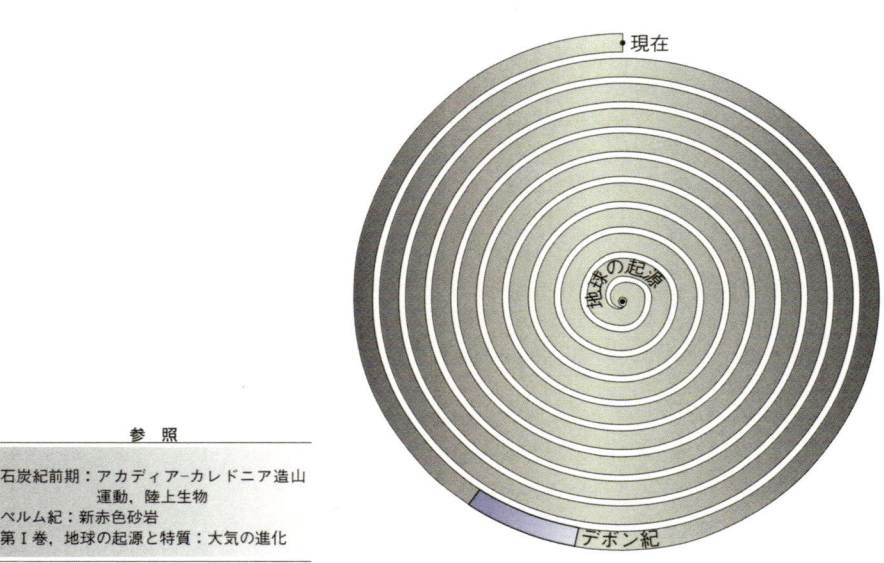

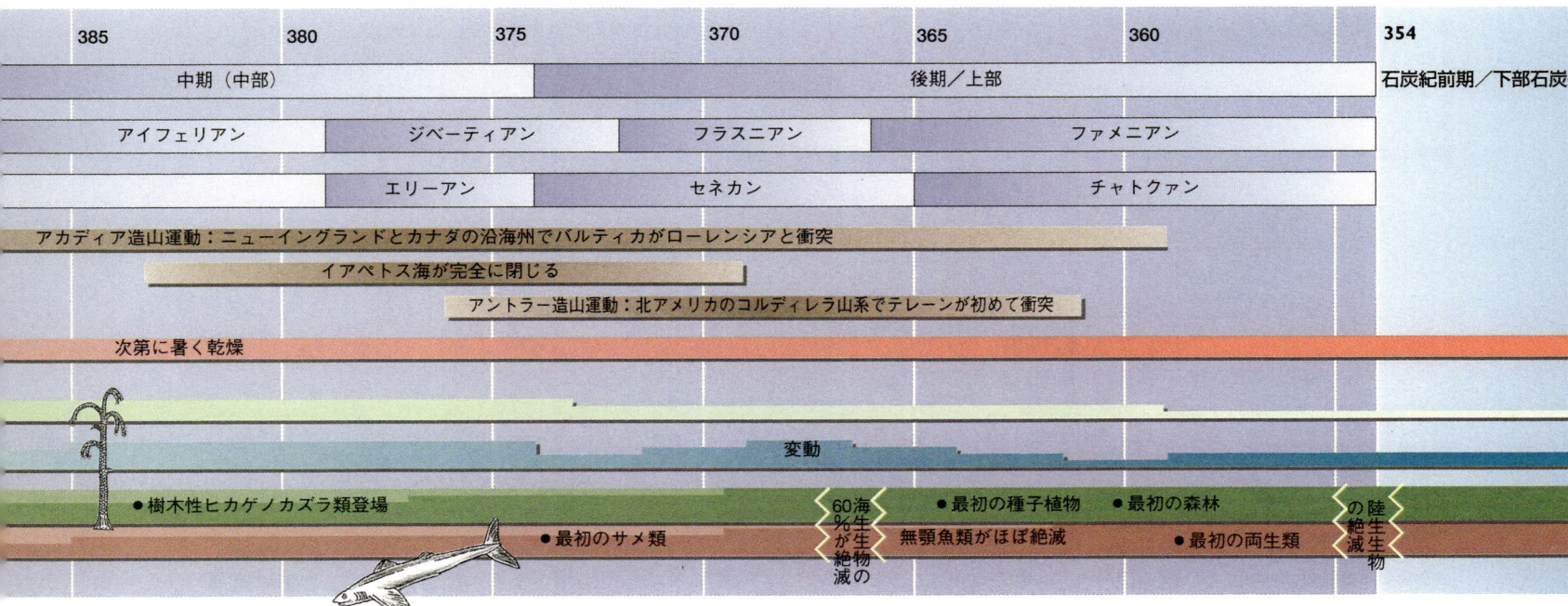

PART 3

デボン紀

2億年の間，バルティカとローレンシア両大陸間のイアペトス海は堆積物を集め続けていた．海岸の浅瀬には沿海の砂が蓄積した．サンゴ類，ウミユリ類，三葉虫類などの生命に富んだ周縁部の礁によって石灰岩が堆積した．深い所は筆石類 (graptolites) やその他の浮遊生物を内蔵し，何層にも重なる厚くて黒い泥の層ができた．連鎖状の火山性の島が向かい合った大陸の海岸線と平行に走って噴出し，接近中の大陸間でもみくちゃにされた地球の構造が上方にしぼり出された溶解物質として供給された．また，火山弧は溶解した岩石を枕状溶岩 (pillow lava) 堆積物として海底に押し広げた．次に，これらすべての堆積物は互いの中で押し砕かれ，圧縮され，地球のマントル内に押し下げられた上，さらに，ぎざぎざした山地として押し上げられた．その高さはエベレスト並で数千 km にわたって伸び，両陸塊の境界を示していた．

現在の北アメリカは旧赤色砂岩大陸の西部を形成していた．アカディア-カレドニア山脈のみすぼらしい残片は，今でもアパラチア山脈 (Appalachians) の北部で見ることができる．一方，西部の海岸線は沈み込み帯の近くにあり，沖に活火山島弧を生み出した．この西端では海が迫り，海面が上がると，海岸平野やより内陸部を氾濫させた．現在のロッキー山脈がある場所ではアントラー造山運動 (Antler orogeny) として知られる一層の変形が起こり，山脈ができた．

旧赤色砂岩大陸の北西縁沖には海域があったが，その広さは分かっていない．その先にはシベリア大陸があった．後に大陸が合体するにつれてこの海域は閉じ，最終的にはウラル山脈を形成することになる．

旧赤色砂岩大陸の南縁，現在ドイツがある地域には，あまり遠くない沖に深海があった．この海は旧赤色砂岩大陸と南方のゴンドワナ大陸間の海溝の証拠と見られ，両大陸が互いに近づきつつあったことを示している．この海の海進と海退は順次，深海成・浅海成・乾いた陸成の堆積物を生んだ．この堆積物が広がって，イングランド南部の堆積物が形成され，これに対してデボン系が命名された．

南半球の陸塊の大部分は，まだ，広大なゴンドワナ大陸から成り立っていた．この陸塊はほぼ赤道から南極点にまで及んだ．現在の南アメリカ，アフリカ，インド，南極，オーストラリアに相当する大陸片は，まだ単一陸塊の一部だった．始生代の最初期の頃に形成されたクラトン (craton) がこの巨大大陸の核になっていたが，これらのクラトンは浸食された山脈の広がりによって分断され，基盤が露出していた．この太古の景観は浸食によって平坦になり，山脈地帯は海岸線沿いの地域に限定され，そこでは大陸縁が活動中のプレート縁と一致していた．現在のアンデス北部とオーストラリア東部の一部——タスマン帯 (Tasman Belt) ——は，このようなデボン紀の活動の様子を示している．ゴンドワナ大陸は場所によっては極めて平坦で低く，このような場所は周縁から這い上がってきた浅海に浸食されていた．赤道に最も近かったオーストラリア北部には堡礁を伴う沿海があった．浅海域は南極点地域にも見られた．ここには堡礁は無く，発見された化石は非常に寒冷な条件に適応した動物相を示している．これらは大量の熱帯種を絶滅させたデボン紀の2度の大量絶滅にはほとんど影響されなかった．

大陸の残りの部分は北方の海に散在していた．旧赤色砂岩大陸の東と北東ではシベリアとカザフスタニアが互いに近づきつつあり，両者は旧赤色砂岩大陸に近づきつつあった．中国陸塊だけが他のすべての陸塊からかなり離れていた．

ローレンシアとバルティカの場合は単なる正面衝突と合体ではなかった．互いが接近しつつあった時，両者の間には地殻物質の断片と陸塊があったらしい．現在，オーストラリアがアジアへ向かって移動している中で，同じような動きが起こっている．両者の間にはジャワ海溝 (Java Trench) の沈み込み帯沿いに形成されたスマトラやジャワのような火山島が鎖のような環になっている．ボルネオやニューギニアのような，かなりの大きさの大陸断片もある．デボン紀の2つの大陸の間には明確な境界が無く，入り組んだ個別の岩石が次々に積み重なっていた．衝撃には横方向の動きもあり，岩塊は互いにすり合わされた．現在の地中海にある鎖状の島々と半島は大きなS字状にねじれているが，これはヨーロッパ南縁に対するアフリカの類似の横方向の動きによっている．

当時，この結果として生まれた山脈は，異なるタイプの引き延ばされた岩塊から成っており，岩塊どうしは断層で切り離さ

太古の海底とその他の海成堆積物の断片は，今日もまだスコットランドとニューイングランドの地上に現れていて，大衝突の境界を特徴づけている．

巨大で平坦なゴンドワナは南半球で優位を占めてはいたが，分裂し始めていた．その気候は熱帯性から極性まで幅があった．

北方での合体

北アメリカプレートとユーラシアプレートが互いに近づくにつれて，バルティカ（ヨーロッパ）とローレンシア（北アメリカ）は繋がり，最終的にローラシアを形成した．

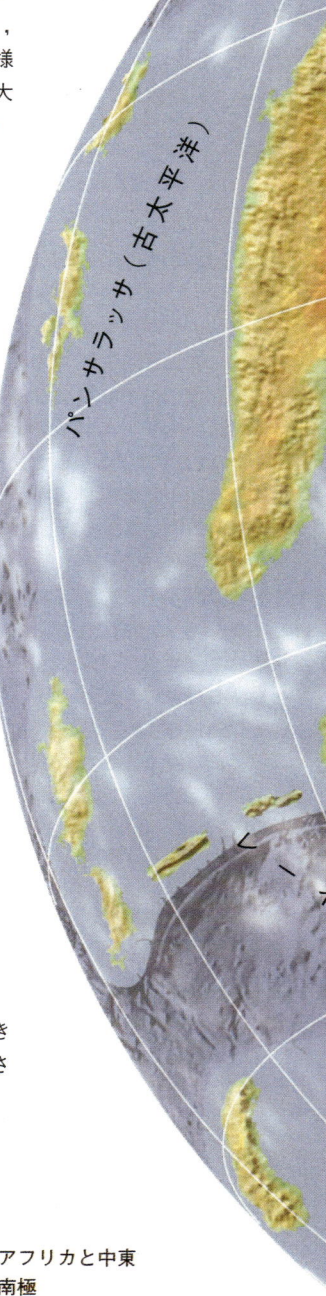

パンサラッサ（古太平洋）

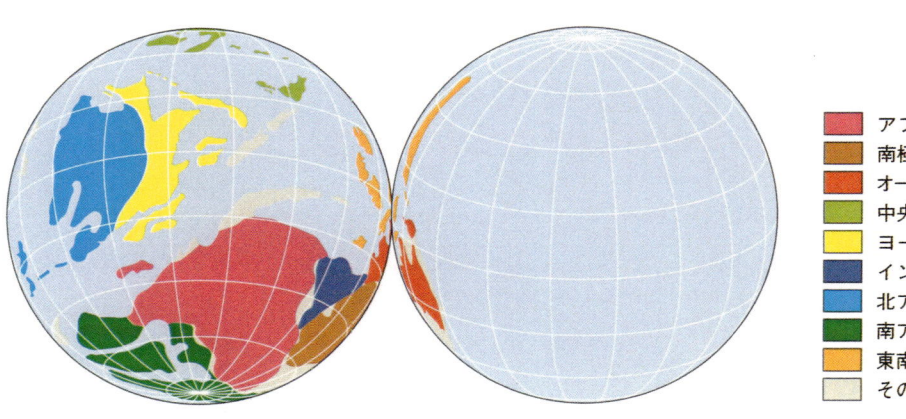

- アフリカと中東
- 南極
- オーストラリアとニューギニア
- 中央アジア
- ヨーロッパ
- インド
- 北アメリカ
- 南アメリカ
- 東南アジア
- その他の陸地

古生代後期

デボン紀

漂う断片

アジアの断片は北半球に散在していた．最終的にはインドと合体し，1つの巨大な陸塊になる．

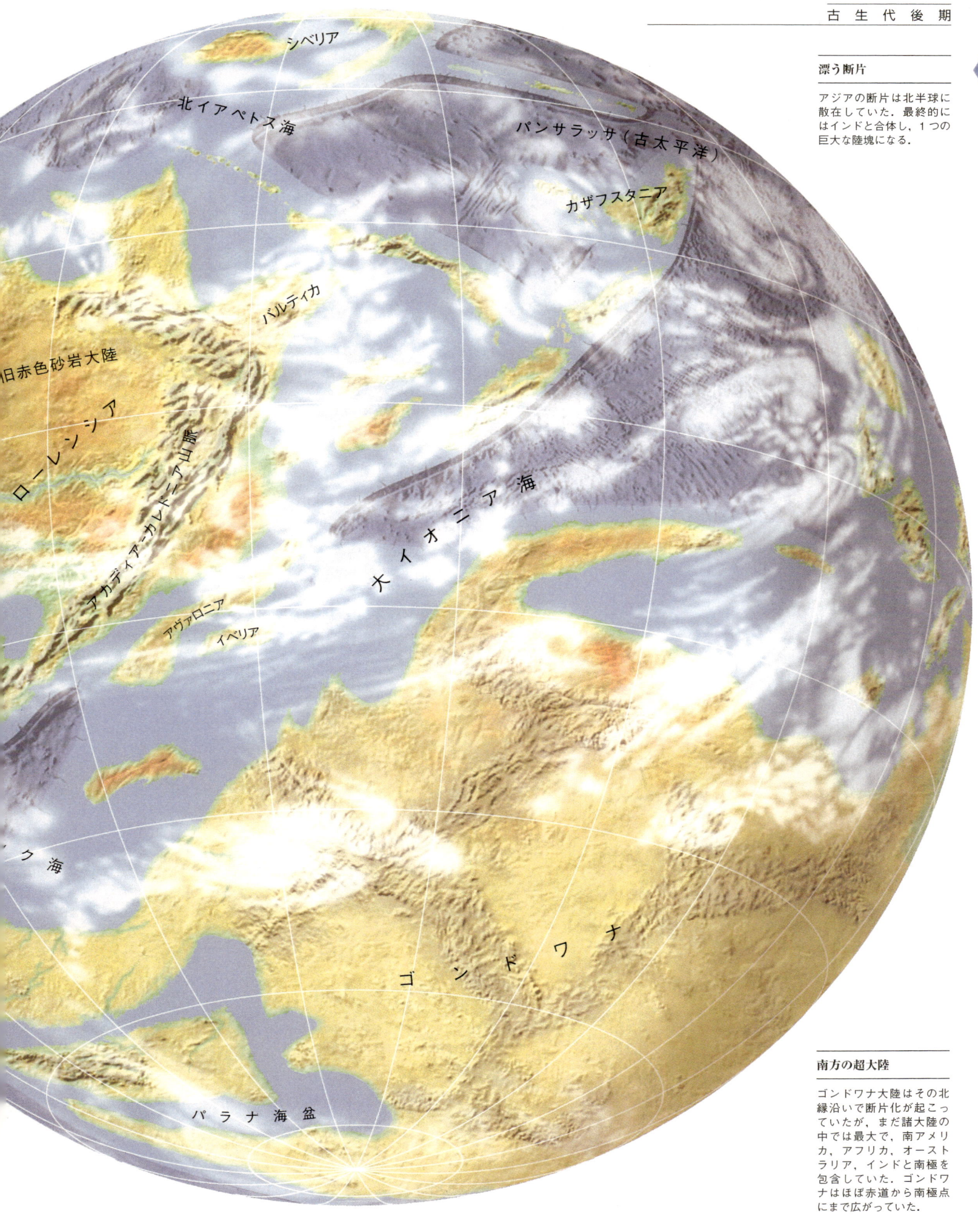

南方の超大陸

ゴンドワナ大陸はその北縁沿いで断片化が起こっていたが，まだ諸大陸の中では最大で，南アメリカ，アフリカ，オーストラリア，インドと南極を包含していた．ゴンドワナはほぼ赤道から南極点にまで広がっていた．

PART 3

デボン紀

デボン紀の岩石

ウェールズ，ペンブルックシャー（Pembrokeshire）にある「デビルズ・チムニー（悪魔の煙突）」はデボン紀後期の砂岩の一例である．海進と海退，そして，カレドニア山脈からの堆積物により，この岩石は海成堆積物と大陸性堆積物が交互に重なってできている．この地層の垂直な傾斜は，石炭紀後期に旧赤色砂岩大陸がゴンドワナ大陸と衝突した時に生じた．

旧赤色砂岩大陸

大陸中心部はアカディアーカレドニア山系で，個々のブロック，すなわちテレーンとして，押しつぶされて運ばれた古生代前期の岩石から成っている．旧赤色砂岩の堆積物は周囲の大陸のクラトン上に広がった．河川がより多くの堆積物を大陸縁に運んだ．

れ，そこは大陸の合体後もかなり長期間，地震の震源だった．実際，地震は現在もしばしば，これらの断層沿いで感じられる．山脈基部の溶けた物質は断層によって生まれた弱い部分に沿って押し上げられ，山脈中心部で火山として噴出した．断層が境界となった長い谷間は大量の水をたくわえ，最終的には暑く乾燥した気候の下で干上がり，湖成堆積物とデボン紀にそのニックネームの1つ「魚類の時代」を与えることになった豊富な淡水魚の記録を残した．

現在のスコットランド高地は，ウェールズの山脈，ノルウェーの山脈，アパラチア山脈北部と共に，ローレンシアとバルティカが衝突した時に形成された巨大な山系の遺物である．そこ

> 今日のスコットランドの
> ハイランズ（Highlands）
> と北アメリカの
> アパラチア山脈は，
> アカディアーカレドニア
> 山脈が浸食された
> 残片である．

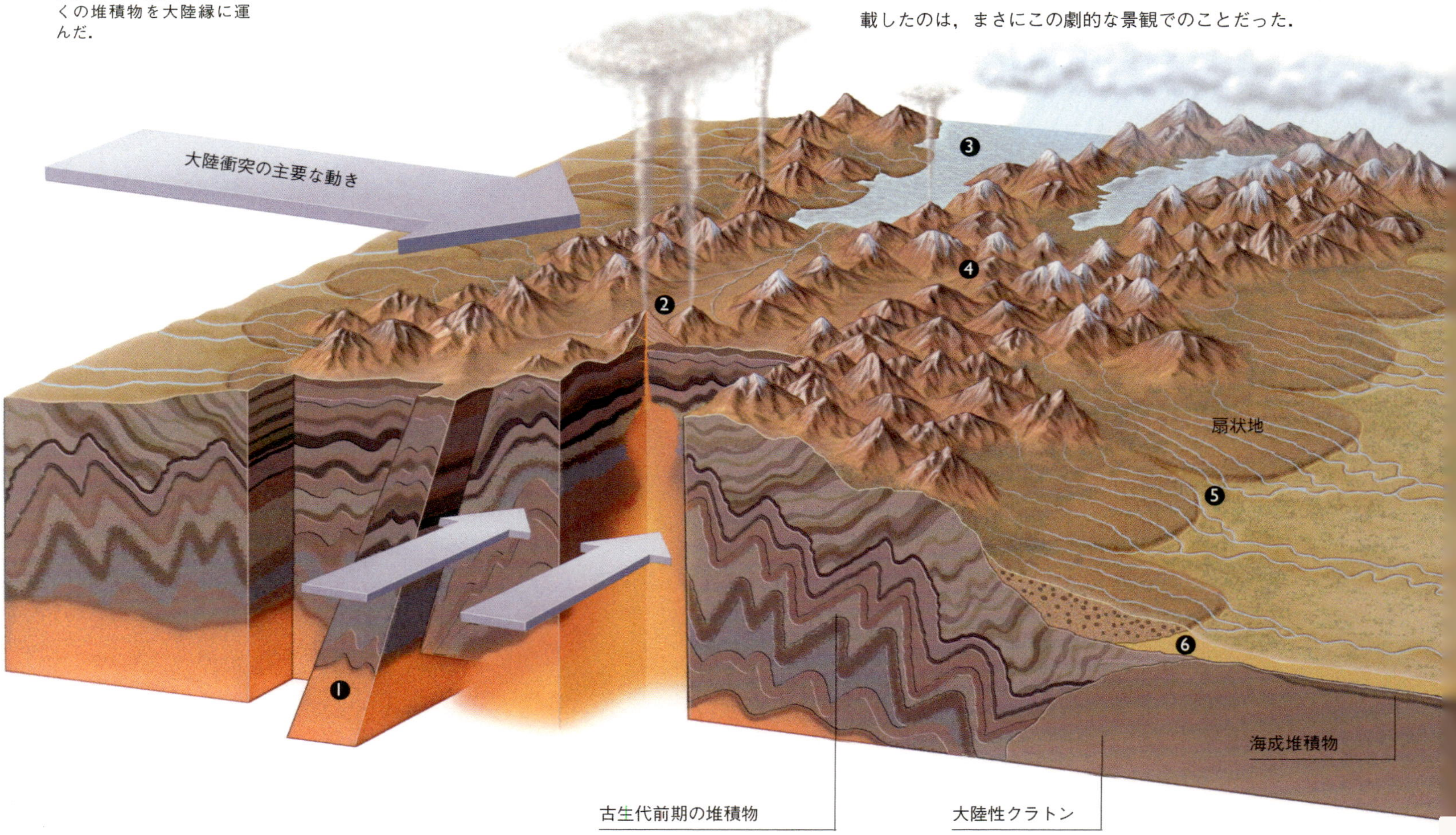

では，カンブリア紀，オルドビス紀，シルル紀の岩石がねじられ，焼かれ，剪断され，互いの上に突き上げられ，現在の堂々としたトロサックス（Trossachs），グランピアン（Grampians）山脈とスコットランド北部のケアンゴーム（Cairngorms），そして，サザンアップランズ（Southern Uplands）のゆるやかな丘陵を形成している．これらの山地はかなりの深さまで浸食されているので，変成岩の岩芯が露出しているばかりでなく，溶けた物質が山脈の中心部に集まったことを示す花崗岩塊も露出している．初期の地質学者ジェイムズ・ハットン（James Hutton）が地層不整合の法則を認め記載したのは，まさにこの劇的な景観でのことだった．

大陸衝突の主要な動き

❶ ❷ ❸ ❹ 扇状地 ❺ ❻

古生代前期の堆積物　　大陸性クラトン　　海成堆積物

18

古生代後期

デボン紀

スコットランドの地質図は，南西-北東に延びる多数の断層がスコットランドを横切り，全域を薄い断片に切っていることを示している．1つの断層は本土からアウターヘブリディーズ（Outer Hebrides）諸島を切り離している．モイン衝上断層（Moine Thrust）が北西海岸全体をもみくしゃにしている．大グレン断層（Great Glen Fault）は一連の湖沿いに，その地域の最北端部を切り離している．ハイランド境界断層（Highland Boundary Fault）とサザンアップランド断層（Southern Upland Fault）はセントラルヴァレー（Central Valley）の側面を形成している．（姿を消した海にちなみ）イアペトス縫合境界線（Iapetus Suture）と呼ばれる境目のはっきりしない断層を生じた地域は，イングランドからスコットランドを切り離している．

これらすべての断層が独特な岩塊を定義づけ，地質学者たちはこれを「外来性テレーン」（exotic terrane）と呼んでいる．これらの岩塊は昔の海底・火山列島・大陸性の物質の塊で，閉じつつある大陸間に巻き込まれたあらゆる物質から成っている．そして，これらのすべてがカレドニア造山運動の過程で旧赤色砂岩大陸が形成されつつあった際，互いに擦れ違い合った．

山脈は押し上げられている間，絶えず風雨に打たれ，破壊的な力で重力に引かれ，削りとられた．断層が境界になった幅の広い谷は，隆起しつつある山脈の雨裂やワジを流れ降りてきた岩屑で満たされた．河川は浸食された造岩物質を周辺陸地の平原上に運んだ．そこには新来の物質を保持できるような植物や土壌がほとんど無かった．そこでは最も細かい物質は風で舞い上がり，吹き飛ばされ，そのなかの鉄分は暖かく乾燥した条件

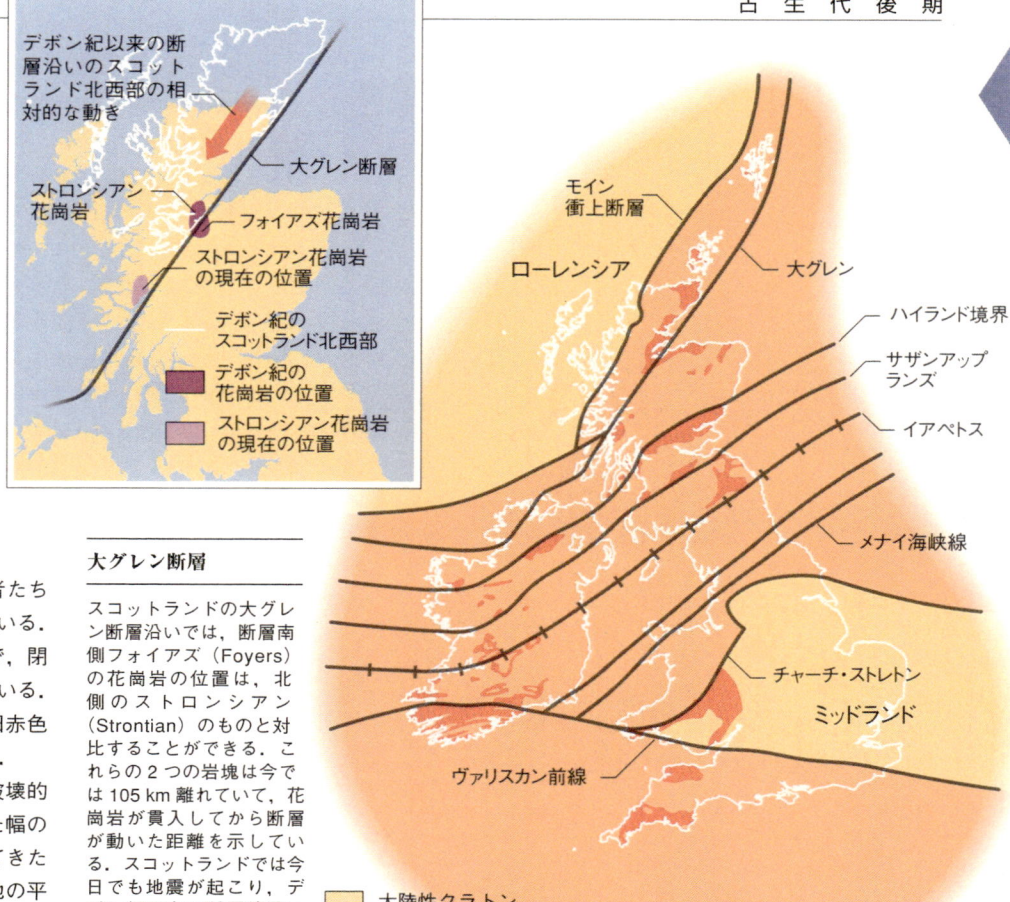

大グレン断層

スコットランドの大グレン断層沿いでは，断層南側フォイアズ（Foyers）の花崗岩の位置は，北側のストロンシアン（Strontian）のものと対比することができる．これらの2つの岩塊は今では105 km離れていて，花崗岩が貫入してから断層が動いた距離を示している．スコットランドでは今日でも地震が起こり，デボン紀の古い断層線沿いで活発である．断層が境界になった他のテレーンも類似の動きを示す．

下で酸化し赤色になった．これらの谷や平原に蓄積した砂は最終的に固結し，特徴的な赤色砂岩層――旧赤色砂岩を形成した．

この地層は明白すぎるほど砂漠性の地層であるため，当初は紀の名前の由来になったデボンの海成砂岩とは全く関係ないものと考えられた．実際には，同じ山の岩屑から2種類のデボン紀の砂岩が同時につくられたが，デボンには周期的に海水が氾濫したのに対し，巨大な大陸性陸塊のより内陸にあたるスコットランドでは氾濫が無かった．

旧赤色砂岩は河川と風によるあらゆる種類の堆積物から成っている．山脈に近い所では，露頭から砕けた大きめの岩塊が主

> 旧赤色砂岩は
> 全てが赤かったのでも，
> すべてが砂岩
> だったのでもない．

だった．これらの岩塊は不ぞろいで鋭い角を持ち，運搬距離もあまり長くなく，ぎざぎざな角が摩耗されなかったことを示している．このような堆積物は扇状地（alluvial fans）で形成された．扇状地では雨季の鉄砲水で岩屑が山地から押し流され，水流が弱まるとすぐ，周囲の低地に沈下した．最終的に，これらの堆積物は地質学者たちが角礫岩と呼んでいる粗粒状堆積岩に変わった．スコットランドの赤色岩層では，この岩石に河川シルトと砂が大量に混ざっている．

1　外来性テレーン：断層が境界になった，雑多な起源の地層．移動しつつあるプレートの間に挟まれ，様々な速度で横方向に動いた（横ずれの動き）
2　主な断層線と結びついた火山
3　山間流域盆地：融氷流水堆積物で次第に埋まった低地
4　線状断層系沿いの，ヒマラヤ山脈級の山脈
5　季節的な豪雨で山脈から運ばれた大量の物質
6　赤色岩層：沖積砂礫，河道の砂，氾濫原堆積物，蒸発岩．酸化鉄により，すべて赤色

19

PART 3 デボン紀

旧赤色砂岩大陸の平地からより遠く離れた所——たとえば、ウェールズ——では、堆積物の大部分は河川によって堆積された砂から構成されていた。この地層の横断面は特徴的なS字形で、これは河川の流れの痕跡である。ヨーロッパでは、このような地層の示す流れの向きは、北西のカレドニア山脈から河川が流れたことを示している。個々の河川は最大で64km離れていたように思われる。これらの地層で形成された岩石は氾濫時の河川でできた水平のシルト層に散在している。この層はマッドクラック（mud-crack）や木の根などを示すことがあり、シルト層が干上がって植生を支えたことを示している。これらの岩石にはある季節だけ降雨がある、暑く乾燥した地域で形成される「カルクリート」（calcrete）または「クンカー」（kunkar）と呼ばれる石灰岩の部分も含まれている。土壌から副次的な水分が蒸発する時、溶けた方解石が吸い上げられ、地表近くで堆積するのである。より海に近い所では、河川によって堆積した砂岩から成る岩石があり、そのあちこちに潮間帯の層がはさまれる。大陸南端により近い所では、地上、河川、湖で堆積した堆積物が、デボンでのように、沿岸性と海成の地層に取って代わられ、部分的に海成の岩石になっている。

堆積物のこの累重関係は当初イギリスとヨーロッパで認められたが、北アメリカでも見られる。これは山系の反対側を流されてきた物質で形成された。アメリカ合衆国北東部のキャッツキル・ウェッジ（Catskill Wedge）は赤色岩層の堆積相の累重から成り、西に向かうにつれ、砂岩、シルト岩、そして最後に海成頁岩と石灰岩へと徐々に変化している。昔の山脈に最も近い東部のペンシルヴェニア州では厚さが約2740mあり、ケンタッキー州やオハイオ州西部では薄くなって厚さ百数十kmの海成堆積物になる。

キャッツキル・ウェッジはキャッツキル・デルタと呼ばれることがある。これは河川が海に流れ込んでいるのを意味するので誤解を招く。実際には、堆積の大部分は地上で起こった。

旧赤色砂岩の全体の厚さは、山の後背地がひどく浸食された証拠となっている。ニューヨーク州中央部の堆積物は、デボン紀の初めには100万年につき7mで、デボン紀末には70mまで増加したものと計算されている。隆起している間、山脈は絶え間ない浸食にさらされ、山脈が最高の高さを得る前に造岩物質の大部分は浸食されてしまう。堆積物の容量を説明するために、現在は水没している広大な大陸が大西洋地域に存在したという提案さえあった。地質学者たちはこれまでしばしば、アカディア-カレドニア山脈起源の旧赤色砂岩の容量を測定し、その山脈の高さを算出することを試みているが、非現実的な結論に達している。

断層が境界になった山脈内部の盆地には、時に「山間流域盆地」（cuvette）として知られる独自の堆積系があった。周囲の山脈よりは高度が低く、地表水を排水する独自の河川を持ち、淡水湖の広い地域を発達させた。これらの湖に細かい砂の薄い層が集まり、最終的には凝固して、屋根ふき、床、塀などにしばしば用いられる敷石砂岩になった。しかし、建材としてより

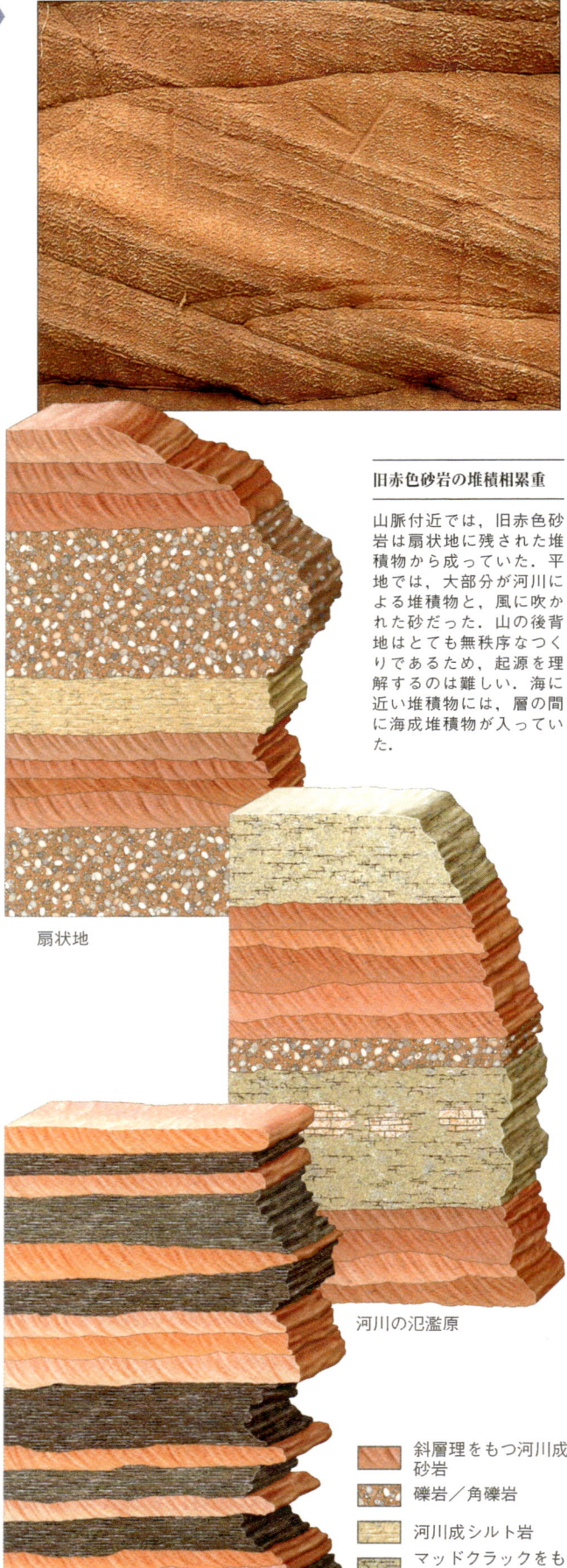

旧赤色砂岩の堆積相累重

山脈付近では、旧赤色砂岩は扇状地に残された堆積物から成っていた。平地では、大部分が河川による堆積物と、風に吹かれた砂だった。山の後背地はとても無秩序なつくりであるため、起源を理解するのは難しい。海に近い堆積物には、層の間に海成堆積物が入っていた。

扇状地

河川の氾濫原

沿岸性の堆積物

- 斜層理をもつ河川成砂岩
- 礫岩／角礫岩
- 河川成シルト岩
- マッドクラックをもつシルト岩
- カルクリート（乾燥土壌形成の石灰岩）
- 海成の泥岩

斜層理

このデボン紀砂岩（左）の斜面は、堆積に影響を与えた強い水流が原因した斜層理を示している。流れる河川が水深の深い所に達すると、運んでいる堆積物を降ろす典型的な三角州では、水平あるいは非常にゆるやかな勾配の頂置層がある。三角州前部には傾斜した前置層があり、ゆるやかに傾斜した底置層は三角州の前面で海底と接する。流れは下り勾配の地層の方に流れる。

重要なのは花崗岩である．溶融物質が山系の中心で冷えて形成され，4億年の浸食の後に露出したこの粗粒火成岩は，大規模な石造建築に理想的である．

北アメリカ西部に浅い礁の広大な地域を伴ったデボン紀は，この大陸にかなりの量の石油（oil）をもたらした．デボン紀北アメリカの浅海の礁は，泥質の海底での，棒状のサンゴ類（corals）の成長として始まった．その後，これらを土台に利用して，平らに広がるサンゴ類がその上に広がった．最後に，層孔虫類（stromatoporoids）——密な骨格を持つ，海綿のような動物——がサンゴ類に替わって礁の主要な生産者になり，高くそびえる隆起ができた．このような隆起の背後の穏やかな海には炭酸塩の泥が集まり，大陸の広範囲に広がるデボン紀石灰岩層の一因となった．

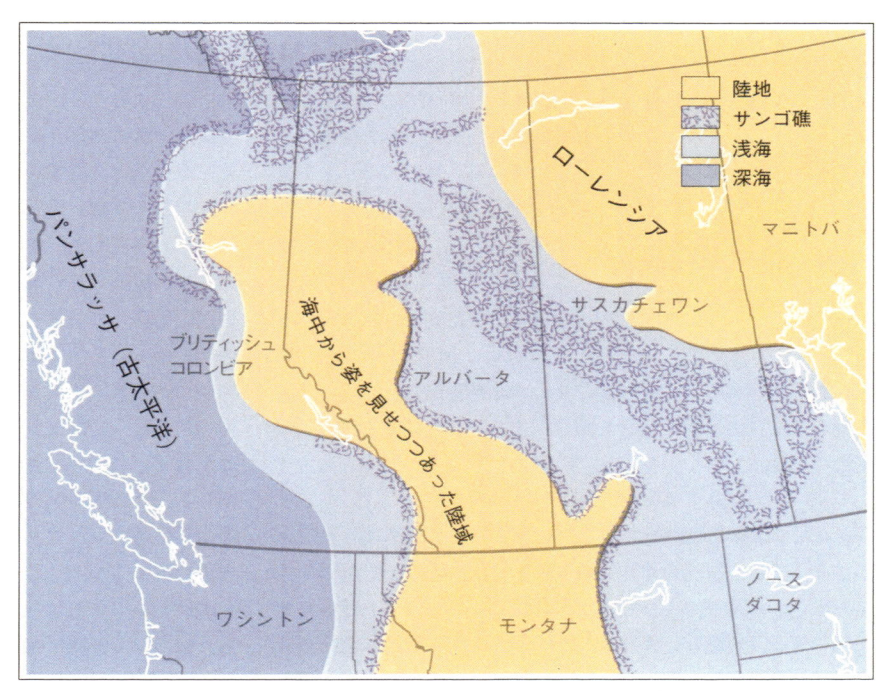

古生代後期

デボン紀

浅海と造礁

旧赤色砂岩大陸のはるか西部，北アメリカの西の縁沿いでは，海に接する弧状列島を通り，アントラー造山運動でできた丘陵性の島々の間に海が入り込んできた．この海は大陸内部の低地に広がり，広く，浅い沿海を形成する．この沿海の縁沿いで，北アメリカクラトンの海盆に石灰質の礁が造られた．デボン紀のこの地域は熱帯性の気候下にあり，デボン紀末の大量絶滅で，礁はほぼ完全に姿を消した．

そびえたつ礁

カナダ，ロッキー山脈のこの露出した礁のように，デボン紀の礁は海底から海水面まで200 mも伸びていた．主として藻類とサンゴ類から成る現代の熱帯域の礁とは異なり，デボン紀の礁は床板サンゴ類と海綿類でできていた．後に，これらの礁は有機堆積物を更に蓄積し，最終的には油田になった．

PART 3

デボン紀

単純な植物はシルル紀から空気を取り入れていた．最初の非水生植物は，生育している浅い淡水の上に光合成する茎を成長させた．デボン紀で最も初期の詳述された植物相は，この基本的なプランに類似した植物から成っている．現在のスコットランド北東部地域にあった山間流域盆地では，このような単純な植物の生長を湖が支えていた．もつれた根と茎が湖底でからみ合い，直立した茎の先端には胞子嚢があった．これらの茎には維管組織もあった．植物の光合成をする部分に水分を運び，そこから養分を運び戻す配管系である．

> 初めて，地球表面の一部は緑色に変わりつつあった．

このことに対する証拠は，スコットランド，ライニー（Rhynie）の特に保存状態の良い化石植物群集から得られている．ここでは，有機物が非常にゆっくり，分子ごとに二酸化珪素（SiO_2）に置換され，植物の細胞構造がチャートと呼ばれる自然のガラス質物質に保存された．この二酸化珪素の供給源は山間流域盆地を取り囲んでいた火山性山脈からきた熱水だったかもしれない．

新しい植物は根で地面を安定させ始め，土壌が砂と置き代わると共により洗練された植生の発達を促した．その後の植物は支えになる木のような強い幹，養分をつくり出す特殊化した葉，胞子を生産する球果のような構造など，とても複雑になった．ニューヨーク州，キャッツキル・ウェッジの河川はこのような植物の森林を支え，特にギルボア（Gilboa）と呼ばれる産地では，この後訪れる石炭紀大森林の兆候を示していた．保存状態の良い植物化石に見られる気孔——気体が交換される，植物の表面にある小孔——の配置は，デボン紀の初めには現在の10倍の二酸化炭素が大気中にあったことを示している．その後，すべての新しい植物が光合成を経験するにつれて，酸素レベルは上昇し，二酸化炭素レベルは現在と似たようなレベルまで低下した．その時以来，陸生植物は酸素の主要な生産者になった．海中の植物プランクトンが生産する量の2倍である．陸上は地球表面積の3分の1しか占めないにもかかわらずである．

劇的という点では僅かに劣る変化が水中で起こっていた．新しい型の泳ぐ生物が爆発的に進化していた．水中の深い所でも浅い所でも生息できる軟体動物の一種のアンモナイト類（ammonoids）が，デボン紀前期にオウムガイ類から進化した．節足動物の別グループである捕食性の広翼類（eurypterids）は20cmから2m以上と大きさは様々だった．広翼類は汽水

1 古生マツバラン類
2 グリプトレピス（原始的な総鰭類）
3 パレオスポンディルス
4 プテリクチオデス（板皮類）
5 ディプテルス（原始的な肺魚類）
6 コッコステウス（板皮類）

魚類の湖

デボン紀の残された魚類化石の大部分は淡水産である．旧赤色砂岩大陸の山脈の山間流域盆地には，多数の魚類を支える湖があった．多くは捕食者で，水生生物が増加し分化したことによる新しい食物連鎖を反映している．ここでは，大型のグリプトレピス（Glyptolepis）が小型のパレオスポンディルス（Paleospondylus）の群れを襲い，一方，総鰭（そうき）類のディプテルス（Dipterus）は甲冑魚のコッコステウス（Coccosteus）に襲われている．別の甲冑魚であるプテリクチオデス（Pterichthyodes）は湖底で腐食している．甲冑魚類はデボン紀末の大量絶滅で生き残れなかったが，化石記録の重要部分を形成している．

古生代後期

デボン紀

でも淡水でも生息できる最初の動物の1つである．広翼類から最初の真の（淡水生）サソリ類（scorpions）が生まれ，これが最終的に陸生のクモ類（spiders）とダニ類（mites）に進化した．

魚類は最初の脊椎動物（背骨を持つ動物）で，デボン紀末までは唯一の脊椎動物だった．オルドビス紀とシルル紀に存在した魚類は小型で無顎の生物だった．デボン紀には無顎の種類もまだいたが，もう，原始的なサメ類（sharks），棘のある棘魚類（きょくぎょるい）（acanthodians），甲冑のある板皮類（ばんぴるい）（placoderms），今日の硬骨魚の先祖にあたる条鰭類（じょうきるい）（actinopterigians），肺を持ち葉状の鰭がある肉鰭類（にくきるい）（lobe-finned sarcopterygians）もいた．肉鰭類は両生類の祖先であり，したがって，すべての陸生動物の祖先である．

魚類が淡水環境に，最初，いつ頃移ったかは不明だが，その変化はシルル紀には起こっており，シルル紀の魚類化石の大部分は淡水種の記録である．湖成堆積物中の発見物が証明するように，デボン紀には数千のタイプの魚類が世界中の淡水に生息していたが，最も有名な産出はスコットランドのアカナラス（Achanarras）とドゥラ・デン（Dura Den）におけるものである．オーストラリアのゴーゴー（Gogo）とカノウィンドラ（Canowindra）は存在が旧赤色砂岩大陸に限られなかったことを示す類似の場所である．デボン紀の魚類化石は初期の探検者キャプテン・スコット（Captain Scott）により，南極からも持ち帰られた．

有名な魚類化石床は大量の魚が一緒に死んだことを示している．ことによると，淡水湖が干上がったか，水が突然有毒になったのかもしれない．湖の魚は湖岸近くの酸素が十分な水に生息していたが，時々湖の深部から有毒なよどんだ水が湧き上がり，浅瀬さえ生息不能にしたということもあるだろう．デボン紀末には，甲冑魚と原始的な硬骨魚の種が，デボン紀のより早期の浅海性サンゴ類や他の熱帯性の種同様，絶滅した．この大量絶滅はかなり徐々に起こり，数百万年を経過したように思われる．このため，絶滅の原因が気候あるいは環境の変化ではなく，隕石衝突などの破滅的な事件だったということはありそうもない．南半球では氷河時代がちょうど始まりつつあったので，これに伴う地球の気候の寒冷化と，浅い水の生息域の縮小が原因だったかもしれない．

デボン紀末近く，肉鰭類の側枝である扇鰭類（せんきるい）（rhipidistians）が陸での生活に向けて次の一歩を踏み出した．その後1000万年にわたって小さな変化を続け，扇鰭類は両生類に進化した．顎のあるすべての魚類に既に肺があり，総鰭類は淡水に適応していた．2対の柔軟で筋肉質の鰭はより長く，より強くなり，蝶番関節と足指を発達させ歩けるようになった．脊柱椎骨間の関節もより強くなり，水という緩衝物が無くなったことに取って代わる支えになった．最後に，成体が鰓を失った．

> 魚類から両生類への変化には約1000万年かかった．進化の尺度では比較的迅速な変化である．

デボン紀の両生類で最も良く知られているのはグリーンランド産のイクチオステガ（Ichthyostega）とアカントステガ（Acanthostega）である．これらは短命な森林内——ほぼキャッツキル・ウェッジ北部の伸長部内——の蛇行する河川に生息していたことを示す堆積物から発見された．イクチオステガの後ろ足には8本の足指があり，5本足指の型式はまだ発展していなかった．

デボン紀の両生類は，ほかにもいた．ヒネルペトン（Hynerpeton）と呼ばれる陸生動物の断片がペンシルヴェニア州から発見されている．陸に残された5本足指の足跡がスコットランド，グリーンランド，カナダ，オーストラリア，ロシア，ブラジルのパラナ盆地，アイルランドからも見つかっている．陸上生活は定着していた．

サンゴ類のカレンダー

1960年代，英国の古生物学者コリン・スクルートン（Colin Scrutton）は，サンゴ類は骨格の層を毎日つくり，太陰月の異なる時点，または，その年の異なる時点で，この層の厚さが異なることを発見した．この知識をもとに，彼はデボン紀のサンゴ類化石を研究し，デボン紀の太陰月は現在より長かった——30日対28日——ことを発見した．より注目すべきことは，デボン紀の1年は385〜405日あったということである．この研究を続けたスクルートンは，カンブリア紀の1年は約428日だったことを発見した．1年の長さは一定であり，このことは地球の自転が遅くなりつつあることを意味し，毎世紀，1秒の16/10000遅くなりつつある．天文学者たちは，地球の海洋での起潮力のため，既にこのことを予告していたが，決定的な証拠をもたらしたのはスクルートンの研究だった．

デボン紀早期の維管束植物

一部の植物の微細な細胞構造が，スコットランドのライニーチャート産の化石に保存されている．この植物はデボン紀早期の陸生植物リニア（Rhynia）属の一種だ．支持茎には2種類の管があった．養分をつくるために水分と栄養素を運ぶための管と，養分を分配するための管である．その後リニア類は，より効率的に養分をつくるための，より強い茎と，より多くの導管組織を持つ，より大型の植物に取って代わられた．

PART 3

デボン紀

デボン紀後期, 旧赤色砂岩大陸の大気は暑く乾燥していたが, 呼吸には完全に適しており, おそらく地球史上初めてのことだった. 乾燥した泥が水平線まで広々と広がり, そこには浮遊する塵のかすみの上に遠い山脈がそびえていた.

> デボン紀末には, 地球の大気は動物の生活を維持することに適したものになっていた.

雨季に近辺の河川が最後に氾濫した時の堆積泥は多角形の平板状にひび割れ, 縁は反り返っていた. 多角形の平板の埃っぽいくぼんだ表面は微小な藻類で緑色を帯び, 水分が蒸発した所では白い塩が同心の模様を描いていた. 赤い塵が割れ目や砂岩の小さな砂丘を埋め, 風に運ばれ平地を移動した.

別の所では, 様相は大きく変わっていたらしい. 河川が景観を横切るように曲がりくねって流れ, 流れ沿いに曲がりくねった帯状の植物の緑があり, そこでは開けた水面が日光の下で輝いていた. 植生は川岸沿いやよどみ, U字型の湾曲部に沿って繁茂し, その土壌はどこも水分を十分に含み, 根は水分を得ることができた.

高い木々がはっきり見え, その幹は水面にシルエットを描き, 木々の樹冠は背後の埃っぽい平原の上に抜きん出ていた. 木々はヒカゲノカズラ類の初期の種である曲がった枝を持つプロトレピドデンドロン (*Protolepidodendron*), それに木生シダ類のアネウロフィトン (*Aneurophyton*) とアルカエオプテリス (*Archaeopteris*) だった. 木々のどっしりした幹は, 見分けにくい丈の低い植物の下生えからそびえ立っていた.

よく見ると, 下生えの植物はとても華奢で, 地面を覆い, この世のものと思えない, ほっそりした弱々しい外観だった. 植物にはまだほとんど葉がなく, 葉はあってもその葉は小さくて細かった. ヒカゲノカズラ類の幹のもつれた根が水辺から広がった密生に蔓延し, 垂直な幹の端では胞子嚢が揺れていた. ひざ丈くらいのカラモフィトン (*Calamophyton*) の枝分かれした茎があちこちに生え, 分節した枝がトクサ類の原始的な類縁であることを示していた. 十分な水分がある所はどこも, シダ類状の繊細な葉が地面を覆っていた.

1 アステロキシロン (ヒカゲノカズラ類)
2 蘚類と苔類 (非維管束植物)
3 ドゥイスベルギア
4 リニア (初期の維管束植物)
5 アネウロフィトン (木生シダ類)
6 プロトレピドデンドロン (ヒカゲノカズラ類)
7 カラモフィトン (初期のトクサ類)
8 肺魚
9 プセウドスコルピオン (水生節足動物)

古生代後期

デボン紀

遠くの砂地をわたる風の音と，葉がこすれあうカサカサという音以外は，どこも静かで，その土地に住むものはいないように思われた．その時「ポチャン！」という大きな音．静止したよどみの穏やかな水面に，水中の一瞬の乱れからきたさざ波が輪のように広がっていく．何者かが水中から浮上し，呼吸し，再び水中に沈んだ．やはり，ここには動物がいたのだ．

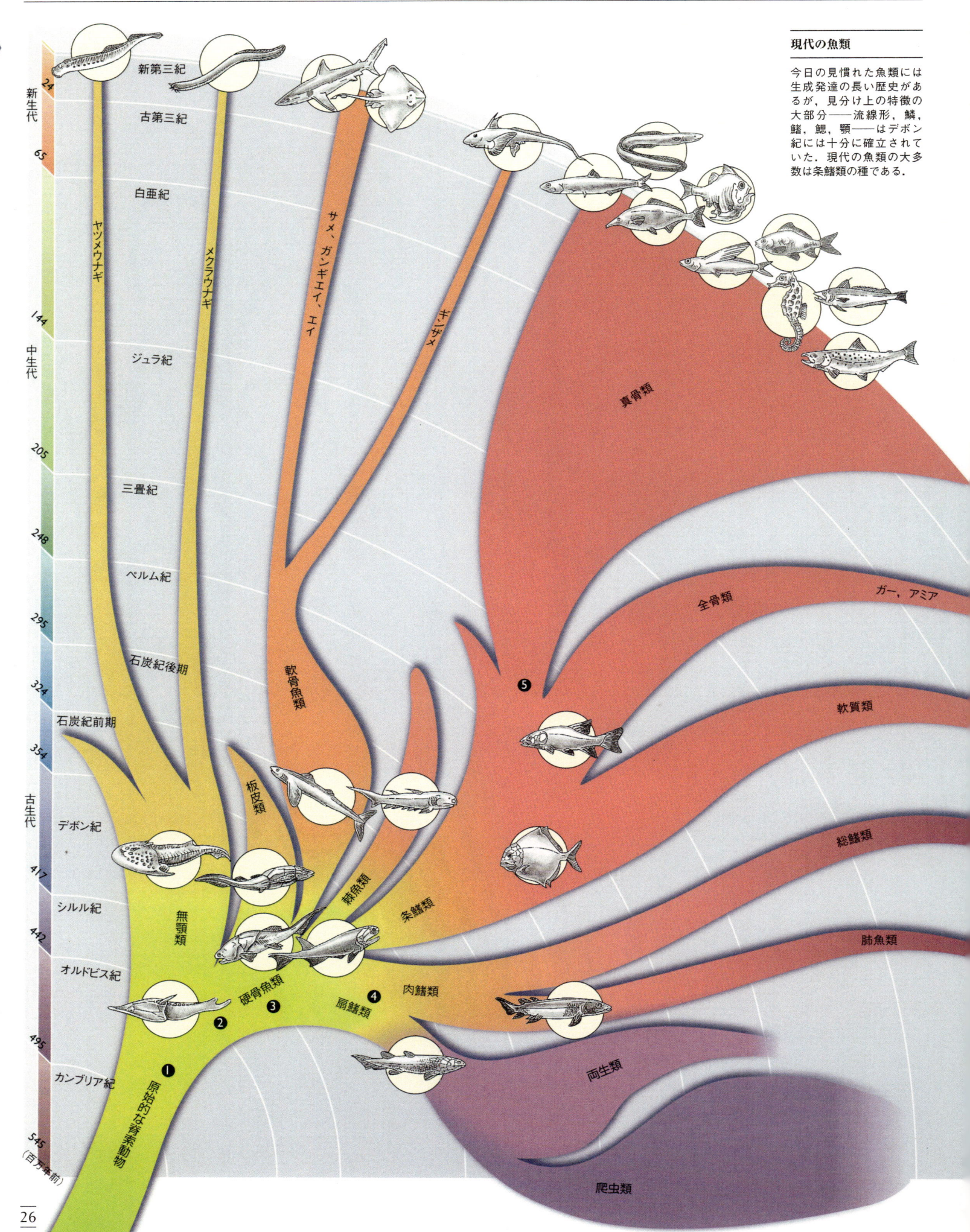

魚類の進化

　魚類という用語は大まかで非科学的であり，互いの縁の無さは，魚類が人間と縁の無いのと同程度で，非常に様々な生物を含んでいる．魚とは単に鰓で呼吸し，陸上で動くための足を持たない，泳ぐ脊椎動物である．

　他の脊椎動物同様，魚類は，全長にわたって走る軟骨質の梁で支えられた神経系を持つ小型で分節した虫のような生物から進化した．分節はこの梁が最終的には個々の単位に分割され，背骨の椎骨に進化したことを意味する．神経中枢すなわち脳は骨格の保護ケースに入れられるようになり，最終的にこのケースが頭骨に進化した．鰓は頭部に近い体節に対で発達した骨格部で支えられ，一番前の体節は進化して顎になった．身体の下方の体節にあった対の骨格構造は，肋骨と鰭，そして最終的には腰，肩，そして脚になった．脊椎動物進化のこの非常に大まかな概観は魚類の進化に，特にデボン紀に見られる．

　魚類として分類される最も初期の生物は無顎類，つまり顎の無い魚類で，オルドビス紀に初めて登場した．現代の相当する生物の中では，寄生性のヤツメウナギ類とメクラウナギ類が最も近い．対になった鰭を進化させ，最終的に蝶番式の顎が発達した．デボン紀の甲冑魚の1グループである板皮類が最初にこの特徴を見せた．この頃，サメ類とエイ類が進化した．両者は生息域にとても良く適応していたので，今日までほぼ変わらないままである．これらの生物のすべてには軟骨——料理のグリスル（軟骨）のようなもの——でできた骨格があった．より頑強な骨の発達が進化上の次の大きなステップだった．

　硬骨魚には総鰭類と条鰭類の，2つの主要なグループがある．総鰭類では2対の鰭が骨と鰭自体を詰め込んだ筋肉質の構造に発達し，縁まわりは一種のふさべりを形成していた．類似の構造が現代の肺魚類とシーラカンス類に見られる．一部のものは肺をも発達させ，そのため，大気が呼吸できるようになり，筋肉質の葉状の鰭で這えるようになった．陸での生活への最初のステップである．

　現代の魚類の大多数は条鰭類で，石炭紀に劇的な放散をした．条鰭類の鰭は扇状に配列された支柱から成っていて，筋肉質の基部は無い．もう1つの主要な特徴はうきぶくろで，これはおそらく三畳紀のどこかの時点で，原始的な肺から進化した．うきぶくろは泳いでいる間に浮力を調節するために使われる．この器官のために，現代の骨を持つ条鰭類は水の環境に完全に適応した生物になっている．

魚類化石

板皮類はデボン紀と石炭紀前期だけに生息した魚類のグループ．頭部と身体の前部は連結した装甲で覆われていた．この甲は，旧赤色砂岩の淡水性堆積物より出た見事な化石に見られる．

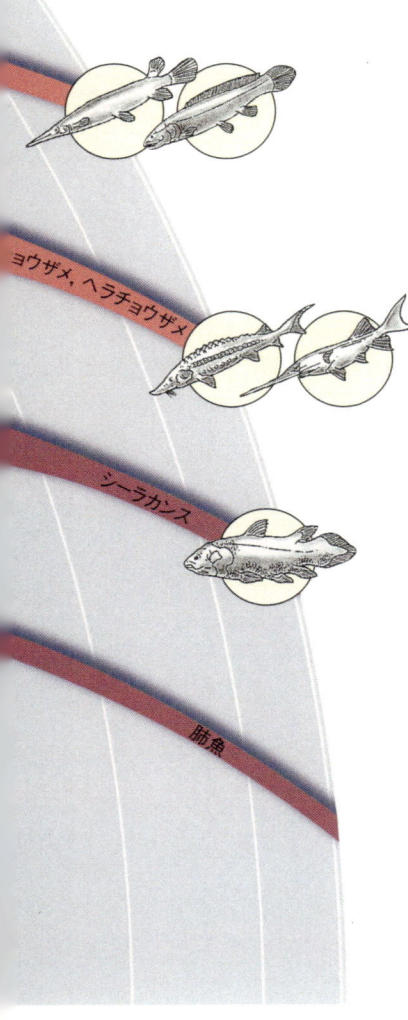

魚類の進化

デボン紀は，それまでに大部分の主要なグループが進化したため，「魚類の時代」と呼ばれる．現代のグループ——条鰭類と葉状の鰭を持つ硬骨魚類——はすべて存在していた．肉鰭類から最初の両生類と，したがって，今日の陸生動物が生まれた．

1　背骨を持つ最初の動物が出現
2　蝶番式の顎と対になった鰭が発達
3　肺が発達．おそらく干ばつ時に淡水魚類の中から
4　肉質で葉状の鰭が発達．四足動物の四肢の前触れ
5　真骨魚類（現代の魚類）の完全に突き出した顎が発達．うきぶくろが進化

魚類の分類

様々なタイプの魚類は顎の発達，骨格の種類（軟骨あるいは硬骨），鱗と装甲の型，そして鰭の構造に基づいて分類される．3つの綱（無顎類，軟骨魚類，硬骨魚類）が現在まで生き残っていて，この中の硬骨魚類（硬骨を持つ魚類）が優勢なグループである．

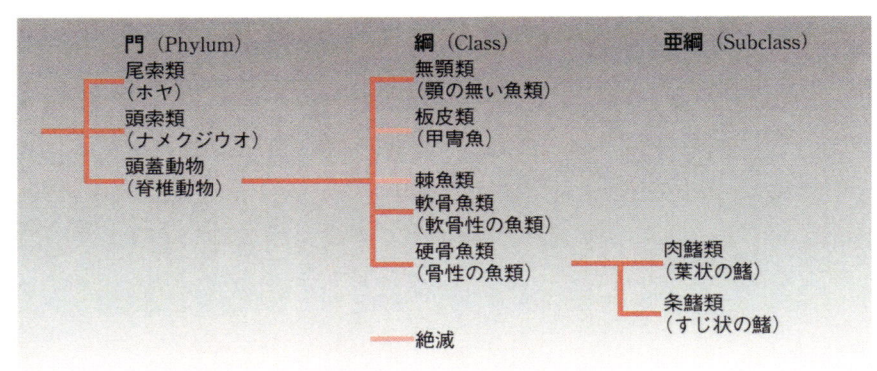

石炭紀前期

3億5400万年前から3億2400万年前

デボン紀に起きた地球規模の変化は石炭紀（Corboniferous）にも続いた．諸大陸は共に漂移し続け，単一の超大陸パンゲアへ集合すべく少しずつ進んでいた．海水面は高く，ローレンシア北方大陸の低地を氾濫させ，広大な石灰岩堆積物にその痕跡を残した．このことは石炭紀前期と石炭紀後期を見分ける上で重要であり，石炭紀後期は石炭の形成と強い関連がある．木質の幹を持つ木々が登場し高さ30 mにも達した．新たに豊富になった植物の光合成の産物として大気中の酸素の割合が増加し，より多くの植物の生長をうながした．地球は多様化しつつある両生類（amphibians）と昆虫類（insects）の住み家となり，おそらく最初の爬虫類（reptiles）が出現した．石炭紀前期の広大な沼沢地や湿地は，石炭紀後期を特徴づける大石炭林の先触れであった．

石炭紀（「石炭を産する」）という用語を最初に使ったのは，ウィリアム・コニビア（William Conybeare）とウィリアム・フィリップス（William Phillips）という英国の2人の地質学者で，石炭層を含むイングランド北部の地層記載に使われた．コニビアは地質学の初期の歴史に多かった他の人物と同様，職業は聖職者で，フィリップスは印刷業者だった．彼らは1822年に出版された『イングランドとウェールズにおける地質学の概略』（Outlines of the Geology of England and Wales）の中で，石炭紀という用語を取り入れた．この本はすぐに英国の一連の層序に関する標準的な参考図書になり，8年後のチャールズ・ライエル（Charles Lyell）による権威ある書物『地質学原理』（Principles of Geology）に先立つものだった．それまでの他の地質学者たちの発見に基づいて，コニビアとフィリップスは初めて公式な地質時代を命名し，年代を決定している．

完全に異なる一連の岩石が石炭紀の初めと終わりに堆積した．このことに気づいた時点で，地質学者たちは石炭紀を分割した．

キーワード
両生類
アントラー造山運動
炭酸塩
石　炭
ウミユリ類
棘皮動物
ゴンドワナ
カルスト
石灰岩
パンサラッサ（古太平洋）
礁
陸棚海
四肢動物

彼らの石炭紀の定義では，1839年に2人の別の地質学者によって独自に命名され，現在はデボン紀として認められている系も含んでいた．この2人は後にデボン紀の層とされた砂岩上部の，彼らのいう石炭系の下部層は石灰岩の割合が高いという特徴のあることを認めていた．ところが，彼らが石炭紀と命名した当の石炭の大部分は上部層に含まれていたのである．コニビアとフィリップスは，この2つの型の層序は「別個の累層の特徴を持ってはいるが，地理的にも地質学的にも非常に密接に結びついており，両者を分離して考えるのは不可能」という意見だった．

同時代の研究者たちはすぐに異なる意見を示した．ベルギーの地質学者ドマリウス・ダロワ（J. J. d'Omalius d'Halloy）は，その系を下部（石灰岩，limestone）と上部（石炭）に分けることを提唱し，ヨーロッパではそれ以来これが認められている．しかし，地域による違いがかなりあり，特に石炭紀の地層の上部に少なくない．下部の境界はすべての場所でほぼ同じである．

	354（百万年前）	350	石炭紀前期／下部石炭系（ディナンシアン）	340
デボン紀				
北アメリカでの系				
ヨーロッパでの統		トゥルネージアン		
北アメリカでの階	キンダーフッキアン		オサージアン	
地質学的事件	アントラー造山運動が続く		南ヨーロッパがバルティカ、アフリカと集合し始める	
気候				
海水準			間断なく上昇し，広域の陸棚海を生む	
植物		胞子を持つ，あらゆる種類の植物が繁栄		
動物		両生類の放散	ウミユリ類の放散	

古生代後期

アメリカの地質学者たちは北アメリカ石炭系の岩層区分が更に極端であることに気づいた．1839年——コニビアとフィリップスが提唱した当初の系からデボン系が分離された年——アメリカのオーエン（D. D. Owen）は層序の一番上にある夾炭層を記述するために「上部石炭系」（Upper Carboniferous），下の石灰岩には「下部石炭系」（Subcarboniferous）という用語を使った．彼の研究はミシシッピ川（Mississippi River）上流の谷沿いに行われ，1870年，下部石炭系の代わりにミシシッピアンという用語を採用した．石灰岩層がその川の谷に良く露出していたからである．上部石炭系はペンシルヴェニア州の特徴的な石炭に富む累層に因み，ペンシルヴェニアンとして知られるようになった．この2つの名前は，1953年，米国地質調査所が公式に採用しているが，そのかなり以前から広く用いられていた．

石炭紀前期は「石灰岩の時代」と考えることができ，これには多くの理由がある．上昇した海水面は，低地であるローラシア北方大陸の大部分が浅海に覆われたことを意味した．このような沿海の広い地域が，河川で運ばれる堆積物を大量に含むには，陸地から離れすぎている．海の堆積物は主として，海水に溶けた塩類からの堆積物，もしくは，そこに生息する動植物の骨格の堆積物から成っている．方解石——炭酸カルシウム，石灰岩の鉱物——は海水に溶けた物質の重要な成分で，多くの海生動物の硬部で形成される．したがって，方解石は主要な堆積鉱物だった．当時，大部分の地域は依然として熱帯性気候だったので，海面からは常に多量の蒸発があり，溶融物質の凝縮・沈殿が促進されていた．

ゴンドワナ南方大陸における海の氾濫程度はこれより低く，石炭紀の石灰岩は稀である．

デボン紀後期に確立した植物相（flora）は陸地にコロニーを作り続け，植物は石炭紀前期に豊富化し，広がり，密集した植生を地表に形成した．これらの植物相は進化の実験とも言えるもので，急速に分化して石炭紀前期累層中の石炭に痕跡を残す数種の植物を生んだ．後に大石炭湿原（great coal swamp）を構成したのは最も成功した種である．木質の幹を持つ最初の高木はこの時代に生じ，一部の木は高さが30 mに達した．種子植物（seed plants）も初めて登場した．

石炭紀前期の大気中の酸素含有量（oxygen content）は極めて高く，現在の20～21％に対し，35％もあった．これは沿岸地域沿いに繁茂してきた広大な森林の存在に起因している．これらの木々の大部分は木質素（リグニン）からできており，これは進化したての有機物で植物細胞に強度を与えた．木々の木部の約20～25％が木質素である．現在，枯れた木は様々な生化学過程で朽ちていくのが通常だが，この際，有機物の分解には大気中の酸素が使われる．石炭紀前期では，木質素は物質として新しすぎ，分解のための生化学過程が進化していなかったため，木質素の分解に使われたはずの酸素は大気中に取り残された．

下部石炭系——特にスコットランド——の淡水成堆積物に見られる木炭の量から判断すると，森林火災がよくあった．このことは，大気中に高レベルの酸素があったとすれば，燃焼を助長したであろうから理解できる．また，このことは石炭層の形成につながった堆積物中に，腐らない木質部が蓄積されたことの説明にもなりそうである．

> 石炭紀はその植物に因んで命名されたが，初期の広大な石灰岩堆積物は，温かい陸棚海で繁栄した海生種起源だった．

参照
シルル紀：熱水噴出口
デボン紀：砂岩，陸上生物
石炭紀後期：石炭，昆虫類

石灰岩の時代

石炭紀前期（すなわちミシシッピアン）は地質学的には一連の造山の中休みで，かなり平穏な時代だったらしい．この合間に，植物と動物は陸上への定着を確かなものにしたが，これは支配的な熱帯性の状況に助けられていた．北半球の低地諸大陸では温かい浅海が氾濫し，大規模な石灰岩層を形成した相当量の炭酸塩堆積物を残した．しかし，ローレンシアとゴンドワナの衝突が近づくと共に，変化も起こりつつあった．その変化と共に，古生代初期の海洋条件は石炭紀後期の高温多湿の湿地に変わり，最終的にはペルム紀の乾いた陸地へと変わった．

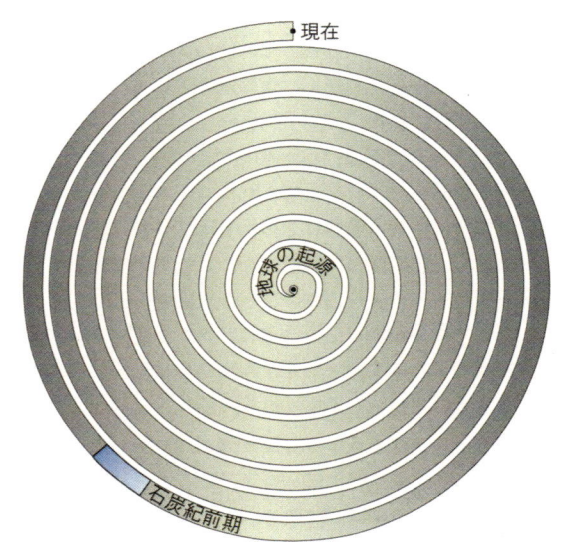

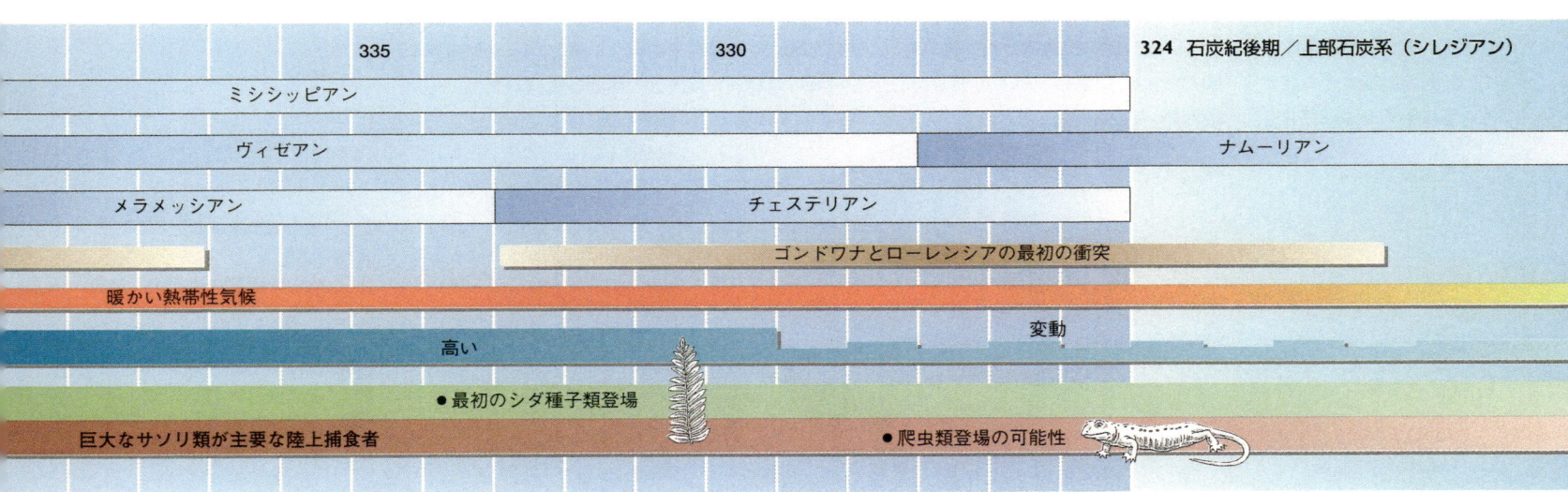

	335	330	324 石炭紀後期／上部石炭系（シレジアン）
ミシシッピアン			
ヴィゼアン			ナムーリアン
メラメッシアン	チェステリアン		
	ゴンドワナとローレンシアの最初の衝突		
暖かい熱帯性気候			
高い		変動	
	●最初のシダ種子類登場		
巨大なサソリ類が主要な陸上捕食者		●爬虫類登場の可能性	

石炭紀前期

諸大陸は石炭紀前期には依然としてお互いに近づきつつあった．デボン紀に形成され，北アメリカとヨーロッパ北部を含んだ旧赤色砂岩大陸は，南方の超大陸ゴンドワナに接近しつつあり，深い海溝が南方海岸沖に発達した．ローレンシアとカザフスタニアの間の間隙も閉じて狭くなりつつあり，地質学者に大イオニア海（Pleionic Ocean）として知られる両大陸間の狭まりつつある海は，現在の地中海に似ていたに違いない．この接合箇所沿いに，最終的にユーラシアのウラル山脈が形成された．両大陸の衝突が陸上で目立ち出すはるか以前は，閉じつつある両大陸が海洋底を曲げ歪めていたようである．海洋底は押し砕かれ，深みと高台の混沌としたパターンを生み，火山島やずれ曲がった半島が点在し，全域が地震で地割れしていたことであろう．

> 地球の大陸で覆われた部分以外のすべてを覆っていたパンサラッサ（古太平洋）は，活発な海嶺，深海平原，島々といった海洋の特徴をすべて備えていたようだが，このような特徴は一切残っていない．

広大なパンサラッサ（Panthalassa Ocean，古太平洋）に面したローレンシア西端沿いには，現在の北アメリカ西海岸の山脈に似た活発な褶曲山地帯があった．古生代前期を通して，この地帯は活動的でない縁——地殻構造プレートの動きがまったく無い大陸縁だった．その後，デボン紀後期になって，ここに沈み込み帯が発達し，大陸端の下にある海洋プレートをのみ込むことになる．

この活動で海溝（oceanic trench）ができ，大陸縁の堆積物と岩石がもみくしゃにされた．下降する海洋プレートの一部は溶け，溶けた物質は上にある大陸プレート中を上昇し，突き破って，火山島弧を形成した．ここでの隆起の圧力は大陸西部を伝わって，より内陸にあった基盤岩を上方にずり動かし，並行して走る山脈を生む．これがアントラー山脈で，その名残は現在のネヴァダ州とアイダホ州に見られる．この創造はアントラー造山運動として知られている．

もう1つの活発な地殻変動地域がゴンドワナの西端（後に南アメリカになった）沿いにあり，ここもパンサラッサに面していた．ここで結果的に生まれたのは現代のアンデス山脈に類似した山脈で，位置もほぼ同じだった．現在のアンデス山脈の堆積岩の多くは，この時代に大陸から洗い流され，すぐ沖合の深海に集まった物質で形成されている．古生代後期と中生代の大部分の山脈はサムフラウ（Samfrau）山脈の一部を形成した．サムフラウは南アメリカ（South America），アフリカ（Africa），南極（Antarctica）とオーストラリア（Australia）の頭字語である．この山脈は古生代後期に，まさに形成されつつあった．

褶曲山地帯は移動するプレート（plate）間の衝突に起因している．プレート縁での海洋プレートの破壊は，海嶺での新しいプレート物質の産出で釣り合いを保つ必要がある．このような海嶺は現代の海の至る所で知られているが，過去の地質時代に海嶺が存在した証拠は僅かである．これは海洋底の堆積物と構造は最終的には沈み込み帯で破壊されるため，普通は形成後数千万年以内に破壊され，それ以前に存在したものの痕跡を全く残さないことによる．しかし，石炭紀前期の岩石には，このような活動が起こったことを示すものがある．現代の海では，海嶺は火山作用が活発で，「ブラックスモーカー」として知られる，鉱物に富んだ熱水の噴出口を造る．熱水の化学成分をバクテリアが食べ，そのバクテリアを小型無脊椎動物が食べ，それらを甲殻類が食べ，食物ピラミッドの頂点で，巨大なハオリムシ類が採餌用の触手を揺り動かす．アイルランドとニューファンドランドの2か所に，ブラックスモーカーで見られるある種の硫黄起源の鉱物に関連した，石炭紀前期の棲管虫化石がある．これらの棲管虫は現代のタイプほど大きくも壮観でもないが，ブラックスモーカー動物相の最初の化石証拠の標本になっている．

ここに挙げたすべての造山運動にもかかわらず，世界の地殻変動は石炭紀前期を通じてかなり静穏だった．海水面は世界中で上昇し，ゴンドワナの大陸棚を広げ，ローレンシアの低地域を氾濫させた．アントラー山脈とアカディア-カレドニア山脈間の北アメリカとカナダ楯状地の古いクラトンの南部は，カスカス海（Kaskasia Sea）と呼ばれる石灰質の浅海で覆われた．アカディア-カレドニア山脈の東では，浅海はヨーロッパの大部分も覆っていた．

その当時の河——ミシガン川（Michigan River）——はカナダ楯状地から北アメリカの内海に注ぎ，広域にわたって海に注ぐ大きな数少ない河川系の1つだった．ミシガン川の三角州は北東部のアパラチア山脈から流れて来たモラッセ堆積物（molasse deposit）の蓄積したもので，石炭紀後期に入っても成長し続けていた．海退が始まると，この河はより多くの堆積物を南方の露出した大陸縁へと運ぶことで，次第に，現在のメキシコ湾岸周辺の州（ゴンドワナの一部だったフロリダ州を除く）に相当する新しい陸塊南部を付加させた．ミシガン川系は最終的には大陸の南部にまで広がり，ミシシッピ川になり，これもはるばる海に注いだ．

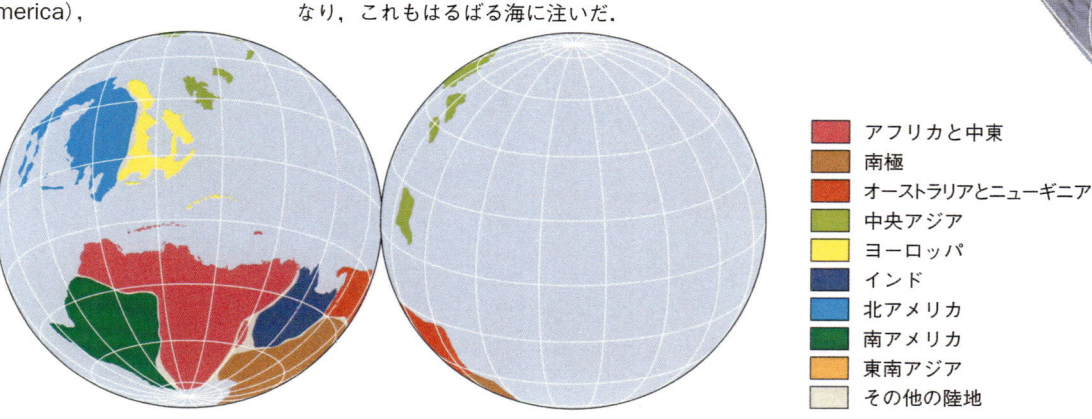

凡例	
■	アフリカと中東
■	南極
■	オーストラリアとニューギニア
■	中央アジア
■	ヨーロッパ
■	インド
■	北アメリカ
■	南アメリカ
■	東南アジア
□	その他の陸地

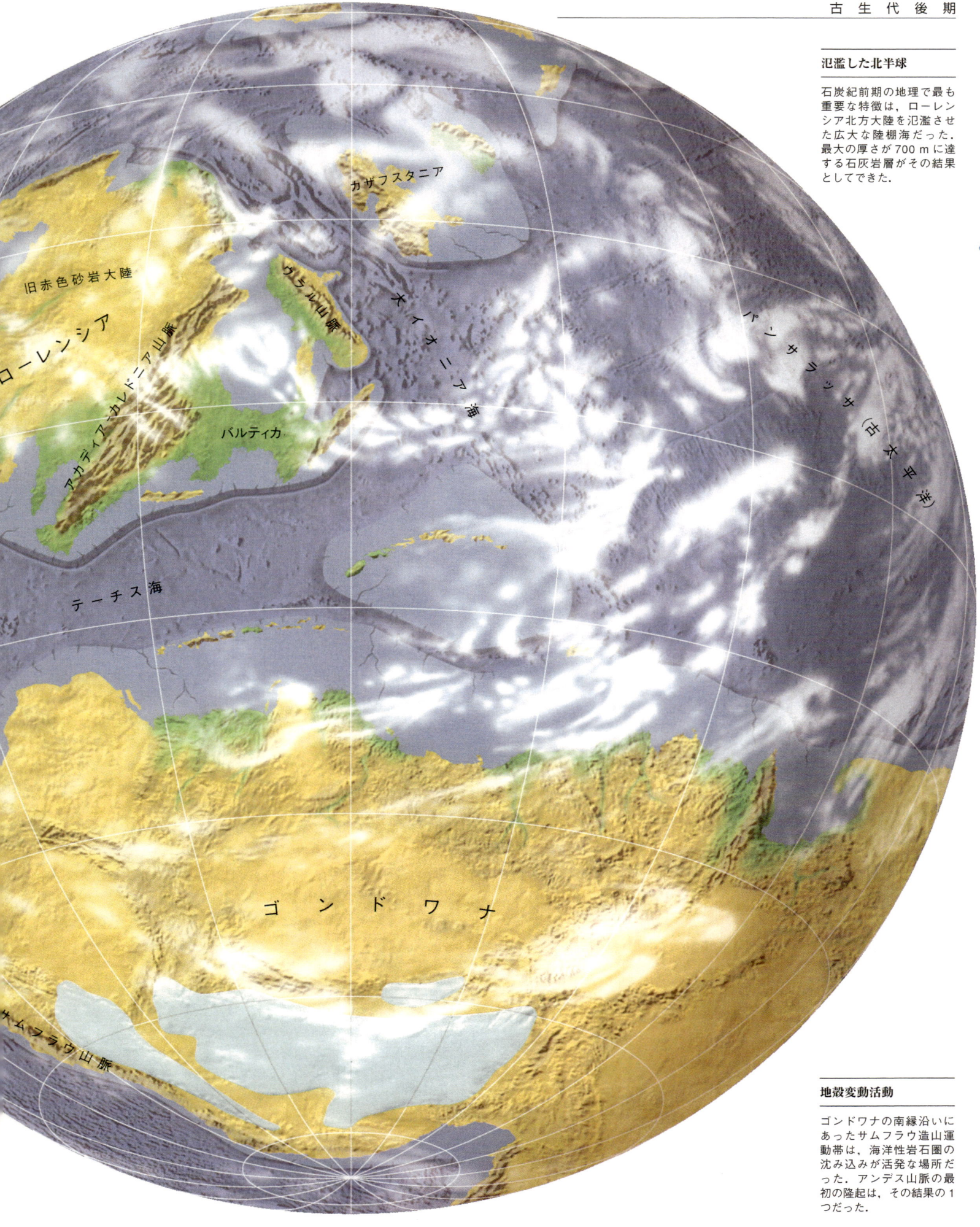

古 生 代 後 期

氾濫した北半球

石炭紀前期の地理で最も重要な特徴は，ローレンシア北方大陸を氾濫させた広大な陸棚海だった．最大の厚さが700 mに達する石灰岩層がその結果としてできた．

石炭紀前期

地殻変動活動

ゴンドワナの南縁沿いにあったサムフラウ造山運動帯は，海洋性岩石圏の沈み込みが活発な場所だった．アンデス山脈の最初の隆起は，その結果の1つだった．

大部分の石灰岩は，かつての生物の遺骸からできている．その層が積み重なる過程は，現在では熱帯の海のサンゴ礁で観察される．インド洋と太平洋の裾礁（fringing reef），堡礁（barrier reef）と環礁（atoll）は石灰岩が現在堆積しつつある地域である．サンゴ類は自分自身で礁を積み重ね，サンゴ類の各世代が以前の世代の死骸の上に殻をつくり，一方，崩れた殻の物質は礁で隔離された礁湖（lagoon）に堆積する．しかし，このような礁による石灰岩の産出は比較的に限られている．

> 現代の熱帯の海にあるサンゴ礁は今も石灰岩を生産しているが，石炭紀の石灰岩層の巨大な広がりに匹敵するほど，広大な範囲は占めていない．

大陸棚の石灰岩は造礁生物が住んでいるところで生成されたものに比べ，分散した砕片から形成されている．現代ではフロリダ海岸沖やバハマ周辺でこのような堆積が起こっているが，石炭紀前期に起こった大陸規模の大陸棚石灰岩の堆積とは比べ物にならない．一番広がった時には，北アメリカのカスカス陸棚海はカナダ楯状地のほぼすべてを波で洗っていた．おそらく，この広大な海の最も壮大な証拠はコロラド川，グランドキャニオンのレッド

現代のカルスト

突き出た岩や溶解空隙は，この写真に見られるイングランド北部マルハム・コーブ（Malham Cove）のような，現代のカルスト地表の明白な特徴である．雨が岩石にしみ込み，植生があまり無く，土壌がほとんど発達しないため，その風景は極めて無味乾燥である．至近距離から見ると，ウミユリ類の茎の円板──石灰岩を形成した動物の部位──を岩石中に見ることができる．

ウミユリ類化石

棘皮動物の一種であるウミユリ類は，石炭紀前期石灰岩の主要な構成要素だった．ミシシッピ渓谷（Mississippi Valley）だけでも，400種類以上になる．

ウォール石灰岩（Redwall Limestone）の露頭である．175 mの厚さを持ち，グランドキャニオンの垂直な崖の主要なものの1つになっている．ここの赤色は上部のペルム紀堆積物から浸透した鉄鉱物に由来し，岩石本来の色は石灰岩に典型的な白～灰色である．レッドウォールの露頭はネヴァダ砂漠（Nevada Desert）では崖としてたどることができ，そこではモンテクリスト石灰岩（Monte Cristo Limestone）として知られている．

石灰岩形成のための素材を供給する殻の実体は場所によって異なり，より重要な点は時代によっても異なることである．腹足類の殻，二枚貝類の殻，腕足類の殻，そしてサンゴ類がすべて，いずれかの時点で石灰岩形成に寄与したが，石炭紀前期の大部分の石灰岩は沿海に生息したウミユリ類と呼ばれる動物群の遺骸でできていた．ウミユリ類はヒトデやウニに類縁の棘皮動物だった．ウミユリを思い浮かべるには，茎の上にいるヒトデとするのが最良の方法である．ろ過食で，採餌用の多数の腕がカップ状の身体の周りに広がっていた．体部は円柱で海底につながり，底にある吸着器官で身体を固定していた．その構造は円柱部では円盤状，杯部では六辺形，腕部では小さく不ぞろいの方解石の板でできていた．ウミユリが死ぬと，これらすべての部分は分離し海底に積もる．石炭紀前期の石灰岩の研磨面には，このような円盤形の柄の詰め込まれた集団が見られることもある．

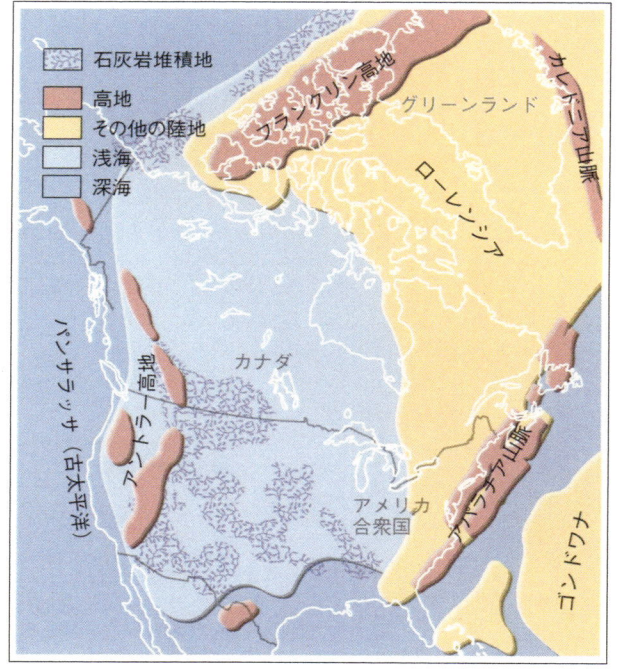

海と石灰岩

ローレンシア西部の大部分は大陸棚上の浅海によって氾濫したが，ローレンシアの東半分は海水面よりかなり高かったため氾濫しなかった．石灰岩ができたのは，主として，ウミユリ類のような熱帯性の造礁生物が繁栄した大陸の南西部である．現在の北アメリカに相当する南縁は，まだ大陸主要部に付加していなかった．フロリダはゴンドワナとローレンシアの間を漂う楔形の小片だった．アントラー山地は氾濫するクラトンの西端を縁取っていた．

古生代後期

石炭紀前期

り，地下水面沿いでも起こる．このような洞窟では，溶けた方解石が石灰岩洞窟に極めて典型的な見事な鍾乳石（stalactite）や石筍（stalagmite）として再堆積することがある．

その他，海水面のわずかな変化で，浸食された地表が再度冠水し，全体が氾濫することもある．より多くの石灰岩が，最初は穴に，そして雨裂，洞窟と堆積し，その後，その上に層として堆積する．石炭紀前期にできた広範囲な石灰岩の多くは，このように，カルスト地表上の一連の継続的な堆積を示している．カルストが浸食される間，方解石以外の鉱物は崩壊しつつある石灰岩から溶出し，溶解空隙の底に集まるか，あるいは洞窟系に流入しそこで堆積する．レッドウォール石灰岩の古いカルスト構造は銅鉱石とウラン鉱石を産出し，19世紀以来，採掘されている．

石灰岩の形成

礁は，サンゴ類やその他の造礁生物が海底の硬い岩石の露頭に固着するにつれ，発達し始める（1）．完全に発達すると，礁は穏やかで浅い礁湖を隔離し，そこに石灰質物質が沈殿して，石灰岩層を形成する（2）．海水面が下がると，形成されたばかりの石灰岩は大気中に露出して浸食され，洞穴や雨裂を伴うカルストの風景を形成する（3）．そこへ再び海水面が上昇すると，より多くの石灰岩が堆積し，浸食された地表が埋まり，浸食の特徴が保存される（4）．

大部分の堆積岩の場合，地層中の粒子はおそらく数百万年間，相互に離れた状態にある．上層の重みで粒子が圧し詰められ，粒子間隙が小さくなることもある．しかし，地下水が粒子どうしの間に鉱物を沈殿させ，互いを結合して固い団塊にしたときに初めて，堆積物は真の堆積岩になる．通常，石灰岩はこの過程が生じるのを待つ必要がない．いったん方解石の粒子が沈殿すると，ほぼ直ちに互いに結合することになるであろう．

> 石灰岩は堆積とほぼ同時に凝固することがあり，「速成の岩石」を形成するという点で，堆積岩中では独特である．

広い大陸棚の海底に蓄積され固化した石灰岩の層は，平均海水面がわずかに下がると固い岩石層として海面に現れることがある．石灰岩は化学的な風化作用に特に弱いため，露出した層は直ちに分解し始める．雨水は大気中の二酸化炭素を溶かして弱酸になり，酸は石灰岩中の方解石と反応してそれを溶かす．この作用は弱い部分，たとえば，層理面とか岩石の固い物質が割れた破面沿いで最も生じやすい．風化作用で固い石灰岩に長く，まっすぐな穴ができる．このような割れ目を地学用語では溶解空隙（grike）という．間にある岩石は一連の小塔と塊として残り，これは岩棚と呼ばれる．この種の地表は，それが最初に認められたスロヴェニアとクロアチアの地域に因み，カルスト（karst）として知られる．その地下では，酸性の地下水が洞窟系を浸食している．ここでも浸食は弱い境界沿いに起こ

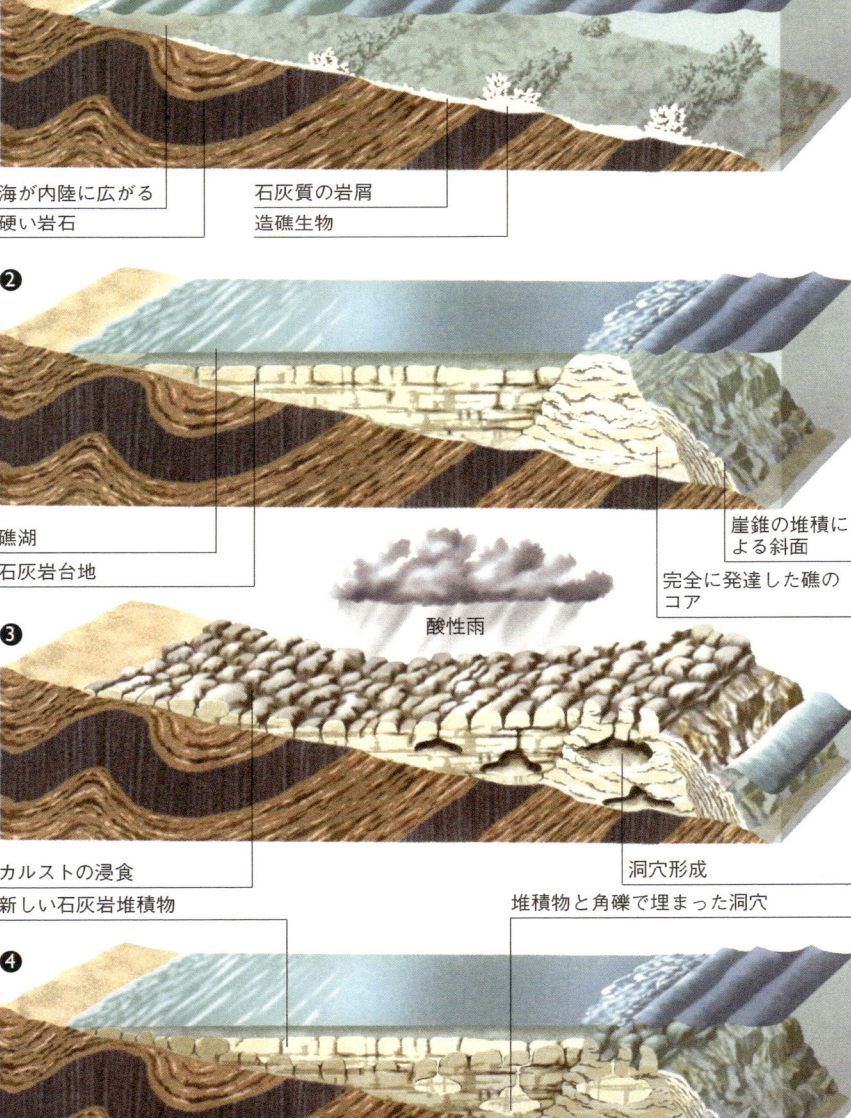

海が内陸に広がる／硬い岩石／石灰質の岩屑／造礁生物

礁湖／石灰岩台地／崖錐の堆積による斜面／完全に発達した礁のコア

酸性雨

カルストの浸食／新しい石灰岩堆積物／洞穴形成／堆積物と角礫で埋まった洞穴

PART 3

石炭紀前期

イースト・カークトン動物相

3億3800万年前，イースト・カークトン採石場は小さな湖，おそらくは火山性の温泉だった．化石は鉱物に富んだ水中に運ばれて石灰岩中で直ちに保存された動物の遺体である．

1 ヒッベルトプテルス（広翼類）
2 スフェノプテリス（シダ種子類）
3 ヤスデ
4 バラネルペトン（切椎類）
5 ヒカゲノカズラ類
6 エルデケエオン（炭竜類）
7 オフィデルペトン（欠脚類）
8 プルモノスコルピウス（巨大サソリ）
9 ザトウムシ類（メクラグモ）

陸生植物は諸大陸中で広がりつつあった．河川系が送り込んだ水で浸食されつつある山腹では，大部分がシダ類とヒカゲノカズラ類から成る森林が生長した．デボン紀の植物相からほとんど変化していなかったが，石炭紀前期の植物は石炭紀後期のものに比べ，はるかに多様であった．しかし，石炭を生んだ種は，ほとんど含まれなかった．石炭紀後期に石炭林の巨木になったヒカゲノカズラ類（lycopods）は，胞子を持つ小型の湿性植物にすぎなかった．

> 石炭紀前期の石炭があまり多くないのは，生育していた植物のタイプによっている．

陸生動物も発達しつつあった．石炭紀前期，サソリ類が陸生動物として初めて登場し，全長0.5 mを越えた．大気中の酸素の割合が高かったことは，陸生節足動物が現在より，はるかに大きなサイズまで成長できたことを意味している．スコットランドのイースト・カークトン（East Kirkton）にある，3億3800万年前の石炭紀前期堆積物を伴い，すでに廃れた石灰採石場からは，その例証になるサソリ類化石が産出している．呼吸の仕組みと採餌様式はこのサソリ類が陸生動物だったことを示しており，眼は日中に狩りしたことを示唆している．他の陸生節足動物を狙って下生えの中で狩りをしたサソリ類は，石炭紀前期の最大の陸生捕食者だったに違いない．しかし，石炭紀の終わり近くには，サソリ類は他の捕食者にその生態的地位を奪われ，今日なじみのある小型で（それでも猛毒の）夜行性生物になっていた．

広翼類（シルル紀に初めて出現した）は石炭紀前期に繁殖し続け，陸生動物になり，現在で言えばスコットランドの，下生えでコロニーをつくっていた．一部の広翼類は巨大で，頭部楯状部の部分化石はその直径が約60 cmあり，眼がスモモ大だったことを示している．しかし，これらの生物の口部は水中の小型生物をふるい分けるのに適応しており，サソリ類に替わる捕食者ではなかった．

古生代後期

スコットランドの石炭紀前期

カレドニア山脈の斜面からきた岩屑が浅海に広がり、三角州の湿地を形成した。この地方の火山が湿地を有毒にし、生息していた動物を殺し、石灰岩に保存したのかもしれない。化石は、1980年代、イースト・カークトンにある廃れた採石場で発見された。

バスゲイト産の動物

初期の切椎類バラネルペトンは、「雄型と雌型」として保存された化石である。化石の印象が割れた岩の平板の両面に見られる。

両生類は、デボン紀後期にはすでに進化していたが、魚類に似た多くの祖先形質をまだ残していた。しかし、今や、両生類はあらゆる種類の生息域と生活様式に広がりつつあった。両生類の基本的な形は、サンショウウオ様かイモリ様で、湿った長い身体、典型的には5本の指を持つ四肢、生き餌を食べるための鋭い歯、泳ぎに適した長い尾を備えている。イースト・カークトンで見つかった全長が0.5mのバラネルペトン（*Balanerpeton*）はこのような特徴を持っていた。同時代の生物は、この基本形からあらゆる種類の発達を示している。欠脚類（aïstopods）は進化したばかりの四肢を捨て、湿っぽい下生えや浅い水の中でヘビ類やウナギ類のように生きていた。はるかに強い四肢を発達させ、一生の大部分を陸上で過ごす生物もいた。大体だが、陸生両生類と水生両生類は、前者に鰓の痕跡や頭骨に側線感覚系が無いことで識別できる。

脊椎動物は石炭紀前期の主要な成功例だった。陸生無脊椎動物——サソリ類と広翼類——は、大気の酸素含有量のおかげで、すでに大型になっていた。酸素は細孔を通して簡単に組織に達することができる。これは肺を持たない生物にとっては好都合だった。しかし、外殻を持つ動物が持ち得る体内の筋肉には限界があり、ある程度の大きさ以上になると、動くには装甲が重すぎるようになる。内骨格を持つ両生類にはこのような制約がなく、陸生両生類は陸生節足動物より大きくなり得た。石炭紀の初めに主要な捕食者だった大きなサソリ類は、石炭紀が進むにつれてより大きな両生類の獲物になり、脊椎動物が支配者になった。

より分化した両生類の一部が爬虫類に進化し、陸上で産卵することにより、幼生段階を水中で過ごす必要が無くなったのはこの頃である。要するに、彼らは防水膜の中に独自の小さな池を持ち、幼生の段階はその中で発育できた。この能力の証拠を化石標本から判定することは極めて難しい。どの場合にも化石が稀で、したがって、両生類から爬虫類へ移行した正確な時点は明らかになっていないのである。

移行時の型で最も重要な発見の1つはエルデケエオン・ロルフェイ（*Eldeceeon rolfei*）で、これもイースト・カークトンの採石場で発見された。全長約35cmに成長したこの陸生爬形類（「爬虫類型」）は、この種類の物として知られる最初期の例である。エルデケエオンは原始的な炭竜類（anthracosaur）と考えられ、シームリア形類（Seymouriamorpha）のようなより良く知られた亜目の姉妹群である可能性がある。

PART 3

初期の四肢動物

最古の両生類で最も良く知られているのは、デボン紀産のイクチオステガ (*Ichthyostega*) とアカントステガ (*Acanthostega*) である。両者の祖先として最も可能性が高いのは、肉鰭類の総鰭類である。これらの魚類の対の鰭は一種の「歩行」が可能な、進化した構造を持っていた。しかし、最初の四肢動物は陸が提供する好機を活用する前に、さらに多くの解剖学的変化を経なければならなかった。

進化の傾向

水生から陸生へと生活の漸進的な変化は明らかである。しかし、すべての両生類は繁殖のためには水に戻らなければならなかった。陸上に産卵する能力を発達させたものが新しい綱を作り、それが爬虫類である。その他のものは水生生活に戻った。

1. 総鰭類の魚類は機能する肺と丈夫な骨格を持っている
2. 陸上で内臓を支えるため、四肢、帯部と胸郭がさらに発達する
3. 中間型の種類は陸生と水生の特徴を示す
4. 石炭紀の湿気のある森林が提供する新しい生息地を利用するための適応
5. 一部のグループが陸生の生活に完全に適応する
6. 多くのグループがペルム紀の終わりに絶滅する

36

両生類の進化

両生類の多様性

オビイモリ（右）には4本の指がある．初期の四肢動物は、よりなじみのある5本の足指配列を進化させる以前は、様々な数の足指（最高8本）を試みた．

両生類は幼生段階では水生だが、一生の大部分を陸上で過ごす四本足の脊椎動物である．魚類を除くすべての四本足の脊椎動物から成るグループ、つまり、四肢動物（tetrapods）の中で、両生類は現生のものとしては最も原始的である．四肢動物という呼称は鳥類、クジラ類、ヘビ類も含むため、混乱するかもしれない．それにもかかわらず、このすべてが、ある四本足を持つ祖先の子孫であり、四肢骨に共通のパターンを持っている．「四肢動物」は、両生類と爬虫類の特徴が出現する以前の、初期の多様な化石を記載する上で有用な用語でもある．

デボン紀後期の岩石は部分的には魚類とも両生類とも取れる動物化石全般を含んでいる．四肢動物の特徴には、4本の足と、水の外で呼吸するための肺を支える強い胸郭が含まれる．魚類の特徴には、頭骨中の骨の配置と、尾に鰭があることが含まれる．6ないし7の化石動物が、程度の差はあるが、このような特徴を共有している．もう1つの変わった特徴は手と足の指の数の不一致である．四肢動物にとって5本の足指が典型になる以前に、6本、8本、あるいはそれ以上の足指が試された．現生両生類では手指は4本、足指は5本である．

石炭紀の始まりと共に、両生類は多数の異なった系列を確立した．両生類は全大陸にコロニーを作り、当時の主要な捕食者となり、この状態は約8000万年続いた．現代の両生類と異なり多くが巨大で、全長4mに達するものもいた．他の綱の動物が出現すると共に、両生類は競争と捕食に直面し、生き延びたのはより目立たない生態的地位を活用する、より小型の種だった．

化石記録には間隙があり、両生類の進化史を異論のあるものにしている．古典的な研究方法では、両生類を迷歯類（labyrinthodonts）（祖先である肉鰭類から受け継いだ、歯の入り組んだエナメルに因んだ名前で、イクチオステガ類、切椎類と炭竜類から成る）、空椎類（lepospondyls）（小型で、大部分が水生である初期の種類）と現代の両生類に分類する．この体系は現在では否認されていて、両生類を蛙形類（batrachomorphs）と爬形類（reptiliomorphs）に分ける体系が選ばれている．爬形類が最終的に爬虫類へとつながった．

現代の両生類は3つのグループから構成される．カエル類とヒキガエル類、イモリ類とサンショウウオ類、そしてハダカヘビ類である．最初のカエル類は三畳紀に出現した．一方、最古のイモリ類とアシナシイモリ類の化石はジュラ紀産である．現代のグループがどのように進化したかの確たる証拠は無いが、大部分の専門家は切椎類（テムノスポンディルス類）の子孫であると考えている．

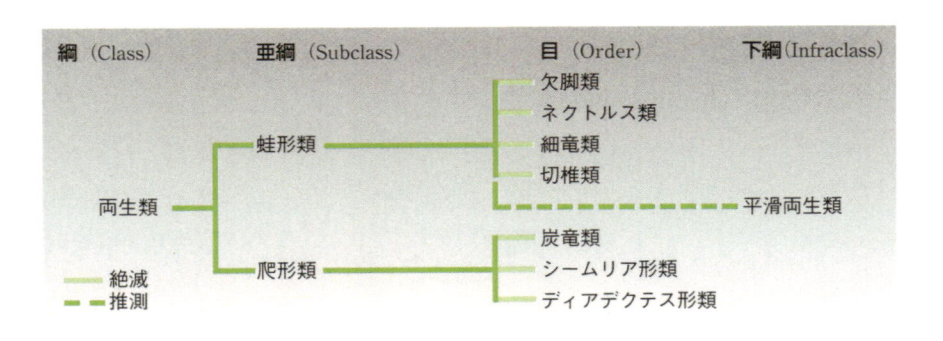

両生類のグループ

非常に多様な太古の両生類は、伝統的には3つのグループに分けられた．迷歯類（大部分は大型）、空椎類（大部分は小型）と平滑両生類（現代の両生類）である．この分類は既に改訂されていて、様々な目は2つの大まかな系統に分けられている．蛙形類すなわち「真の」両生類、および、爬虫類の祖先を含む爬形類である．一部のものは陸生で、炭竜類など一部のものは水生の生き方に再適応した．いくつかの陸生種を含む大きい目の切椎類は、石炭紀に優位を占めていた．後のグループは水生だった．

現代の両生類

現生両生類は、小さな歯の構造に基づいて、当然、近縁であると考えられている．おそらく、三畳紀に切椎類内で起こった．今日では僅か約4000種で、現生脊椎動物の中では最も小さい綱である．

石炭紀後期

3億2400万年前から2億9500万年前

石炭紀前期から石炭紀後期へ移るにつれて，イアペトス海は閉じていき，ローレンシアとゴンドワナは互いにより接近し，超大陸パンゲアを形成していった．両大陸が合体した地域は熱帯性〜亜熱帯性気候に恵まれたが，より南方の地域は寒冷で，ゴンドワナの最南端では氷冠が広がり始めた．

陸上では急速な変化が起こりつつあった．海水面が下がった際に残された湿地は，鬱蒼と茂った森林になった．特徴的な北方の植物相がローレンシアの広域（現在のヨーロッパ北部と北アメリカ東部）に広がり，一方，異なった南方の植物相がゴンドワナ（特に南アメリカ，アフリカとオーストラリア）に広がった．この両植生が，紀の命名由来になった石炭層を生んだ．これらの森林は新しい動物相，特に昆虫類と爬虫類を迎え入れる環境を整え，新しい動物相は急速に発展・多様化し始めた．

地球の歴史における全時代の中で，石炭紀後期がおそらく人類の技術発展に一番大きな影響を持った．石炭をともなう岩石と，その結果として，そのような岩石が形成された時代の特徴が，イングランドとウェールズで最初に認識された．石炭系は特定の一連の岩石として認識された最初の地質学上の系で，したがって，科学的に命名された最初のものであった．（デボン紀の特徴的な赤色砂岩は，非公式には1790年代に早くも認められたが，命名は後だった．）このことは驚くには当たらない．石炭系は産業革命という火に油を注いだ，石炭の堆積物や鉄の大部分の源泉だったからである．記録では石炭はローマ時代にイングランドで採掘されていたことを示している．しかし，イングランド，ダービーシア（Derbyshire）の炭層で石器が見つかったことは，より早い時代の人類も石炭を採収していたことを示唆している．1271年に極東への旅に出たヴェニスの旅行家マルコ・ポーロ（Marco Polo）はその日記中で，中国人は燃料に黒い石を用いると言及している．自国では見たことのないものだった．

18世紀〜19世紀のヨーロッパと北アメリカは従来の農耕生活を捨て，製造工業に向かうに当たって，社会が大きな経済的変化を経験した．当時達成された技術的な進歩，特に物理学と冶金学での技術的な進歩——たとえば，鉄道の発達，蒸気力による機械や製粉所の生産を導いた高品質の鋼鉄を製造する能力など——はすべて，入手できる燃料や原料を開発する能力に広く基づいていた．石炭と鉄が最も重要で，しかも，両者はイングランドとウェールズの同一の系で発見されていた．

> 地質学は，長い間，神学によって推進されてきた．産業革命の到来と共に，地質学は生産工業技術によって推進されるようになった．

キーワード
- アカディア造山運動
- アレガニー造山運動
- アンガラランド
- アパラチア造山運動
- ヒカゲノカズラ類
- サイクロセム
- 外翅類
- ヘルシニア造山運動
- イアペトス海
- パンゲア

古生代後期

石炭と鉄の経済的重要性とその豊富さの故に、当然、当時の地質学者たちはその産出と形成条件に多大の注意を払った。大規模な採石場や鉱山が開かれ、このことが非常に豊富な化石、特に植物化石の発見につながり、化石生成当時の地球がどのようだったかについて人々の考える助けになった。しかし、かなりの量の石炭を産出するのは上部石炭系だけである。石炭紀後期以前は、最も重要な石炭堆積物を産する植物種がまだ進化していなかった。

北アメリカでは、石炭紀は2つの個別な系として認められている——浅海の石灰岩が優先し、ヨーロッパの石炭紀前期に相当するミシシッピアン（Mississippian）と、大規模な三角州堆積物と夾炭層を伴い、石炭紀後期に相当するペンシルヴェニアン（Pennsylvanian）である。特徴的な地層をともなう2つの地域に因む、これらアメリカの系の名称は、1953年までは非公式なものとして使われていたが、同年、米国地質調査所によって公式に採用された。2つの系の境界は、世界最大の不整合の1つではっきり示されており、この不整合は石炭紀前期末にカスカス内海が北アメリカ大陸から後退した際に取り残されたものである。ペンシルヴェニアンの層では海成堆積物と非海成堆積物が繰り返し互層になり、石炭堆積物は東部高地（現代のペンシルヴェニア州とウェストヴァージニア州）に向かうほど多く、中部では雑多な堆積物が見られ、西部では石灰岩が優先する。

ミシシッピアンとペンシルヴェニアンの区分は、ヨーロッパの石炭紀前期と後期を構成する再分としてのディナンシアン（Dinantian）とシレジアン（Silesian）の区分とは厳密には一致しないが、この時代を通しての世界的な条件を一般的に論ずるには十分近いと言える。

石炭紀後期の間に、地球の条件が変化したことは、新しく多様な植物の生活を可能にした。石炭紀前期を通して世界の大部分を覆っていた浅い熱帯性の海はゆっくり後退し、沿岸の湿地と三角州を残した。この海の残した鉱物に富む表土と泥、そして北半球の温暖な気候が、新しい種類の動植物の成長に有利な環境を生んだ。現代の北アメリカ、ルイジアナ州の沼沢地のような密林が各大陸全体に広がった。

数千万年の間、これらの湿地の森林は太陽エネルギーを吸収し、大気中の二酸化炭素を固定した。植物は死ぬと、生育していた澱んだ水の中に倒れる。わずかに酸性の水が、完全な状態ではないにせよ、腐らない程度に倒れた植物を保存する。ほぼ3億年の間、この植物質は手つかずのままだった。地下では、上部の岩石から圧力がかかり、植物質が石炭に変化するに伴って、エネルギーが一層濃集されて行った。

1700年代以降になり、初めて、太古の太陽と二酸化炭素のエネルギーを現代産業に役立てるため、集中的に採掘し利用するようになった。貯えられたエネルギー3億年分の大部分を使い果たし、大量の二酸化炭素を大気に戻すには300年もかかっていない。このような森林が旧に復し、エネルギーが回復されるような状態に帰ることはあり得ることとしても、想像することは難しい。

> 石炭や他の化石燃料が形成されるにはほぼ3億年かかった。それらを使い尽くすには、そのほんの一部の時間で足りた。

古生代後期の半ば

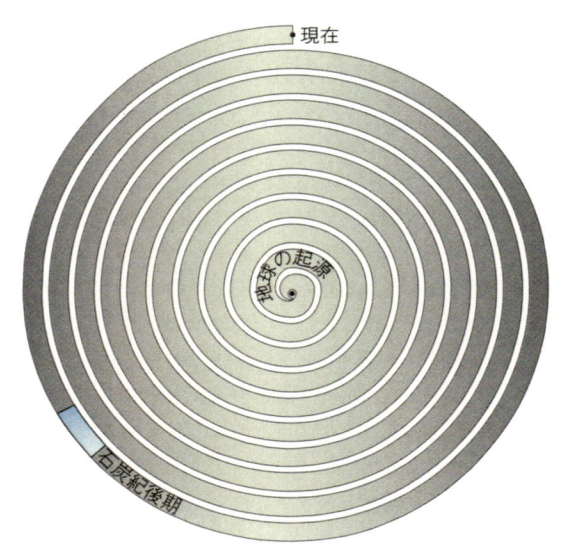

石炭紀後期（ペンシルヴェニアン）までに、超大陸パンゲアはほぼ完成した。新しい動植物が陸上に急速に広がり、暖かい気候を享受した。しかし、ゴンドワナの南部は南極点上を漂移しており、現在の南アメリカからオーストラリアに及ぶ氷床が広がっていた。

参照
デボン紀：アカディアーカレドニア造山運動、旧赤色砂岩、生物の陸への移動
ペルム紀：新赤色砂岩
第I巻、地球の起源と特質：大気の進化

310	305	300	295 ペルム紀
ウェストファリアン		ステファニアン	
アトカン／デリアン｜デスモイニアン	ミズーリアン	ヴァージリアン	
	アレガニー造山運動		
主要な石炭産出層，ヨーロッパ			
	主要な石炭産出層，北アメリカ		
氷河作用，南半球			
		徐々に上昇	
	●最初の針葉樹類		
●最初の双弓類爬虫類		●蝶番式の翅を持つ最初の昆虫類	

地表下における緩慢ではあるが大規模な構造プレートの移動は，石炭紀後期までに，諸大陸の大部分を合体させた．北半球では，先カンブリア時代以来ローレンシアとバルティカを隔てていたイアペトス海が，デボン紀中にゆっくりと閉じた．それと共に，ローレンシアとバルティカが衝突し旧赤色砂岩大陸を形成した．イアペトス海が再び開いて大西洋になり，北アメリカから再度ヨーロッパを隔てるまでには数億年が経過することになる．イアペトス海はその運命を反映し，古大西洋（proto‒Atlantic）とも呼ばれている．

> ゴンドワナと
> ローレンシア–バルティカ
> という巨大な陸塊同士の
> 衝突と結合で，
> 新しい超大陸の
> 形成が始まった．

一方，南半球では，広大な超大陸ゴンドワナが南方から時計回りにローレンシアに近づきつつあった．そのため，ゴンドワナの東部（インド，オーストラリア，南極）は南に移動し，西部（南アメリカとアフリカ）は北に移動した．（後に分裂し，現代のこれらの大陸を形成したが，地質学者たちに言える範囲では，ゴンドワナは一部の古地理図が示唆すると見られる明らかな接合線で合体した個々の大陸というよりは，常に密集した単一の陸塊だった．）

ゴンドワナとローレンシアの間で，2つの巨大な大陸が寄り集まると共に，テーチス海（Tethys Ocean）はますます小さくなった．この北方の超大陸にまだ組み込まれていない地域はアンガラランド（Angaraland）と中国だけだったが，この両地域が島大陸だった時代はいくばくもなかった．アンガラランドはローレンシアの東端に近づきつつあり，両者の間の海はその間ずっと狭くなり続け，その堆積物はヨーロッパとアジアが合体するにつれ，もみくしゃにされ始めた．

これで超大陸パンゲアはほぼ完成した．パンゲアは地球の片側を占めた．反対側はほぼ全体が水から成っていた．パンサラッサ（古太平洋）である．大きな世界的海洋で，経度300度にわたって広がっていた．

諸大陸の配置は現在とは著しく異なっていた．北極点は水で覆われ，南極点はアフリカあるいは南アメリカにあった．赤道が現在の南北軸沿いにローレンシアを二分していたため，赤道はカナダの中央部とヨーロッパ北部を一直線に通っていた．このことから，熱帯性の植物や両生類の化石が，現在の北極圏の氷層に埋没して発見されることの説明がつく．南極の中心部にさえ石炭紀後期の植物化石があり，ゴンドワナのほぼ全域で少なくとも石炭紀後期のより早期でより暖かかった時代には，植生が維持されたことを示している．

石炭紀後期の世界の気候はおそらく現在と似ており，極近くの極寒の状態から，赤道近くの熱帯性の多雨林に至るまで多様であり，両者の間には季節的な温帯気候があっただろう．パンゲアはその巨大さ故に，海際を氾濫させた浅海が届かないほど離れた内陸部は乾燥していた．

> 赤道沿いの熱帯条件にも
> かかわらず，
> かなりの氷河作用が
> あったので，
> 石炭紀後期は
> 氷河時代だったと
> 見なせよう．

ゴンドワナの奥深く，中心部に位置した石炭紀後期の南極点には氷冠（ice cap）があり，氷河（glacier）は南緯30度というはるか北方まで広がっていた．現代では，これは亜熱帯の緯度に当たる．この氷冠の証拠は現代の南極ばかりでなく，南アメリカ，南アフリカ，インドとオーストラリア——超大陸ゴンドワナの全域で発見されている．氷はペルム紀まで存続した．

当時，北極点に氷冠があったという直接の証拠は無い．このことは，北極点はまったくの海で，したがって，有用な証拠が何も保存されなかったことによるかもしれない．しかし，シベリア北部には漂流する氷山があったことを示すものがある．

石炭を形成する状況の引き金を引く助けになったのは，おそらく，ゴンドワナの氷冠だった．極と赤道の間には大きな気温勾配があり，対流による極めて活発な大気の循環があったに違いない．このことは，海域からの水分が北東貿易風で陸地の上空へ運ばれ，湿った風が山脈にぶつかった時に雨として降ったことを意味するだろう．これが石炭を形成した河川や湿地の源になった．

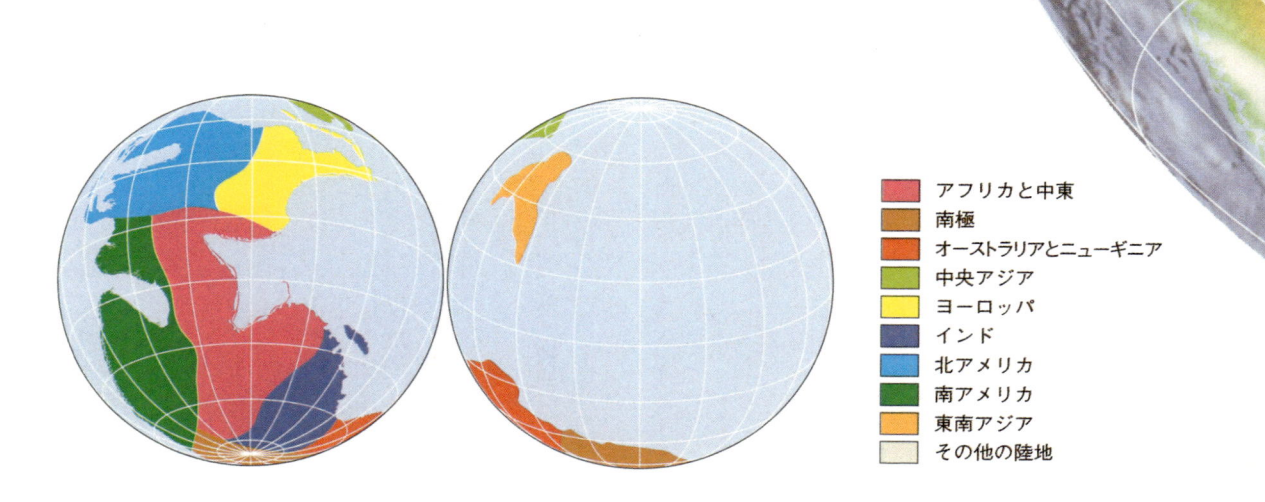

パンサラッサ（古太平洋）

凡例：
- アフリカと中東
- 南極
- オーストラリアとニューギニア
- 中央アジア
- ヨーロッパ
- インド
- 北アメリカ
- 南アメリカ
- 東南アジア
- その他の陸地

古生代後期

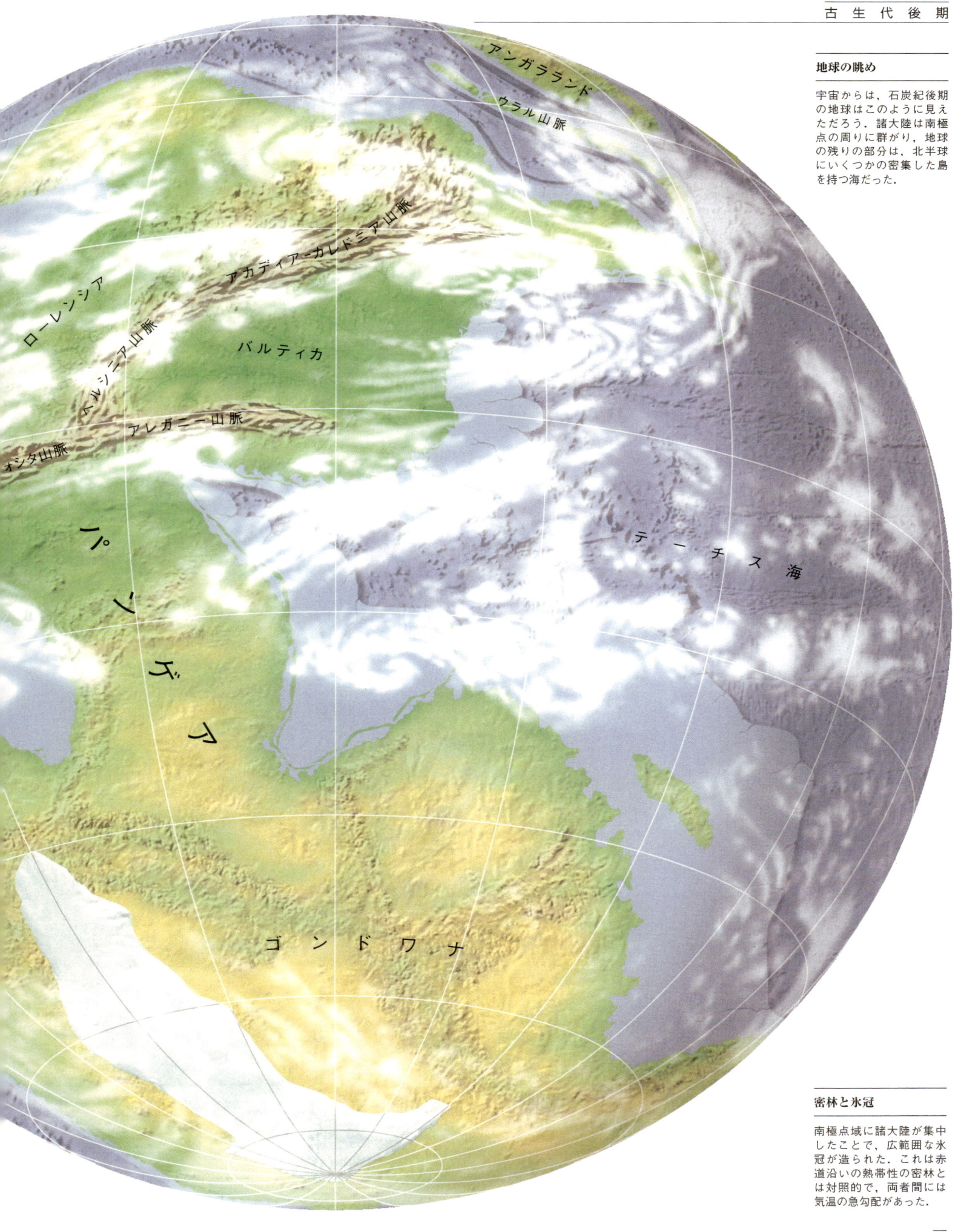

地球の眺め

宇宙からは，石炭紀後期の地球はこのように見えただろう．諸大陸は南極点の周りに群がり，地球の残りの部分は，北半球にいくつかの密集した島を持つ海だった．

石炭紀後期

アンガラランド
ウラル山脈
アカディア-カレドニア山脈
ローレンシア
バルティカ
マルシニア山脈
アレガニー山脈
オシタ山脈
テーチス海
パンゲア
ゴンドワナ

密林と氷冠

南極点域に諸大陸が集中したことで，広範囲な氷冠が造られた．これは赤道沿いの熱帯性の密林とは対照的で，両者間には気温の急勾配があった．

PART 3

ほぼ3億年を要したが，大陸の衝突は激しい出来事だった．ローレンシアとバルティカの衝突は両者間の山脈を押しつけ，山脈は上方に押し上げられ，粉砕され，巨大な山脈になった．この造山事件は北アメリカではアカディア造山運動（Acadian orogeny）と呼ばれ，その遺物はアパラチア山脈北部に見られる．ヨーロッパではカレドニア造山運動（Caledonian orogeny）と呼ばれ，その現代に残された結果がウェールズの山脈，スコットランドの高地とスカンジナビアのフィヨルド海岸線である．ゴンドワナがローレンシアに近づくにつれて，プレートの沈み込みで生じた沖合の弧状列島はローレンシアの縁に結合し，オルドビス紀のタコニック造山運動で既成の沿岸山脈に合体した．ゴンドワナと北方諸大陸との衝突によるヘルシニア造山運動と呼ばれる事件の中で，ヨーロッパのほとんどの土地に山脈が生まれた．その結果としての山脈は数億年にわたる浸食で，今では，ほとんどすべてが無くなっているが，その花崗岩のコアはイングランド南西部の荒れ地や，フランス北部の岩の多い海岸線で，今でも見られる．

2つの衝突しあう大陸の衝撃は遠くまで影響を及ぼした．ローレンシアの西海岸では，ローレンシア大陸プレートがパンサラッサ海洋プレートを西へ押した時，胚胎期のロッキー山脈がもみくしゃにされ，多数の火山を持つ鎖状列島として姿を現した．現代の北アメリカの内陸山脈の大部分は，この時に形成された．

造　山

アレガニー川（Allegheny River）は，かつては高低のあったアパラチア山脈の太古の堆積物を横断して流れる（右）．この地域は個別の地質区に分けることができ（左），度重なる造山事件の結果として，東から西に向かって変形の度合いが弱まるような勾配を持つ．アレガニー造山運動では，ピーモント帯の高度に変成した岩石が，下位にある地層の上を非常に長い距離にわたって押し動かされた．内陸部ではヴァレー・アンド・リッジ区のより古い岩石が褶曲と衝上を受けた．ブルーリッジ区は先カンブリア時代の基盤が隆起した一部である．

地質区
- 先カンブリア時代の岩石
- 変形がおだやかな堆積岩
- 褶曲衝上断層帯の堆積岩
- 変成した古生代の岩石
- 変成していない中生代と新生代の岩石

石炭紀後期

アパラチア山脈の歴史

アパラチア山脈は，カンブリア紀に，アヴァロニア（現在のヨーロッパ北部）がローレンシア（北アメリカ）に近づいた時に生まれた（1）．両者は衝突し，タコニック造山運動の間に合体した（2）．その間，ゴンドワナの一角が近づきつつあった．石炭紀後期にこの部分が衝突し，間にあった海の堆積物がアレガニー造山運動で押し上げられた（3）．中生代の間に，山頂は浸食されて次第に平らになり，東では大西洋が開けた．

アパラチア高原　　ヴァレー・アンド・リッジ区　　ブルーリッジ山脈

❸ 炭層　　褶曲衝上断層　　強度な変形と変成

❷ カンブリア紀-オルドビス紀の地層の強度な変形破砕　　堆積物で埋まる深い海盆　　弧状列島の遺物　　海洋基部の隆起　　アヴァロニア衝突　　沈み込み帯

❶ 石灰岩と頁岩　　先カンブリア時代の基盤　　ローレンシア　　深海の砂と頁岩

古生代後期

ゴンドワナがゆっくり前進し，遂にローレンシアに衝突したので，海底からのより大きな堆積物の小丘が両者の間でもみくしゃになった．アレガニー造山運動（Alleghenian orogeny）として知られるこの事件で，アカディア山脈とカレドニア山脈が再生され，両者の名残の上に巨大な新しい山脈が生じた．これらのより新しい山脈は，北アメリカのアパラチア山脈南部や北アフリカのアトラス山脈（Atlas Mountains）の大部分として，今日もまだ存在している．今ではロッキー山脈に比較すると取るに足らず，もう火山活動がないとはいえ，本来のアパラチア山脈は高さや広がりにおいて，ずっと後に形成された現在のヒマラヤ山脈（Himalayas）に匹敵しただろう．現在のアパラチア山脈は，かつての巨大な山系が2億年にわたって浸食され，消耗した基部にすぎない．

> ローレンシアは最初にバルティカと，その後，ゴンドワナと衝突し，これにより接合線沿いに巨大な山脈が押し上げられた．

造山は諸大陸の縁で起こった．石炭紀後期の諸大陸内陸部は概して平坦だった．このような地域は海水準に近く，規則的な間隔で，海によって氾濫した．これが，石炭紀後期に形成された大部分の岩石は，浅海堆積物と，河川による堆積や森林を持つ乾いた陸地を示す堆積物とが交互になるという独特の一連の重なりをつくっている理由の1つである．アパラチア山脈の東部高地沿いでは，岩石は大部分が大陸性の砂岩と頁岩である．アパラチア山脈地帯の端では，岩石の約半分が海洋起源で，さらに西に進むと海成の石灰岩，砂岩，頁岩が主になる．この様式は，山脈から低地，そして浅い氾濫原へと下る陸地の傾斜と一致する．

大規模な浸食の時代だった．隆起したばかりのすべての山脈は風雨で浸食され，風雨は露出した岩石を割り，分解した．その結果である角礫は山中の河川をころがり落ちながら，割れて粉々になった．山麓の丘陵地帯の河川は粉々になった砂とシルトを海の方へ運び，それらは水流が遅くなった所に堆積した．石炭紀前期に北アメリカと他の諸大陸の大部分を覆っていた巨大で温かい浅海では，浸食が進む山の多い大陸からさらに多量の砂状物質が運ばれ堆積すると共に，三角州が徐々に海側に広がり，浅海は侵食された．カレドニア山脈とタコニック山脈の両側の海岸線は，現代のバングラデシュの三角州の景観にそっくりだったに違いない．

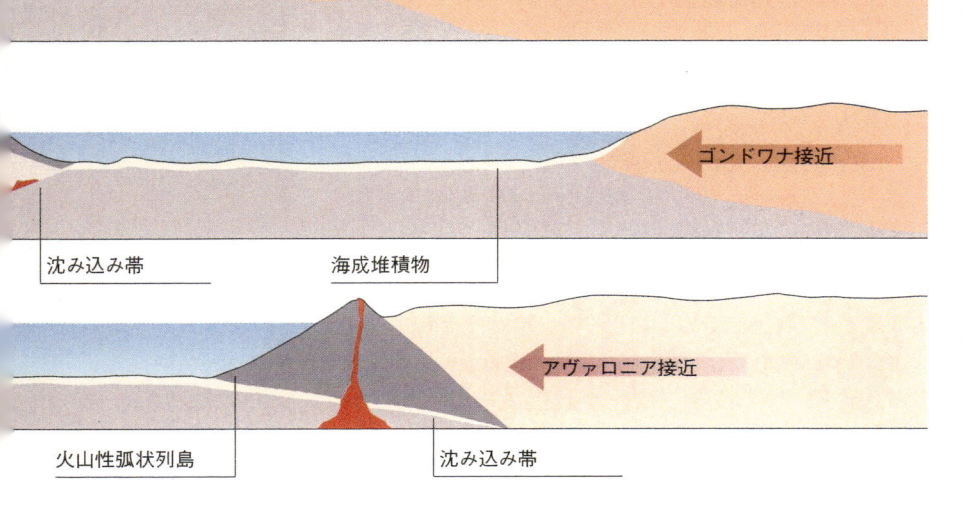

> 河川に運ばれた何トンもの堆積物で，巨大な三角州が形成された．

石炭紀後期

ピーモント帯　　海岸平野

ゴンドワナ衝突

ゴンドワナ接近

沈み込み帯　　海成堆積物

アヴァロニア接近

火山性弧状列島　　沈み込み帯

PART 3

石炭紀後期

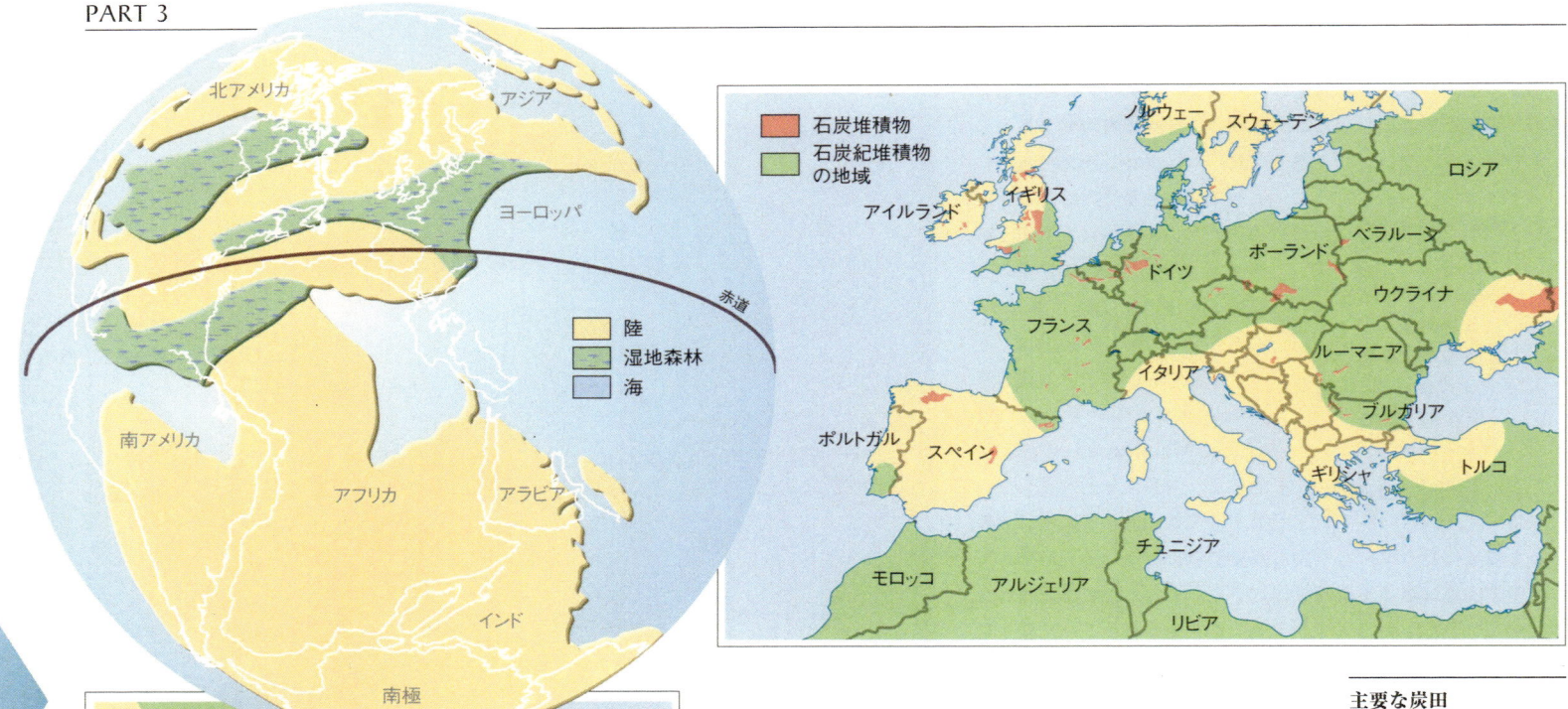

陸 / 湿地森林 / 海（世界図）
石炭堆積物 / 石炭紀堆積物の地域（ヨーロッパ図、北アメリカ図）

主要な炭田

石炭は石炭紀の山脈地帯の近くで産出する．北アメリカでは，一番厚い炭層はアパラチア山脈を縁取っている．ヨーロッパでは，北のカレドニア山脈と南のヘルシニア山脈の間にある．

しかし，今日の三角州には多くの人間が住んでいるが，石炭紀後期の三角州は魚類，両生類と昆虫類の生息域だった．

赤道気候の降り続く雨は，山中の河川を豊かにしただろう．河川は大河になり，多量の浮遊する砂泥を押し流しただけではなく，常に活発な水の循環があった．現在の世界で最大級の河川は1年に約7億トンの堆積物を運び，その大部分は三角州と河川平原に堆積する．石炭紀後期の大河は同じ程度の堆積物を運び，浅い大陸性の海を埋め，三角州前線の形成は速かっただろう．鉱物性の堆積物に富み，温かい熱帯の水で氾濫したこの低地は，北アメリカとヨーロッパ北部の沿岸に植物の生育に理想的な状況を提供した．

石炭紀後期の世界の赤道沿いすべてに湿原の森林が生育した——現代のアパラチア山脈，ウクライナ，ウェールズ南部とイングランドの内陸地方などである．当時，これらの森林は今日のアマゾン川，コンゴ川やメコン川の熱帯多雨林に相当するものだった．このような大きな湿原森林地域は，ヨーロッパ中央部で最初に出現したように思われる．ゴンドワナがバルティカに接近したことが引き金になったことは疑いない．両大陸間の狭まりつつある海域は，隆起しつつあるヘルシニア山脈から流れてきた堆積物ですぐに埋まり，ミルストングリットとして知られる一連の砂岩の厚く重なった層を生んだ．この堆積物によって河川の平原ができ，そこに石炭紀後期のまさに始まりに，最初の石炭林が生育した．1つの方向では北アメリカへ，もう1つの方向ではウクライナへと森林が広がったのは数百万年後だった．石炭林ははるか東の中国では，石炭紀後期の半ば頃まで出現しなかった．アメリカ合衆国中央部と西部およびオーストラリアで見られる堆積物はペルム紀のものである．

炭層が初めて発見されたのは寒冷な北方気候下だったが，炭層を形成した大湿原森林は本来は熱帯性だった．

当時の樹木化石に成長輪がないことから判断すると，これらの地域には1年のうちの時期的な気候変動はなかった．葉化石の形から見ると，大量の水を急速に放散させるように進化しており，このことは降雨量が多かったことを示唆している．

湿原の森林の寿命が，最終的に生産される炭層の深さを決定した．一過性の砂洲は薄い炭層しか生産しなかったのに対し，長期間安定し続けた湿原や潟は大量の植物素材を蓄積し，深い

炭層を生産した．1mの瀝青炭の層を生産するには，10mの厚さの死んだ植物が必要である．これだけの量の植物素材が蓄積するには最高で7000年かかるだろう．大部分の石炭は直立する植生の根元で形成されたが，同時に他のタイプのものも形成されている．胞子のような細かい植物素材は水中を押し流され，堆積し，緻密で細粒の「燭炭」（cannel coal）を形成した．水中で蓄積する藻類の残骸は，類似の「ボッグヘッド炭」（boghead coal）を産する．

石炭は他の成分に対する炭素の含有量により，等級が定められる．一般的に，石炭が古くて圧縮されているほど等級が高い．世界中で広く入手できる泥炭（peat）は最低の等級の石炭とみなされ，圧縮された植物素材から成っているにすぎない．その発生は地質学的にはかなり新しく，炭素含有量は約55％で，木の含有量50％とほとんど変わらない．主として第三紀の堆積物中に見いだされ，東ヨーロッパで経済的に重要な褐炭（ligniteまたはbrown coal）はその含有量が約73％である．石炭紀後期産の大部分と言える瀝青炭（bituminous coal）の含有量は約84％である．最高等級の石炭は無煙炭（anthracite）で，炭素含有量は93％以上になる．無煙炭は瀝青炭が変成した結果である．石炭紀後期の石炭堆積物の一部は変成し，特にウェールズで無煙炭として産出する．

上部石炭系の経済的な所産は石炭だけではない．大量の石油がしばしば発見される．また，湿地の砂岩の多くはかなりの割合の鉄を含み，これは岩石が形成された時期に凝縮したもので，酸化物を多く含むノジュール中で発見されることがある．鉄は産業革命の中で最も重要な金属の1つで，英国で発見された鉄の大部分は石炭紀の堆積物から産出した．混合物中に20～40％の鉄を含み，そこから鉄を抽出できる岩石は実利的な鉱石とみなすことができる．現代では，原産地の堆積物を採掘することは不経済だが，異なる場所，おそらく，異なる時代の鉱石を用いれば，往時の採掘現場での製錬は続けられるかもしれない．

造山運動の中で，他の金属も鉱石中に凝縮する．溶けた金属塩に富む地下の熱水が地表に上昇する．ある条件下では，これらの塩が不溶性の金属に変わり，沈殿する．アパラチア山脈が形成された時，石炭紀前期にできた石灰岩に，鉛，亜鉛，銅の溶けた塩に富む高温の熱水が貫入した．それらの塩が石灰岩中の有機物と反応し，不溶性の硫化物として沈殿した．このようにして形成された鉛，亜鉛，銅の鉱石が，現在，ミシシッピ川沿岸で採掘されている．

> 高品質な石炭の大部分は石炭紀後期に由来する．後の時代に堆積した炭層から産出するものは等級が劣る．

石炭の採掘

現代の露天掘りの技術は表土と共に夾炭岩を取り出す．ドイツ，ケルン付近のこの鉱山は5kmにわたって広がっている．伝統的な方法は厚い層のみに集中し，石炭だけを取り出している．

PART 3

石炭紀後期

堆積のサイクル，生物の住みつき，氾濫は，石炭の形成に必要な嫌気性の状況を産み出した．

　石炭の形成はたえず変化する湿地の状況によっていた．海水面が上昇・下降する際，三角州の海岸線も前進・後退した．このような変化は，当時形成された堆積物の交替に反映されている．個々の三角州の大部分は頂置層，前置層，底置層の3層に堆積した砂から成っていた．水流が変化すると，頂置層は前置層の最上部と共に洗い流され，前置層の底部と底置層だけが残った．一番上の浸食されたばかりの地表の上に，別の三角州の舌状体ができ，今度はそれが浸食され，また，その上にと形成される．

　最終的にこのすべてが岩石に変化した時の結果だった産物が，特徴的な湾曲構造を示す厚い砂岩層だった．これは，地質学者なら誰でも，河川堆積物の結果として即座に認められる．砂の層が水面上に現れることもしばしばある．この露出した砂洲に植物が根づき，生長した．根は砂の中に広がり，見つけられる栄養物は何であれ吸収した．植物の生長は長期間に及んだかもしれないし，かなり一時的だったかもしれない．しかし，最終的には，上昇した水に覆われ，死んだであろう．このことは，岩石の記録では，砂岩の上にある炭化した根を多量に含む粘土層，あるいは白くなった砂岩層として保存されている．採掘技師がガニスター（ganister）と呼ぶことがあるこの下盤粘土のすぐ上に，植生の残骸である石炭そのものがある．

　遅かれ早かれ，石炭を産出する植生は氾濫を受けた．通常は，陸地が沈み，海が入り込んだ時である．死んだ植物質の上に泥が堆積し，最終的に，この泥が頁岩に変わった．氾濫が持続し海がより深くなると，石灰質堆積物が積もり石灰岩層になった．これらの層厚が堆積物の蓄積速度を良く示しているとは言えない．1 mの石炭形成に十分な植物素材を生産するには7000年かかっただろう．しかし，似たような頁岩層の形成に十分な泥を堆積するには5年しかかからないだろう．

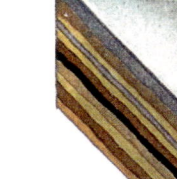

サイクロセム

岩石は三角州の前縁が前進・後退するにつれ，独特な堆積順序で累重する．この図は理想化した例で，実際には段階が不完全だったり欠けていることもある．

10　三角州の泥が再び浸食されて形成された頁岩
9　更に付加される海成石灰岩
8　深海で形成された海成頁岩
7　海進で形成された海成石灰岩
6　海の氾濫による泥と頁岩
5　石炭
4　根を含む下盤粘土
3　石灰岩ノジュール
2　自然堤防や氾濫からのシルトと泥
1　河川の水路により堆積した砂岩

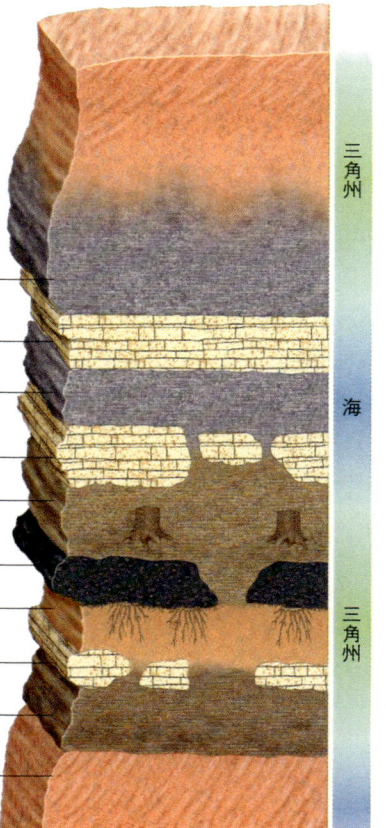

古生代後期

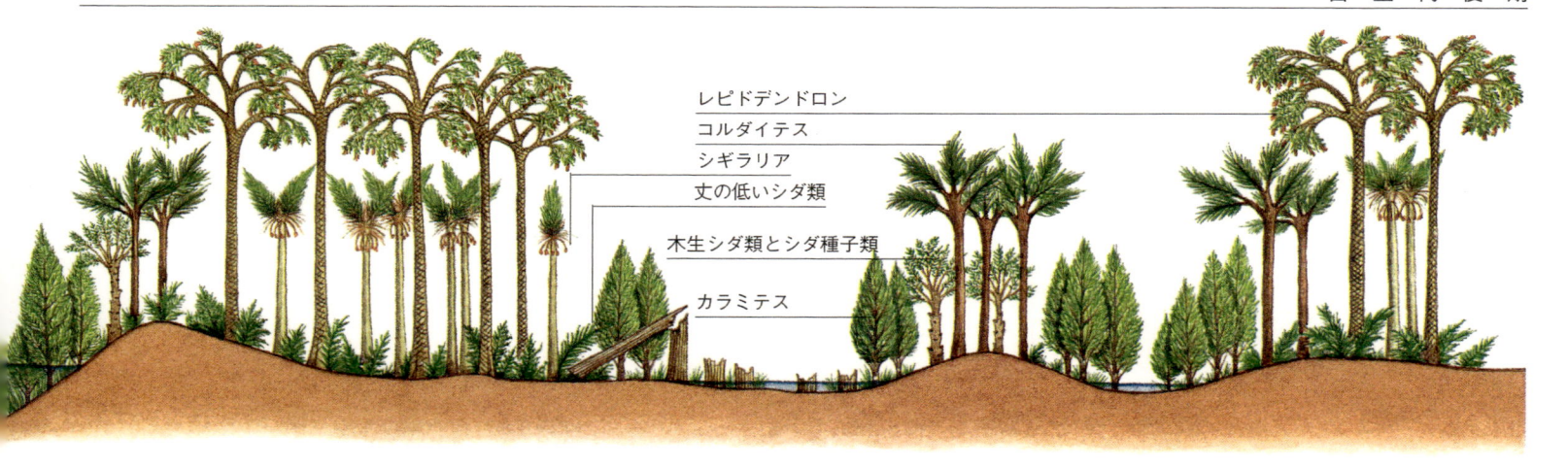

レピドデンドロン
コルダイテス
シギラリア
丈の低いシダ類
木生シダ類とシダ種子類
カラミテス

その後，状況は変化し，三角州は一転して，河川の堆積砂岩層から造られ始まるだろう．この堆積の累重関係すなわちサイクロセム（cyclothem）――砂岩，下盤粘土，石炭，石灰岩，再び砂岩――は一度しか見られないということは決してなく，何度も繰り返される．このことは，その場所の状況が不安定だったことを示している．このような堆積相の累重は大部分が砂岩と頁岩から成り，石炭はほとんど伴わないが，石炭を産出する条件が優勢だったらしい．石炭紀後期の世界で森林地域が氾濫したのは，その時代の約2％にすぎなかったと推測されている．

ここで述べた累積順序は理想的なもので，一部の要素が欠けていることはしばしばある．砂洲が一度も水面まで達しなかったため，石炭が全く存在しないのかもしれない．海の戻っていた期間が短すぎ，石灰岩が発達しなかったのかもしれない．いずれにせよ，北アメリカとヨーロッパの上部石炭系は，数千ものこのようなサイクルを示している．

石炭の湿地

石炭の湿地での植物分布は偶然にできたものではなかった．最も湿った部分である小川や氾濫による潟には，トクサ類のカラミテスが生えていた．ここより氾濫が断続的だった地域には，レピドデンドロンやシギラリアのような巨大なヒカゲノカズラ類が育った．最も乾いた部分である自然堤防上では，シダ類やシダ種子類の下生えに，原始的な針葉樹類のコルダイテスが生えていた．

変化する環境

河川に運ばれた堆積物が蓄積するにつれ，三角州の前面は海に広がり出た（1）．島や自然堤防が，三角州の主要部分に先立って形成された．卓越期には，三角州は蛇行する河川と潟のたえず入れ替わるパターンから成っていた（2）．海水面が上昇すると，洪水が森林を水浸しにし，海成堆積物がたまる過程が始まった（3）．最後に，新しい三角州が形成された（4）．

> 今，ヒカゲノカズラ類を見ても，気づく人はほとんどいないだろう．しかし，石炭紀後期の巨大なヒカゲノカズラ類は森林を優占した．

石炭紀の森林の木々は，大部分がデボン紀の木々に類似していた．最も典型的なのはヒカゲノカズラ類で，高さは30 mにも達した．現代のヒカゲノカズラ類は取るに足りないほど小さく，鱗のような葉を持つうるで，荒れ地の長い草の中では簡単に見逃してしまうのだが，祖先の類縁植物は巨大で，当時のセコイアとも言えるものだった．直径数mの幹が枝々の林冠まで伸びていた．すべての枝は1本の枝が2本の均等な枝に分かれ，その各々が再び2本に分かれることが続く二叉分枝だった．根の体系も同様で，石炭を産する岩石中の化石に見られる．根を保っている茎の分枝した地下部はスティグマリア（Stigmaria）として知られ，そこから根が伸びた螺旋状の痕跡で識別できる．幹自体には，そこから単純な葉が生えた瘢痕の模様があった．レピドデンドロン（Lepidodendron）では菱形に配列し，一方，シギラリア（Sigillaria）では垂直な列になる葉の瘢痕があった．これらの木々の生殖用の球果はパレオストロブス（Paleostrobus）として知られている．化石はばらばらな状態で発見されることがほとんどで，どの球果がどの植物のものか，球果は枝の先端に付いていたか，枝に下がっていたかを知ることは不可能に近い．

現代の湿地周辺には，シダ類に類縁のある原始的な植物のトクサ床がある．高さ1 m以上に生長することは稀だが，石炭紀後期のものは，10 mに達した．これらは，カラミテス（Calamites）と呼ばれ，いくつかの異なる種があった．うねのある幹は，しばしば，化石として発見される．シダ類も存在し，おそらく，下生えの大部分を形成していた．これらはすべて，種子というより胞子で繁殖する原始的な植物だった．現代の針葉樹類の祖先もあり，太い木質の幹と，長く細い葉を持っていた．これらはコルダイテス（Cordaites）と呼ばれる．

これらの異なる植物すべては，森林の異なる部分に生育していた．カラミテスは水中に生育し，シギラリアとレピドデンドロンは川岸沿い，シダ類とシダ種子類は下生えを形成し，コルダイテスはより乾燥した，より高い陸地に生育していた．匍匐（ほふく）植物として適応したトクサ類は幹や枝から垂れ下がっていた．

石炭紀後期

古 生 代 後 期

森林内は植生があまりにも密で,数歩以上前方の見通しは効かなかっただろう.大気は暑く,湿気があり,腐敗する植物のにおいがした.泥とシルトでできた自然堤防上に生まれた川岸は,歩けるくらい乾いた唯一の場所だった.大部分の植物が生育したのはここだった.下生えでさえ頭ぐらいの高さがあったので,巨大さと密生によって通り抜けることはほとんど不可能だった.

鳥類はいなかった.空は,最初の空を飛ぶ昆虫類の支配圏だった.他の昆虫類(と他の節足動物)が森林の地面を這い歩き,急ぎ歩き,跳ねていた.当時のクモ類とサソリ類は今日のものとほとんど見分けがつかないが,他の節足動物は完全に異なっていた.翅の端から端までが70 cmあるトンボ,メガネウラ (*Meganeura*) はオウム並の大きさがあった.水中と下生えにはアリゲーター並の大きさの両生類がうようよしていた.川の土手側面の下の泥の中,茂ったトクサ類の間には,全長2 mものサンショウウオのような巨大な両生類が見られただろう.最初の爬虫類であるヒロノムス (*Hylonomus*) もこのような森林に生息していた.小型のトカゲのような動物で,おそらく大部分の時を,より大型の両生類から隠れて過ごしていた.

湿原の森林は1000 kmにわたる,緑色の不可入帯として広がっていた.その向こうのどこかに砂洲と三角州河口の島々があり,そこで湿原と大きな内海が接していた.

空を最初に
征服したのは,
鳥類ではなく,
昆虫類だった.

1　プサロニウス(木生シダ類)
2　アフトロブラッティナ
　　(ゴキブリ)
3　ケラテルペトン
　　(両生類)
4　レピドデンドロン
　　(ヒカゲノカズラ類)
5　エオギリヌス(両生類)
6　ヒロノムス(爬虫類)
7　オフィデルペトン
　　(ヘビのような両生類)
8　カラミテス(トクサ類)
9　アヌラリア
　　(匍匐性のトクサ類)
10　シギラリア
　　(ヒカゲノカズラ類)
11　メガネウラ(トンボ)
12　アルトロプレウラ
　　(巨大なムカデ類)

石炭紀後期

昆虫類の進化

昆虫化石

この甲虫（鞘翅目）の炭化した姿には豊富な細部が保存されている．石炭紀後期の昆虫類の多くは，主に，化石化した翅で同定される．翅は極めて丈夫な自然物質のキチン質でできていて，飛行のストレスに耐えられる．保存が良いと，翅の色や模様さえ見えるだろう．

石炭紀後期は昆虫類の時代だったが，昆虫類が存在する以前に成功を収めた他の節足動物がいた．体節に分かれた身体の造りと関節のある付属肢（節足動物は「関節のある脚」を意味する）が特徴のそれらの動物は，カンブリア紀以降，化石記録中で目立ってきた．最も初期のものは三葉虫類やその類縁動物のような海生種で，古生代初期の無脊椎動物相の中で最も活動的なものに含まれていた．

節足動物は陸生生物の先駆者でもあった．イングランドの湖水地方には，ヤスデに似た節足動物が乾いた地面を歩いた際の，4億5000万年前の足跡がある．サソリのような動物の巨大な足跡は，オーストラリアの4億2000万年前，シルル紀の海岸線の堆積物から知られている．しかし，昆虫類が進化するに及んで，節足動物は結局，陸上の環境にとけこんでいた．

シルル紀初期，過渡期の，一部がヤスデ，一部が昆虫といった型の生物が西オーストラリアで登場した．身体には昆虫類のように3つの体節（頭部，胸部，腹部）があったが，昆虫類のように3対ではなく，11対の脚があった．この生物はエウシカルシヌス類（euthycarcinoid）と呼ばれる．最古の真の昆虫類（すなわち六脚類，「6本の脚」）はスコットランド北東部，デボン紀のライニーチャートから産出したトビムシの可能性がある．

石炭紀後期には，飛行の発達に伴って，昆虫類が本領を発揮してきた．トビムシのような最も原始的な昆虫類は飛べず，幼体段階を経過することもなく，未成熟の昆虫は成体に似ていた．飛行はメガネウラなどのトンボのような形態の発達と共に進化したが，翅は固定され，身体の上に折り畳むことはできなかった．ゴキブリのアフトロブラッティナ（Aphthoroblattina）のような石炭紀後期の昆虫類は，より洗練された折り畳める翅を持っていた．今や，昆虫類は幼生から蛹，そして繁殖する成体へと変化する変態を経験し始めた．

はるか後，中生代になると，花粉を作る顕花植物が出現し，アリやハチのような社会性を持つ昆虫類のための生態的地位が創出された．

進化の傾向

すべての節足動物の90％に相当する昆虫類は，これまで存在した中で最も成功を収めた動物グループで，今日では100万以上の種がある．昆虫類と多足類は単肢動物で，シルル紀に異なる系列として発達し，急速に分化した．両者の祖先は不明だが，環形動物と起源を共有する可能性がある．有爪動物（カギムシ類）は両方のグループの特徴を持ち，これに関するある程度の証拠になっているが，最近のDNA分析では頭吻類の蠕虫により近縁であることが示唆されている．単肢動物はすべての節足動物に典型的ないくつかの進化の傾向——四肢の数が次第に減る，いくつかの体節が癒合する，他の体節が特定の機能のために分化する——を示している．

1　体節に分かれていない祖先
2　体節が最初に出現
3　硬い外骨格，脚，触角が発達
4　脚に関節
5　最初の体節が頭部と癒合，最初の4つの体節の四肢が口器に変形
6　最後の3つの体節の脚が雄生殖器に発達，腹部の他の脚を消失
7　脚の保護物から翅が発達

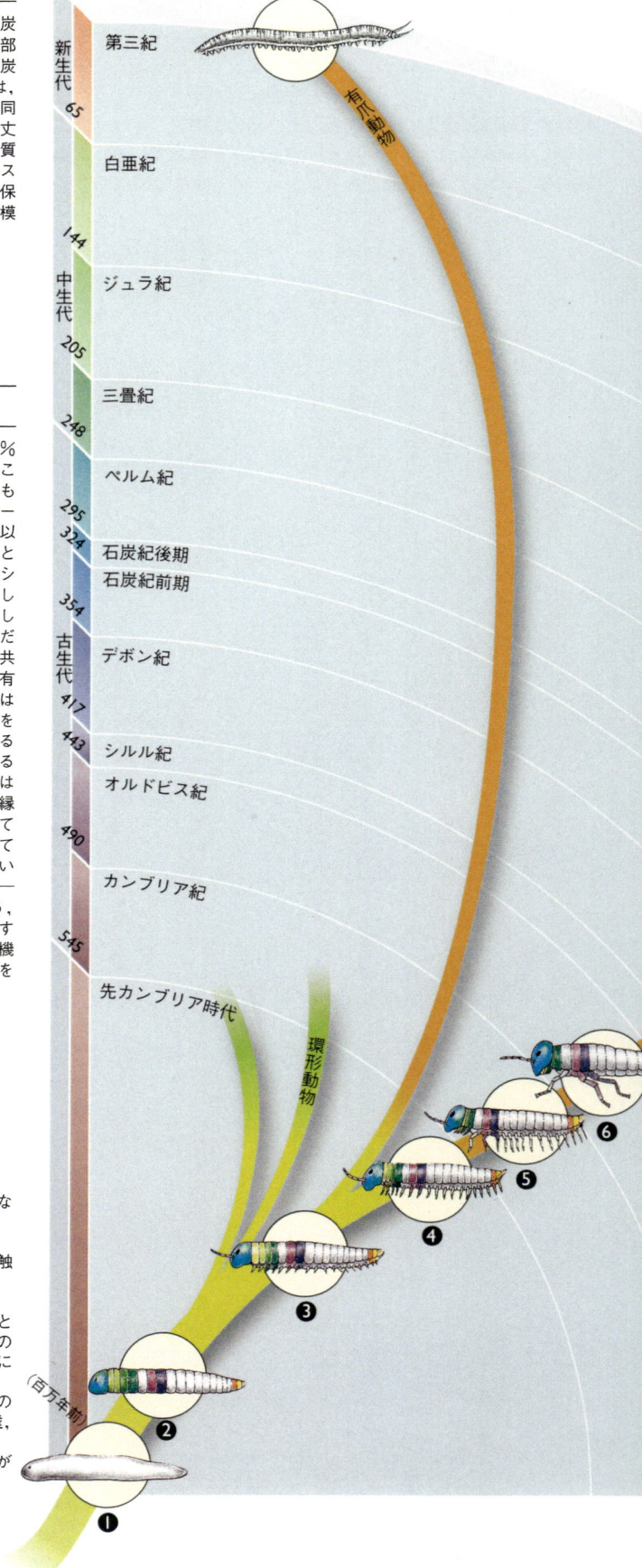

古生代後期

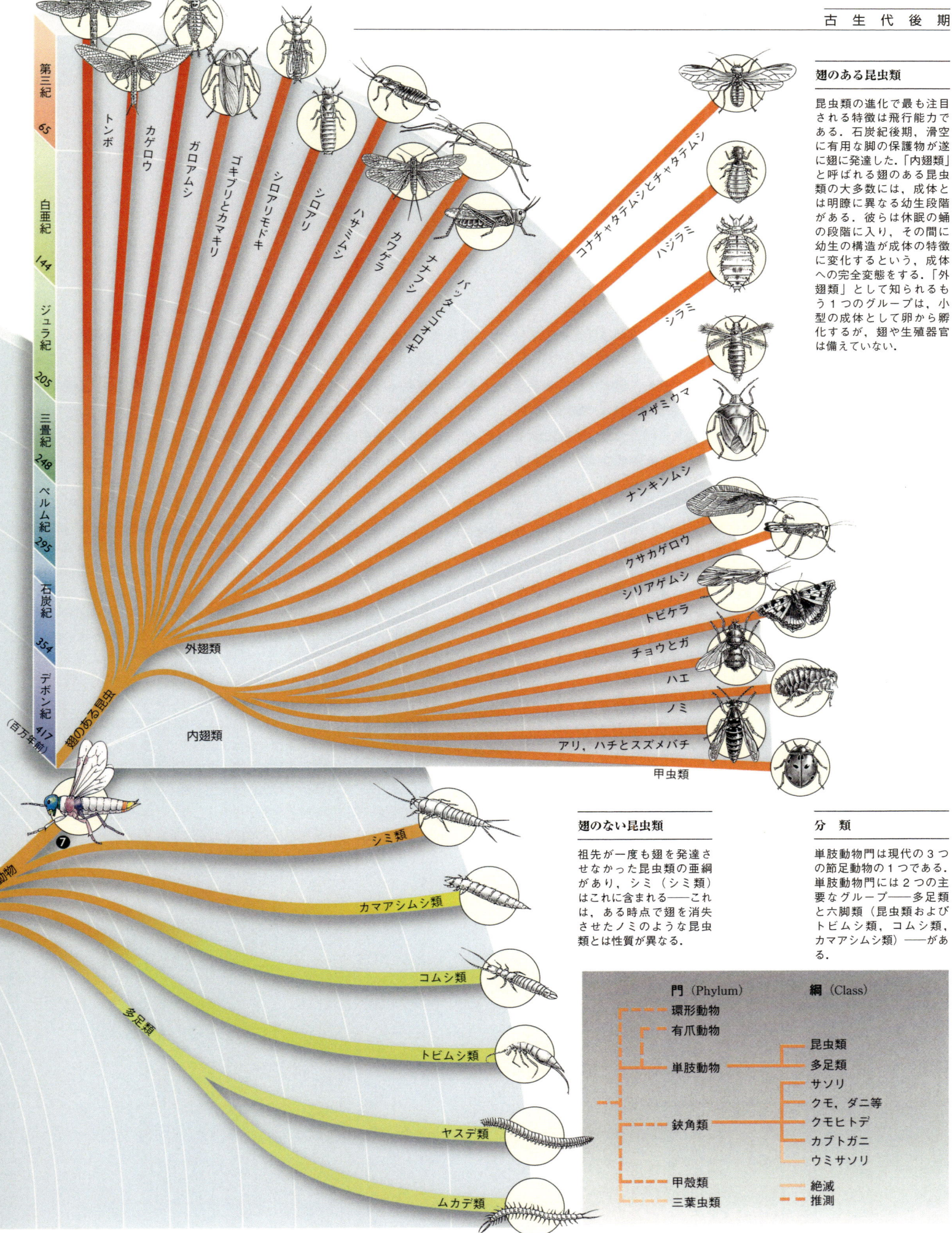

翅のある昆虫類

昆虫類の進化で最も注目される特徴は飛行能力である．石炭紀後期，滑空に有用な脚の保護物が遂に翅に発達した．「内翅類」と呼ばれる翅のある昆虫類の大多数には，成体とは明瞭に異なる幼生段階がある．彼らは休眠の蛹の段階に入り，その間に幼生の構造が成体の特徴に変化するという，成体への完全変態をする．「外翅類」として知られるもう1つのグループは，小型の成体として卵から孵化するが，翅や生殖器官は備えていない．

翅のない昆虫類

祖先が一度も翅を発達させなかった昆虫類の亜綱があり，シミ（シミ類）はこれに含まれる——これは，ある時点で翅を消失させたノミのような昆虫類とは性質が異なる．

分　類

単肢動物門は現代の3つの節足動物の1つである．単肢動物門には2つの主要なグループ——多足類と六脚類（昆虫類およびトビムシ類，コムシ類，カマアシムシ類）——がある．

ペルム紀

2億9500万年前から2億4800万年前

　ペルム紀（Permian）は古生代の最後である．太古の諸大陸は相互に近づき続け，超大陸パンゲアの合体はほぼ完成していた．ペルム紀は造山運動と火山活動が広くいきわたった時代だった．ペルム紀中，大陸は隆起し，海は大陸から退き，形成される海成堆積物はますます少なくなった．この系の特徴的な岩石は陸成砂岩で，デボン紀の旧赤色砂岩に極めて類似しているため，新赤色砂岩（New Red Sandstone）と呼ばれている．この岩石は次の三畳紀まで続いているため，初期の地質学者たちが層序学的なパズルの上で，これらの新しいピースを当てはめる試みに混乱を生じる原因になった．しかし，ペルム紀と三畳紀は生物学的にはまったくと言っていいほど異なっている．ペルム紀末は，動植物の前例のない急速な変化で区分されている．これは歴史上最大の絶滅が引き起こしたもので，これによりすべての種の96％が絶滅した．約2億5000万年前のこの事件が古生代の終わりを告げた．

　産業革命初期，特にイングランドの鉱山技師と地質学者は，石炭を産出する石炭紀の岩石は石炭を産出しない赤色砂岩の一連の地層に覆われ，そして，国の北東部ではマグネシウムに富む石灰岩層に覆われていることを認めていた．赤色砂岩は砂丘，扇状地や河川による堆積の証拠を含み，すべての点でデボン紀の旧赤色砂岩の堆積相累重に極めて類似していた．1820年代には，より古い赤色砂岩堆積物と区別するため，ペルム紀の層に対して新赤色砂岩という用語が用いられるようになっていた．

　1833年，偉大な地質学者チャールズ・ライエル（Charles Lyell）が，公式な地質学的名称として新赤色砂岩という用語を初めて用いた．彼の定義は，石炭系と当時はライアス統（Lias）として知られていたジュラ系下部との間のすべての岩石を含んでいた．ドイツでは，石炭系に続く赤色岩層は赤底統（Rotliegendes）として，マグネシウムに富んだ石灰岩は苦灰統（Zechstein，地元の石切り工の呼称で「固い石」を意味する）として知られていた．後者は何世紀にもわたり，経済的に重要だった．銅の源岩をかなり含んでいたからである．ライエルの分類法が出版されたわずか1年後に，ドイツの地質学者フォン・アルベルティ（F. A. von Alberti）が新赤色砂岩の最上部に対して「三畳系」という用語を提出した．これは，少なくともドイツでは，この地層が3つの性質の異なる堆積相の累重するものに分類できるという事実に基づいていた．これが，ペルム紀に続くものとして現在認められている三畳紀の根拠である．

　これら一連の地層の分類は，当時すでに認められていたもののいくつかの系——たとえば，デボン系や石炭系に比べて困難だった．新赤色砂岩の層は陸源性堆積，あるいは，大陸の塩湖や浅い湾での堆積の産物である．これらには化石を含む海成層がない．ある地域と別の地域を厳密に対比できるのは，変化し続け，広く行きわたった海成層の化石だけである．もう1つの

> デボン紀とペルム紀の2つの赤色砂岩は，石炭紀の層を「サンドイッチ」のようにはさんでいる．

キーワード
生物地理区
大陸漂移説
グロッソプテリス
氷河時代
哺乳類
氷堆石（モレーン）
獣弓類
氷礫岩
氷縞粘土（バーブ，年層）

石炭紀後期	**295**（百万年前）	290	285	280 ペルム紀	275
統				ペルム系下部（赤底統）	
ヨーロッパでの階		アッセリアン			サクマーリアン
北アメリカでの階			ウルフキャンピアン		
地質学的事件	アレガニー造山運動が続く；ゴンドワナがローラッシア（ローラシア＋バルティカ）と合体				
気候	ペルム紀～石炭紀の氷河作用が終わる				
海水準				変動	
植物	ヒカゲノカズラ類が優勢				
動物	陸生動物が広がる，盤竜類（哺乳類型爬虫類）を含む				海綿／コケムシ類の礁

古生代後期

問題は，ヨーロッパ西部中で，石炭紀の地層と新赤色砂岩の間には堆積の中断があるように思われ，ここでの地質学的な連続にどのくらいの欠失があるかを示すものがまったくないという事実だった．

1840〜1841年，デボン紀を共同で命名したロデリク・マーチソン（Roderick Murchison）はフランスの古生物学者エドゥアール・ド・ヴェルヌーイ（Edouard de Verneuli）とラトビアの科学者アレクサンドル・ケイゼリンク（Alexandr Keyserling）と共にロシア帝国を旅行した．彼はヨーロッパ西部の石炭系の上の層序学的な中断に注目しており，石炭紀の岩石から新赤色砂岩まで連続する累重関係を見つけたいと考えていた．地元の地質学者たちの助けを借り，彼がやったのは正にこのことだった．発見があったのは，北はバレンツ海（Barents Sea）から，南はカザフスタン国境付近まで，西はヴォルガ川（Volga River）から，東はウラル山脈まで及ぶ，石炭紀後の堆積物の広大な地域でのことだった．1841年10月，モスクワ・ナチュラリスト協会への書簡中で，マーチソンはこの地層をペルム系と命名した．この名称は，それより60年前に創建された近くの工業都市ペルミ（Perm）に因むものである．ここでは，石炭紀の岩石が海成の層序に徐々に変化し，その後に，ヨーロッパ西部に極めて類似した新赤色砂岩の層が続いていた．

ペルム紀の岩石が北アメリカで最初に同定されたのはミシシッピ川とコロラド川の間の広い地域で，1853年，地質学者のマンコウ（J. Mancou）によるものだった．彼はこれらの岩石とヨーロッパの岩石との間の類似性を理解した．

多くの一般向けの書籍では，ペルム紀と三畳紀は古生代と中生代という時間尺度上の大きな境界で隔てられているという事実があるにもかかわらず，両時代を含む多様な状況に対応できる区分として新赤色砂岩が今でも使われている．一般的な地理学の観点からすると，両者は結合した諸大陸上のどこも砂漠条件が広がっており，いくぶん類似している．

現在では，ペルム紀は2つの区分に分けることができ，ヨーロッパでは遥かに大きい下部は赤底統で代表され，上部は苦灰統で代表されるというのが一般の合意である．しかし，これまでも時々，3つに区分することを主張した科学者たちもいる．しかし，中国においてさえ，区分はヨーロッパと完全に同じではないが，ペルム紀は「二重」と訳せる二畳紀として知られている．ここでも，下部の方が遥かに大きく，上部は苦灰統より更に小さい．

海成層の欠乏は，ペルム系の正確な対比を確立する上で，常に難点になっている．徐々に進行した海退によって陸域が次第に広大になり，海成堆積物が次第に少なくなったペルム紀の後半段階では，このことが特に難点になっている．ペルム紀の地層から三畳紀の地層への事実上の移行が同定されたのは，パキスタンのソルト山脈（Salt Mountains）1か所だけである．マーチソンの研究した一連の地層の下部でさえ，時には，ペルム紀よりは石炭紀とみなされる．実際，米国地質調査所は1941年までペルム紀を公式には認めず，アメリカにおけるペルム紀の層序の最下部ウルフキャンピアンは，1951年まで公式にはペルム系として認められなかった．当時のソビエトで，ペルム紀の境界が正確にはどこなのかという論争が続いていたためである．

> ペルム紀は今でも三畳紀と合併されることがあるが，一方は古生代，他方は中生代に分類される．

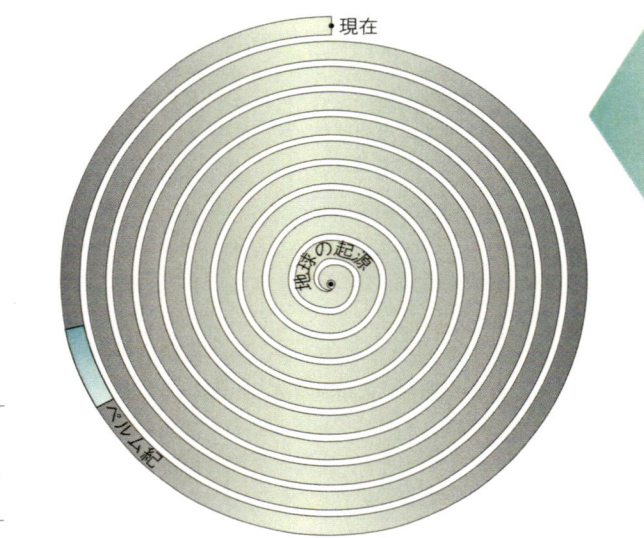

参照
デボン紀：旧赤色砂岩
石炭紀前期：石炭，パンゲア
石炭紀後期：アレガニー造山運動，氷河時代

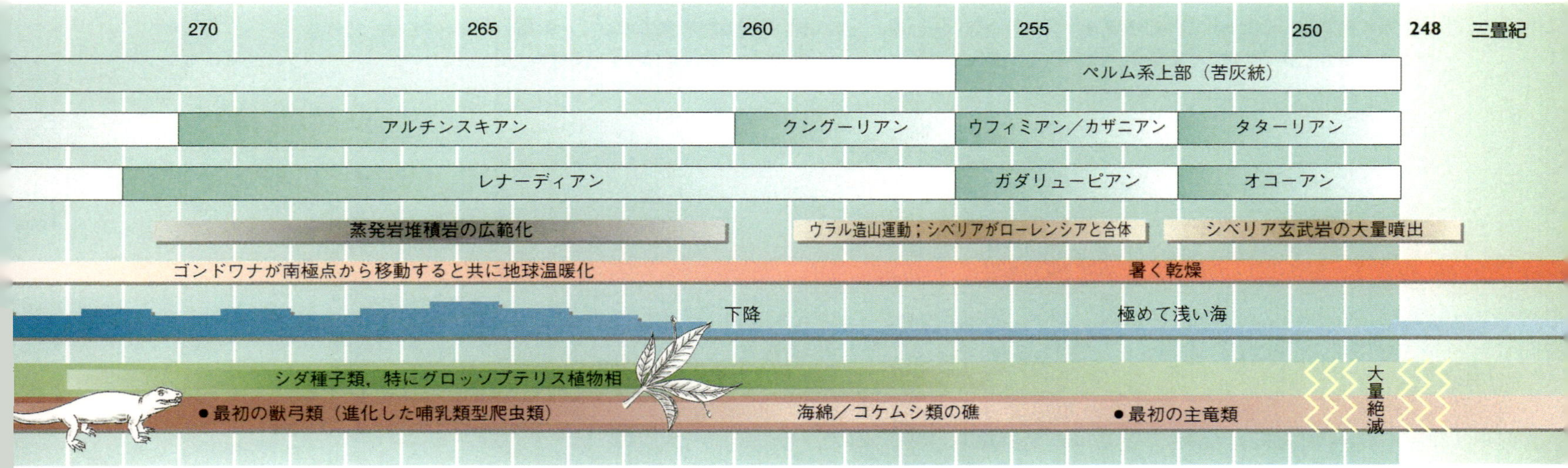

転換点

古生代の最末期というペルム紀の位置は，地球史上でペルム紀を極めて重要なものにした．古生代の初め，生物は海に限られていた．時代が経つと共に，最初に植物，次に無脊椎動物，最後に脊椎動物が徐々に陸にコロニーを作った．ペルム紀末までに陸上生物が完全に確立し，中生代は始まりつつあった．

ペルム紀

270	265	260	255	250	248 三畳紀
			ペルム系上部（苦灰統）		
アルチンスキアン	クングーリアン	ウフィミアン／カザニアン	タターリアン		
レナーディアン		ガダリュービアン	オコーアン		
蒸発岩堆積岩の広範化		ウラル造山運動；シベリアがローレンシアと合体	シベリア玄武岩の大量噴出		
ゴンドワナが南極点から移動すると共に地球温暖化			暑く乾燥		
		下降	極めて浅い海		
シダ種子類，特にグロッソプテリス植物相					
●最初の獣弓類（進化した哺乳類型爬虫類）		海綿／コケムシ類の礁	●最初の主竜類		大量絶滅

PART 3

南方大陸の荒れ果てた中心部

ゴンドワナのペルム紀堆積物から産出する生物化石はほとんど無い．この化石の欠如は超大陸の巨大さと，そこに存在したに違いない大陸性の気候条件に起因した．中心部は海洋の穏やかな影響から，数千km は離れていた．コンピューターのモデル解析では，南方大陸の中心部は年平均2 mm 以上の降雨はあり得なかったことを示す．夏のゴンドワナの最高気温は45℃に達しただろう．一方，一部地域では，季節間の気温差が夏の25℃から冬の—25℃までと幅があり得た．冬によっては，気温—30℃を下回り得た．このような過酷な条件下では陸上生物が育つのは困難だっただろうし，陸にいたにしても，動物はすべて，季節的な変化によるストレスの多くない場所の間で渡りをしたに違いない．

ペルム紀

ペルム紀，超大陸パンゲアは完成に向かい，ゆっくり動いていた．中国の大陸と近くの島のいくつかだけが，まだ合体していなかった．ゴンドワナは遂にローレンシアと繋がり，広大な山脈——アレガニー山脈が両者の間に隆起する．アレガニー造山運動はアパラチア山脈形成の最終段階で，デボン紀にローレンシアとバルティカの合体で生じた変形に，また，変形を加えた．この造山運動事件で，現在のヨーロッパ南部を横切るヘルシニア山脈と，現在の北アフリカのモーリタニデス（Mauritanides）褶曲帯が生まれ，その過程で，間にある海が無くなった．

> 新しい超大陸パンゲアは極から極まで広がっていた．東アジアの一部だけが離れて，シベリアの海岸沖に浮かんでいた．

北部では，古いカレドニア山脈が浸食され始めており，少なくとも1か所では北方の海が入り込み，現在の北海，イングランド北東部，ドイツが占める地域に浅い湾が広がった．この浅海がゆっくり蒸発し，石灰岩堆積物と苦灰統の地層を形成する蒸発岩鉱物層ができた．この入江の周りでは新旧の山脈が風化し，最終的にペルム紀の新赤色砂岩を形成する扇状地と砂質の堆積物を生んだ．

さらに東では，旧赤色砂岩大陸の東縁がアンガラランド（カザフスタニアとシベリア）に衝突し，ローラシア大陸を形成した．この接合線沿いに，古ウラル山脈が隆起しつつあった．大陸塊は合体したが，新しい山脈の縁沿いには，まだ，今日のペルシャ湾——アラビア・イランの両プレートが合体すると共に形成された浅い陸棚海で，イラン側にザグロス（Zagros）山脈を伴う——のような浅い陸棚海があった．ロデリク・マーチソンが同定した海成堆積物を供給したのはこのペルム紀の海，ウラル海だった．ペルム紀が進むにつれてこの海は最終的には干上がり，その場所は砂漠，塩湖，山脈から流れ出した扇状地に変わり，より多くの新赤色砂岩が形成された．ペルム紀の終わりには，造山運動過程の最後の鼓動で生じた溶岩流が，ウラル山脈東部の非常に広範に広がった．

西では，ローラシア大陸の遠地の海岸は弧状火山列島で区画され続けており，この火山列島と大陸本体の間には浅い海盆が閉じ込められていた．海洋プレートの沈み込みが続き，たえず新しい火山や島が生まれた．石炭紀に始まったアントラー造山運動で形成された山脈が，現在のネヴァダ州とアイダホ州地域にまだ存在した．ペルム紀末近くにソノミアの弧状火山が合体すると共に，この隆起部分はソノマ造山活動（Sonoma orogeny）の形で復活された．カナダ楯状地の南まで及ぶ北アメリカ大陸の残り部分は，赤色岩層と浅い陸棚海の間で変化があった．南西部の低地域ではこの遷移が砂漠で形成されたココニーノ（Coconino）砂岩を生み，次に，大規模なカイバブ（Kaibab）石灰岩を生んだ．この両者はグランド・キャニオンの縁にある重要な層準である．

ローラシアとゴンドワナが衝突した場所——テキサス州南部——には，その衝撃で形成されたウォシタ山脈が広がっていた．この巨大な山脈はアレガニー山脈の西部にあたっていた．その最も印象的な遺物は，現在，アーカンソー州で見られる．山脈のすぐ北には，ウォシタ山脈が隆起したのと同じ過程で形成された陸棚海の2つの深い部分——ミッドランド（Midland）海盆とデラウェア（Delaware）海盆があった．ペルム紀末に向かうにつれ，これらの海盆は堆積物で埋まり，地表下に姿を消した．これらは，20世紀，石油探しの中で再発見された．

> ウォシタ山脈の隆起でデラウェア海盆とミッドランド海盆が生まれた．現在では重要な石油源である．

暖かくなりつつある気候

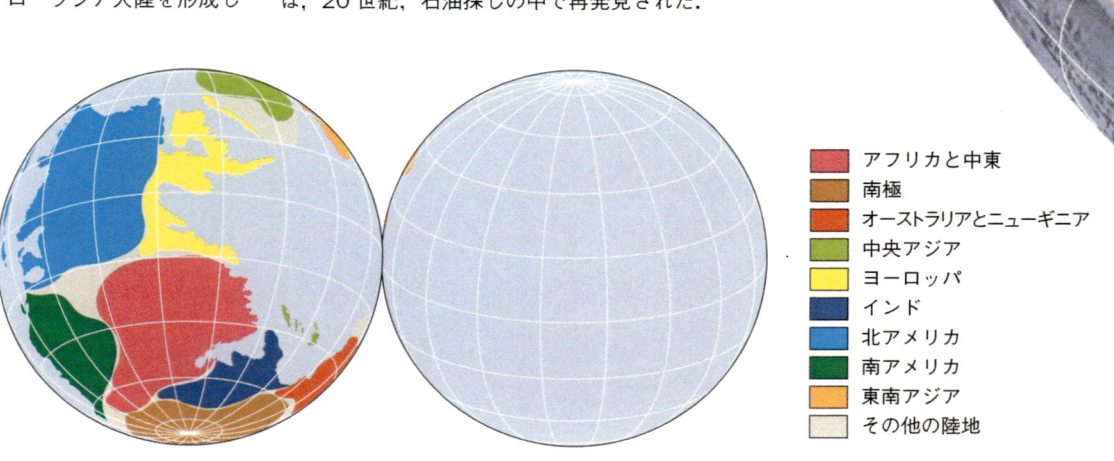

ペルム紀は対照的な気候の時代で，ゴンドワナが南極点上を移動する際の氷河作用から，パンゲア北部における大陸内部の暑さ・乾燥の度を加えた条件まで幅があった．

凡例：
- アフリカと中東
- 南極
- オーストラリアとニューギニア
- 中央アジア
- ヨーロッパ
- インド
- 北アメリカ
- 南アメリカ
- 東南アジア
- その他の陸地

古生代後期

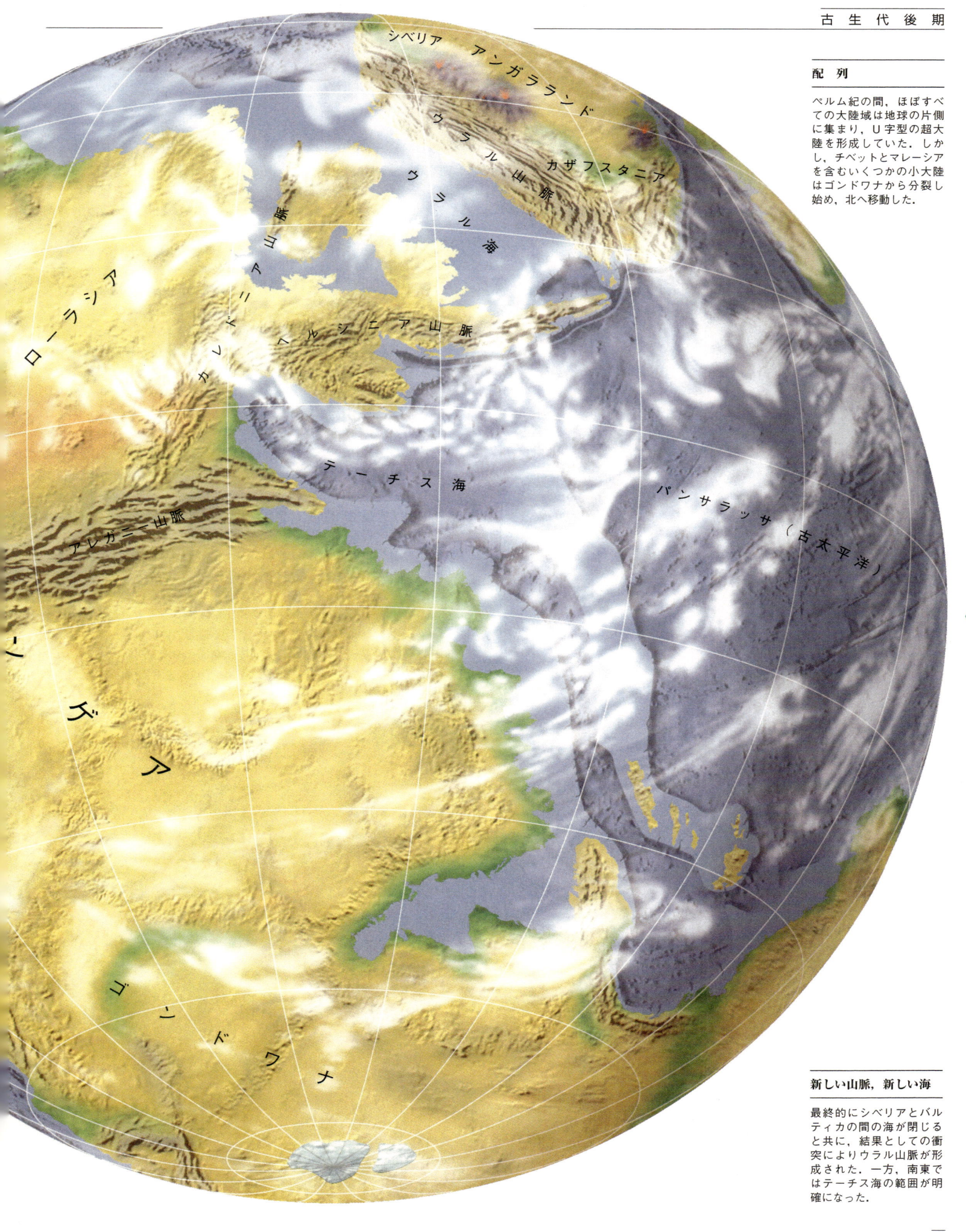

配列

ペルム紀の間，ほぼすべての大陸域は地球の片側に集まり，U字型の超大陸を形成していた．しかし，チベットとマレーシアを含むいくつかの小大陸はゴンドワナから分裂し始め，北へ移動した．

ペルム紀

シベリア　アンガラランド
ウラル山脈
カザフスタニア
ウラル海
ローラシア
カレドニア山脈
ヘルシニア山脈
テーチス海
パンサラッサ（古太平洋）
アレガニー山脈
ゴンドワナ

新しい山脈，新しい海

最終的にシベリアとバルティカの間の海が閉じると共に，結果としての衝突によりウラル山脈が形成された．一方，南東ではテーチス海の範囲が明確になった．

55

PART 3

ペルム紀

氷河の岩屑

南アフリカのドウイカ氷礫岩は、ペルム紀〜石炭紀の氷河作用が残した特徴の典型的なものである。氷河に運ばれた岩屑（氷成堆積物，氷礫土）が2億5000万年以上もかけて固い岩石（氷礫岩）になり，氷で研磨された基盤岩の表面を部分的に覆っている。氷河擦痕が氷河はどのように動いたかを示す．

ペルム紀の氷河作用

氷河時代の典型的な光景．ドラムリン，エスカー，ケイムなど，氷河時代関連地形でペルム紀〜石炭紀氷河作用のものは保存されていない．これらの構造は砂利や砂などのばらばらな氷成堆積物あるいは粘土のような柔らかい素材でできていて，浸食されやすい．ペルム紀〜石炭紀氷河作用の保存された氷成堆積物の大部分は「ドロップストーン」という型のものである．これは漂流している氷河の下面から落ちた岩石の岩屑が海底に蓄積し，その後，堆積物に覆われ，層位学的連続性に組み込まれたものである．

南方の大陸ゴンドワナは，まだ，南アメリカ，アフリカ，オーストラリア，インド，南極から成る，単一の分裂していない大陸だった．極めて巨大だったため，海からの湿った風が中央部まで届くことは滅多になかった．植生はあったが，大陸周辺近くの地域に限られていた．乾燥した暑さが中央部で発達したことは，その気候が大陸性だったことを意味している．石炭紀後期に南アメリカ，インド，オーストラリアを部分的に覆っていた大陸氷河（continental glacier）は次第に減少し，そして，ペルム紀末までにはどこも姿を消していた．

氷河時代と関連する地形の多くは浸食されやすいが，ペルム紀の氷河は気候が暑くなり徐々に解ける以前に，その痕跡を残している．1856年，インド北部のオリッサ（Orissa）地方を調査した地質学者たちは，石炭紀後期に氷河が残したに違いない巨礫層という驚くべき発見に遭遇した．このような氷堆積物構造は更新世の氷河時代の研究で，地質学者たちには極めてなじみ深いものだった．困惑させたのは，この氷河堆積物が氷と明らかには無縁な場所と気候下の，熱帯のインド亜大陸で見つかったことだった．

> 1856年，インドでの氷河堆積物の発見は地質学者たちを当惑させた．これらの堆積物から，地球の動きに関する現代の理解につながる証拠が得られた．

タルチール氷礫岩と呼ばれるインドの氷河層は，1874年の調査が終わるまで，公式には認められなかった．堆積物には氷の力で溝と小面ができ，雑に積み降ろされた巨礫層から成っている．更新世の氷床で堆積したこのような層は氷成堆積物（till）と呼ばれ，固化し結合して氷礫岩（tillite）になる．これらは，平行に走る条線を持つ表面——その上を氷河が通過したことにより，かき傷や溝がついた基盤の上に重なっている．このような表面はラージャスターン（Rajasthan）とマディヤ・プラデシュ（Madhya Pradesh）でも発見されている．

ヒマラヤ山脈により近い所では，岩石は氷縞（varve）と呼ばれる，構造が交互になった層の存在を示している．夏の間に氷河が解け始め，冬に再び凍る際，そこから流れてくる融氷水は夏の明色粗粒物質と冬の暗色細粒物質を運ぶ．これらが独特な年々の層（年層，氷縞）として湖底に堆積する．浸食構造から論理的に推測された氷河の流向は，その氷河源がインド洋のどこかにあったことを，初期の測量技師たちに教えていた．

1. 条線は食い込んだ岩屑・砂礫が岩石の表面とすれ合った際に残した痕跡．これらは氷河の移動方向を示す
2. 氷河の舌状部は岩屑を運ぶ．氷が解けると岩屑は海底に沈む
3. 氷山は長距離に渡って砂礫物質を運ぶ
4. 融雪氷水湖．堆積物の薄い層が堆積し，岩石中に縞柄として保存される（氷縞）
5. ペルム紀〜石炭紀の氷堆石地形は浸食され，残っていない

古生代後期

大陸漂移説の証拠

氷河作用のパターンは，石炭紀のかなりの期間，アフリカが南極点上に位置したことを示すことに利用されている．ゴンドワナが分裂，北に漂移するにつれて，南極は今も留まっている南方に漂移した．大陸並の氷床は，南極点近くへ漂移したいずれの位置でも存在していた．
化石から，諸大陸は時代を通して不動ではなかったという重要な証拠が得られる．ペルム紀の重要な植物にシダ種子類のグロッソプテリスがあったが，その化石はアフリカ，インド，南アメリカ，オーストラリア，南極で発見されている．現代の諸大陸は遠く離れ，独特な植物相を持つ．一部の伝統的な 19 世紀の思索家たちは，グロッソプテリスの種子が風で海を渡って運ばれ，各大陸で受精したことが考えられると提唱した．ドイツの地球物理学者アルフレッド・ウェゲナーは，大陸が合体していたということだけがグロッソプテリスのほぼ地球全域に及ぶ分布範囲の説明になると信じ，大陸漂移説を提案した．
他の証拠は動物界からも得られている．メソサウルス（*Mesosaurus*）はペルム紀初期の泳ぐ爬虫類で，淡水湖にのみ生息していた．その化石がアフリカと南アメリカで発見されている．もし，大西洋が常に両者を隔てていたとすれば，これはあり得ないはずである．また，1969 年，それまでインドとアフリカ以外では知られていなかった三畳紀の哺乳類型爬虫類リストロサウルス（*Lystrosaurus*）の化石が南極で発掘され，南極大陸と超大陸ゴンドワナを関連づけた．

動植物化石の分布
- キノグナトゥス（*Cynognathus*）
- グロッソプテリス（*Glossopteris*）
- リストロサウルス（*Lystrosaurus*）
- メソサウルス（*Mesosaurus*）

→ 極移動の経路
■ 石炭紀後期の氷床
■ ペルム紀前期の氷床
■ 太古の大陸

類似の地層が，サウスオーストラリアでは 1859 年，南アフリカでは 1870 年，ブラジルでは 1888 年に同定された．アフリカの氷河層——ドウイカ氷礫岩——は最も広範囲である．散在した露頭はトランスヴァール（Transvaal）から喜望峰まで，また，ナミビアからナタールまで見られ，北方ではケニアまで見られる．ここでも，証拠の大部分は，通過した氷河によって削られ，溝のついた岩石表面から得られたものである．氷礫岩で埋まった太古の U 字谷（U-shaped valley）さえある．氷礫岩中で発見された迷子石（erratic boulder）の一部は，北から明らかに大変な距離を運ばれたように見える．

石炭紀の別の氷河層が，1888 年，ブラジルで発見された．ここの氷礫岩と南アメリカで見つかった氷礫岩は，東の大西洋から移動してきた氷河によって堆積した．

オーストラリアからの証拠は，より断片的である．氷河作用の知られている地域がいくつかあり，一部は石炭紀後期のもの，一部はペルム紀中期のものである．氷河作用を受けたこの 2 つの層準の間にあるペルム系下部の岩石は，炭層を形成するほど茂った温帯植生の化石を示している．ペルム紀～石炭紀の氷河作用には 2 つの段階があり，両者の間隔は約 2000 万年あったらしい．

これらの発見は，かつて地球は両極から赤道まで氷で覆われたに違いないと示唆していた．しかし，その後の調査で，インドの地層はヨーロッパの熱帯性砂漠や森林層と同時代であることが分かった．このことは，氷床が全世界にわたったことはあり得ないことを意味している．（はるか北方で見つかった石炭紀の唯一の氷河層はアラスカにあり，山岳氷河から成っていた．）したがって，地質学者たちは氷で覆われていたのは南半球だけで，その氷は海から大陸まで広がり，赤道を越えて北の中央アフリカとインドまで達したという結論に達した．

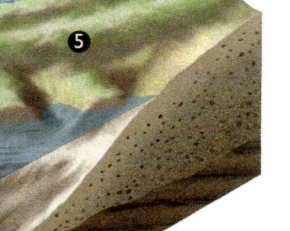

アルフレッド・ウェゲナー（Alfred Wegener）の大陸漂移説が，1900 年代の初期，この考えに異議を唱えた．彼はゴンドワナと呼ばれた超大陸の存在を推定した他の地質学者たちの研究を基にしていた．ゴンドワナはインド，アフリカ，南アメリカから成り，その地質学的ならびに生物学的類似性は，チャールズ・ダーウィン（Charles Darwin）やアルフレッド・ラッセル・ワラス（Alfred Russel Wallace）がすでに言及していた．ウェゲナーは，ゴンドワナがかつて単一の超大陸パンゲアとして，ローラシアとつながっていたと提案した．いずれにせよ，氷は隣接していたはずであり，ペルム紀～石炭紀の氷河作用ははるかに小規模で，南極点近くの大陸にしか影響しなかったはずである．

あらゆる証拠がこのことを指し示していた．1960 年，ブラジルの最も時代的に新しい氷礫岩の巨礫がナミビア起源であると証明された．アフリカと南アメリカはつながっていたに相違なく，いったんそう分かれば氷床の分布についての謎はなくなった．

6 迷子石は特定の場所で認められる．流れの方向を決める上で役に立つ
7 氷成堆積物——岩屑・砂礫物質の層で，最終的には固まって氷礫岩になる

メソサウルス化石

この淡水生爬虫類は大西洋の両側で見つかっており，その生時は南アメリカとアフリカが合体していたことを示している．

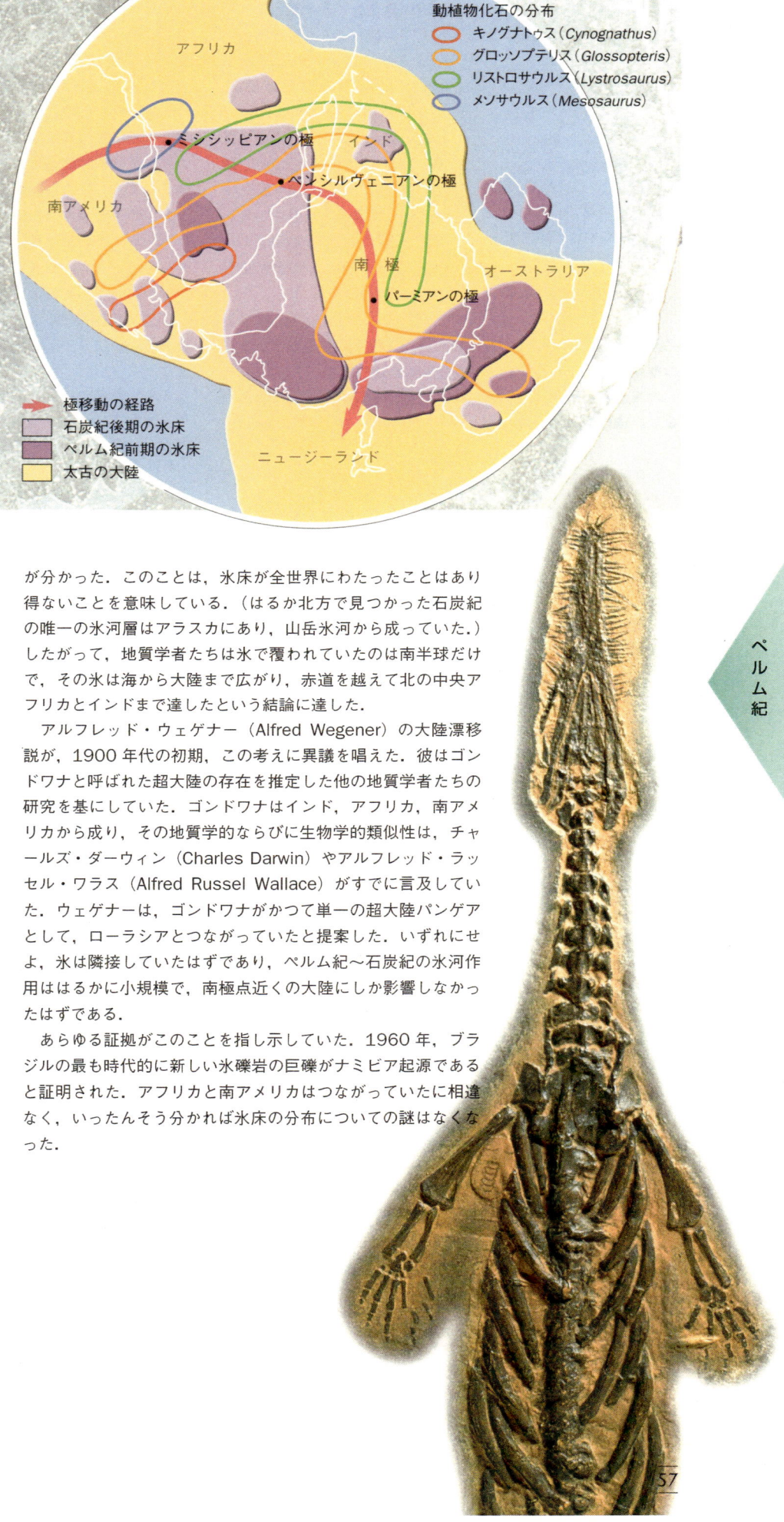

ペルム紀

かつてパンゲアが存在したことを示す別の分野での証拠が，ペルム紀陸生動物の分布だった．より乾燥した条件が広がったことは広範な赤色岩層に記録されているが，このことが陸上で一生を送る動物の発達に道を開いた．多くの両生類はまだ，主に世界のより湿潤な地域にいた．固い装甲のある皮膚を持ち，幼生段階の後を乾いた陸上で過ごせる両生類が進化するという発展もあった．ペルム紀の一部の大型両生類は，化石証拠だけでは爬虫類と見分けることが難しい．

> 通常，異なる大陸には明瞭に異なる陸生動物がいる．しかし，すべての大陸のペルム紀の岩石では，同じ化石の標本が発見される．

爬虫類はペルム紀に繁栄し始めた．現代のすべての爬虫類系列は石炭紀の小さなトカゲ様の型から進化したもので，他の種類は絶滅した．

ペルム紀の植物は，本質的に，石炭紀後期の石炭湿地を産み出した種類の植生の継続だった．丈が低く，生い茂る植生はシダ種子類（seed ferns），特にゴンドワナは特徴的なグロッソプテリスによって充された．巨大なトクサ類はまだ水辺に生えていた．巨大なヒカゲノカズラ類は，針葉樹類の初期の類縁であるコルダボク類（cordaites）と共に，まだ重要な樹木だった．真の針葉樹類はソテツ類（cycads）とイチョウ類（ginkgoes）同様，ペルム紀に進化し，そのすべてがより原始的な植物に比べ乾燥条件により適応していた．乾燥して生物のいない景観が支配的だったが，濃密な植生をもつ局地的な地域はまだあった．この時代の重要な炭層は，特に氷河時代後のゴンドワナで形成された．現代のジンバブエと南アフリカの鉱業はペルム紀の石炭堆積物に基盤を持っている．条件が多岐にわたっているため，それぞれの地域には著しく異なった特徴的な植生があった．このような生物地理区の概念を最初に提唱したのが2人の先駆的な自然史研究家——チャールズ・ダーウィンとアルフレッド・ラッセル・ワラスだった．

ペルム紀海生化石の最も壮観な一場面は，テキサス州のデラウェア海盆とミッドランド海盆から産出する．これらの海盆の深部には砂岩，石灰岩，頁岩が蓄積し，一方，その周辺部には礁が育った．礁の背後，礁と砂漠性大陸との間には浅い礁湖があり，これが石灰岩の薄い堆積物を生み，それは次第に赤色岩層に道を譲った．ペルム紀の初期にはこれらの海盆は浅く，その西は海につながっていた．酸素に富んだ水がたえず流れ込み海盆の底まで循環した．ペルム紀も後になると，これらの海盆は深くなり，酸素化した水が深部に達しなくなり，生物が住めなくなった．この時代に形成さ

> テキサス州のペルム紀の海盆周辺では，生物が熱帯性の礁で繁栄した．350種以上がこれまでに同定されている．

キャピタ礁：ペルム紀の化石

テキサス州のキャピタ石灰岩（Capitan Limestone）はペルム紀の礁構造の一部である．2億5500万年たった今でも，その光景はそれが形成された時代の地形を反映している．南の低地域，この写真の前景はデラウェア海盆の深さを表している．崖下の崖錐の急斜面は礁の縁から崩れ落ち，深所に転落した岩屑で形成されている．崖が礁本体で，後背の台地は礁湖の遺物である．

生命のある礁

テキサス州西部とニューメキシコ州のペルム紀の海盆を縁取った750 kmに及ぶ礁は，主にコケムシ類，棘のある腕足類，石灰質海綿動物および緑藻類のコロニーで構成されていた．露頭の細部（下）は，石灰質海綿動物（薄い黄褐色）が上下逆さまになった状態で，葉のようなコケムシ類に付いているところを示している．表面に殻をつくる生物の層と微生物による「ねばねば」が，礁の基礎構造を結びつけるのに役立った．石灰質堆積物（灰色）とブドウ状の霰石——海成の膠結物——が隙間を埋めた．

1 腕足類
2 ガラス海綿動物
3 ウミユリ類
4 緑藻類
5 アンモナイト類
6 棘を持つ腕足類
7 石灰質海綿動物
8 腹足類
9 コケムシ類
10 層孔虫類

れた層から知られる化石は，遊泳生物と浮遊生物──頭足類（cephalopods）と放散虫類（radiolarians）──だけで，これらは酸素化した上方の水域に生息し，死ぬと澱んだ海底に沈んだ．ペルム紀の終わり近く，西方の浅い海とのつながりが断たれ，海盆は堆積物で埋まった．最終的に水が蒸発し，残された石膏と塩の巨大な堆積物は砂漠の太陽に焼き固められた．

テキサス州の礁は，存在していた時は壮観な構造だったに違いない．サンゴ類，海綿動物，コケムシ類の蓄積で形成された礁は，海盆の海底から海面まで600 mの高さに達した．近くにある礁湖の深さは1～2 mに過ぎなかった．礁の石灰岩の化学組成は苦灰岩（dolomite）に変わり，礁自体の微細構造の大部分はこの過程で破壊された．しかし，礁の生物体の殻の多くは丈夫な二酸化珪素で置換され，耐久性のある化石になった．

石灰岩構造は極めて優秀な石油トラップ（oil trap）を産むため，テキサス州ペルム海盆（Permian Basin）での現代の大規模な石油産業の基礎を形成している．その経済的な重要性が，地質学者や技師たちが内蔵された燃料をいかに抽出するかを構想する際，石灰岩構造が徹底的な調査・研究がされてきた結果を生んだのである．

デラウェア海盆

ペルム紀までに，北アメリカ大陸のかなりの部分を覆っていた海は後退していたが，テキサス州西部では，いまだに海洋条件が優勢だった．浅い海路が古ロッキー山脈と若いウォシタ山脈の間にあった．これらの山脈の隆起に関連がある事件として，西の開けた海と狭い水路でつながった3つの深い海盆ができた．これらの海盆はペルム紀の赤道に近く，赤道貿易風の雨の陰に当たり，乾燥気候は大規模な蒸散と堆積物の蓄積を助長した．ミッドランド海盆は徐々に埋まったが，デラウェア海盆周りの礁は急速に上方に成長し，最終的には深さ600 mの海盆を越える高さになった．

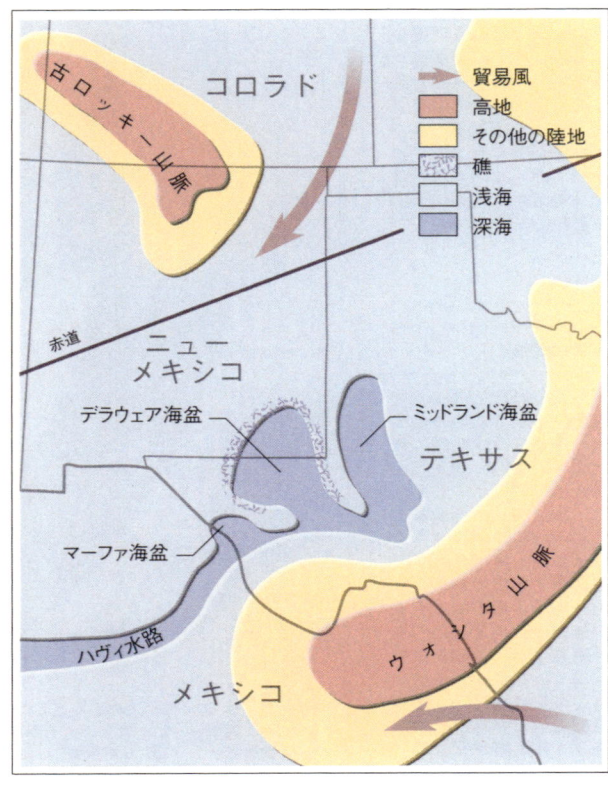

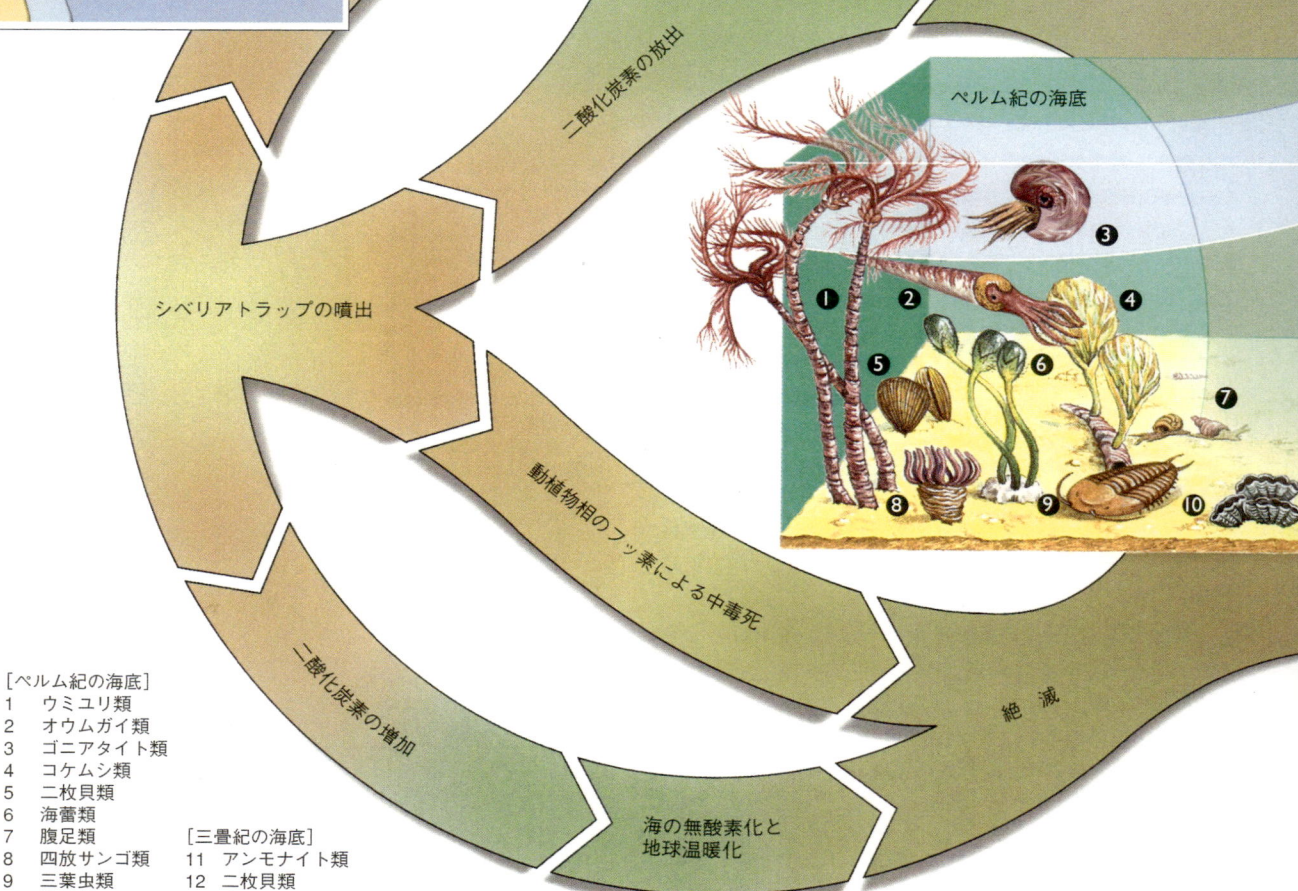

ペルム紀の化石は次の三畳紀とはあまりに劇的に異なるため，ペルム紀の終わりが古生代の終わりを定めるものであることが認められた．この変化は動植物の前例の無い大量絶滅によるものだった．この破局の理由は明らかになっていない．それは突然の出来事ではなかったらしく，動物の一部グループはペルム紀後期の約1000万年間に衰退していったという証拠がある．しかし，礁の動物相の多くはペルム紀末まで生長していたようである．

> ペルム紀末，
> 世界の種の96％が
> 絶滅した．
> これは地球の全歴史上で
> 最大の大量絶滅だった．

海水面が下がり続け，海域が限られたことが影響したのであろう．ペルム紀末には，特にウラル山脈周辺で多数の火山活動があり，これが大気の組成に影響を与えたかもしれない．大気組成は地球史上の他の大量絶滅の関連要素である．ペルム紀・三畳紀境界では二酸化炭素の含有量が増え，酸素の含有量が減ったことを複数の研究が示している．海水面が下がったことで，以前に陸上で蓄積していた石炭層が露出した．この石炭が大気中で酸化し，大気の酸素を二酸化炭素に変え，「温室効果」を

ペルム紀

シベリアトラップ

トラップは，通常，玄武岩の相次ぐ流れ──固結する前に広い地域を覆う流動性の溶岩──で形成される階段状の構造である．ペルム紀後期，ウラル山脈の東にトラップが発達した．この水準の火山活動は大気組成に影響を与えたに違いない．

海での絶滅

ペルム紀の化石層は古生代の典型的な動物を示している．ウミユリ類，単生のサンゴ類，腕足類とコケムシ類がよく見られる．頭足類は大部分がまっすぐな殻を持つオウムガイ類か，巻きの強いゴニアタイト類である．最後の三葉虫類が海底を這い歩いた．三畳紀との境界直前では，海底の生物はほとんど無く，多数存在したのは腹足類と二枚貝類だけであった．生き延びた頭足類はすぐにアンモナイト類に進化した．

[ペルム紀の海底]
1 ウミユリ類
2 オウムガイ類
3 ゴニアタイト類
4 コケムシ類
5 二枚貝類
6 海蕾類
7 腹足類
8 四放サンゴ類
9 三葉虫類
10 腕足類

[三畳紀の海底]
11 アンモナイト類
12 二枚貝類
13 腹足類

凡例：
- シベリアトラップの範囲
- ローラシアとアンガラランドの相対的な動き
- 高地
- その他の陸地
- 浅海
- 深海

シベリア／アンガラランド／ウラル山脈／ローラシア／ヨーロッパ／閉じつつある海域／カザフスタン／テーチス海

サイクル：シベリアトラップの噴出 → 大気中に火山灰 → 短期間の寒冷化 → 絶滅 → 二酸化炭素の放出 → 動植物相のフッ素による中毒死 → 二酸化炭素の増加 → 海の無酸素化と地球温暖化 → 絶滅

ペルム紀の海底

古生代後期

絶滅の原因

絶滅事件は相互に関係のある要素が複雑にからみ合ったものである．激しい火山噴火によって気候が寒冷化し，有毒ガスが拡散することがある．この環境破壊のいずれも，植物のすべての種やそれを餌にする動物を絶滅させる．順次に，植物食動物を餌にする動物も絶滅する．海水面が下がれば陸棚海域が減り，それによって海の生息域の多様性が減る．堆積物に貯えられていた二酸化炭素が放出されていた，また，以前は水中にあった石炭やその他の炭素に富んだ堆積物の酸化にもつながる．陸上では，大陸地域の拡大が，動植物の適応できないかもしれない，より極端な大陸性気候の原因にもなってくる．

引き起こした．

ペルム紀の絶滅の前，1億年にわたって，海の生物は関連食物連鎖の豊かで複雑なシステム下にあった．古生代の典型的な海底には多数の特徴的な生物がいた．多くは定着したろ過摂食動物で，海流によって彼らの方に運ばれてきた小さな生物や有機物のくずを食べており，そのため海底に定着していた．当時は今日より多くのろ過摂食動物がいた．ヒトデ類の類縁で茎を持つウミユリ類（crinoids）や海蕾類（ウミツボミ類）（blastoids）がいた．サンゴ類は，主として，殻のカップに入ったイソギンチャクのような単生のサンゴ類だった．表面に殻を作る蘚類（せんるい）のように見えるコケムシ類（bryozoans）が海底に広がっていた．貝類はほぼすべてが腕足類（brachiopods）で，現代の二枚貝類に似た動物グループだったが，実際にはまったく類縁の無いことが証明されている．

絶滅でこれらの生物はほぼ一掃され，ウミユリ類は1つのタイプだけが生き残り，海蕾類は絶滅した．単生のサンゴ類は姿を消し，コケムシ類の4分の3も姿を消した．腕足類の知られる160種のほぼすべてが絶滅し，一握りだけが現在まで生き残っている．彼らが占めていた位置を三畳紀に占めたのは，個体数の約10％しか失わず，なぜか絶滅を生き延びたより馴染みのある二枚貝類（bivalves）だった．古生代の自由遊泳をする捕食者は大部分が頭足類——タコやイカの，殻を持つ類縁動物だった．彼らはほぼ完全に絶滅したが，生き残ったものは実際に非常に急速に発展し，中生代の海生動物相で極めて重要な部分を占めることになるアンモナイトのグループになった．

陸上では，ペルム紀の動物で最も重要なグループは，獣弓類などの哺乳類型爬虫類（mammal-like reptiles）だった．これらはほぼ完全に絶滅したが，少数のものが三畳紀まで生き延びた．彼らは進化し続け，最終的に今日の哺乳類のすべてを産み出した．

植物もペルム紀の絶滅に同様の影響を受けた．ローラシアの針葉樹類の大森林は姿を消し，その後500万年間登場しなかった．これに比較し，白亜紀末に恐竜類を一掃した絶滅では，植物が再登場するには1万〜10万年しかかかっていない．ここでも，ペルム紀の化石の比較的少ないことが，地質学者と古植物学者が詳細に研究する上で，この問題を困難なものにしている．しかし，北方の森林が回復するには50万年かかったと考えられている．オーストラリアと南極の針葉樹類は位置が極に近かったため，よりうまくやっていくことができた．

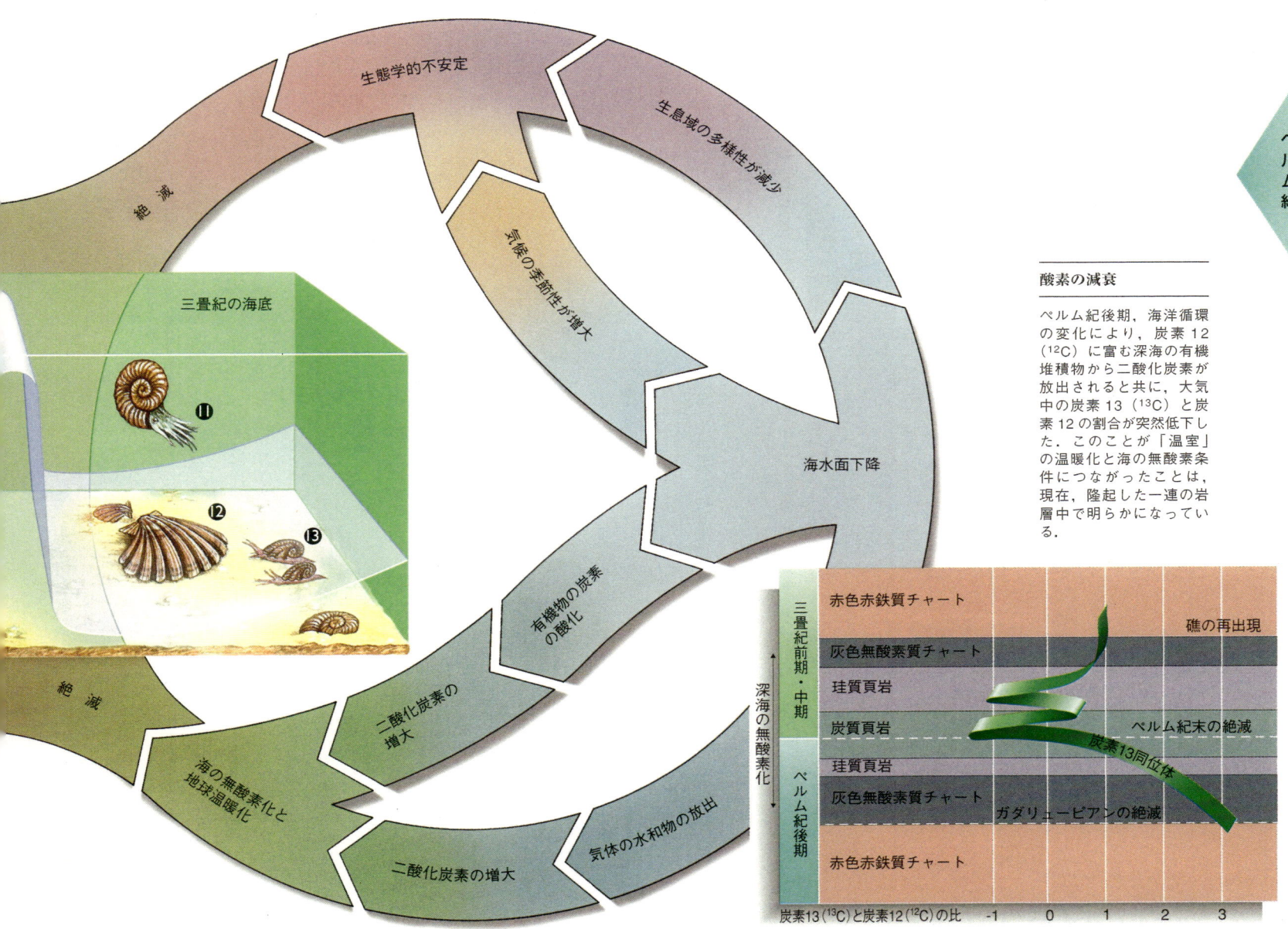

ペルム紀

酸素の減衰

ペルム紀後期，海洋循環の変化により，炭素12（^{12}C）に富む深海の有機堆積物から二酸化炭素が放出されると共に，大気中の炭素13（^{13}C）と炭素12の割合が突然低下した．このことが「温室」の温暖化と海の無酸素条件につながったことは，現在，隆起した一連の岩層中で明らかになっている．

三畳紀の海底

絶滅 → 生態学的不安定 → 生息域の多様性が減少 → 気候の季節性が増大 → 海水面下降 → 気体の水和物の放出 → 二酸化炭素の増大 → 海の無酸素化と地球温暖化 → 二酸化炭素の増大 → 有機物の炭素の酸化 → 絶滅

深海の無酸素化

	三畳紀前期・中期		ペルム紀後期	
赤色赤鉄質チャート				礁の再出現
灰色無酸素質チャート				
珪質頁岩				
炭質頁岩				ペルム紀末の絶滅
珪質頁岩				炭素13同位体
灰色無酸素質チャート				
			ガダリュービアンの絶滅	
赤色赤鉄質チャート				

炭素13（^{13}C）と炭素12（^{12}C）の比　　-1　0　1　2　3

PART 3

ペルム紀末，隆起したばかりのウラル山脈西方の前山の景観は，このように過酷なものだっただろう．最初は，先カンブリア時代のいずれの景観とも同様，生物がいないように見えたであろう．浸食されつつある山脈から，平坦で塩気のある砂漠性平原まで達する扇状地があり，太陽が熱くて荒石の多いその斜面を照り焦がしていた．熱く乾いた風が小さい砂粒を吹き飛ばし，石の多い地表に当たってシュッシュッという音をたてる．遠くまでのびる塩類平原のまぶしい白さを背景に，赤錆色の砂と小石は黒ずんで見えた．

ペルム紀末，動植物は古生代と中生代の移行点にいた．

それは特に心を奪うような環境ではなかった．しかし，ここには生物がいた．斜面のふもとの近くでは，山脈からちょろちょろと流れ下りてきた水や帯水層からの湧水が，遠くの塩湖に浸出したり蒸発する前に，束の間の水たまりに集まった．期間を問わず，水がとどまる所にはオアシスが発達した．トクサ類の茂み，直立するヒカゲノカズラ類やコルダイテスの高木から成ったようなオアシスは，石炭紀後期に繁栄した大石炭湿原に逆行した観があっただろう．幹の根元の，地面に十分な湿り気がある所ではどこも，シダ類の生い茂る下生えが広がっていた．しかし，より進歩した植物もここにはあった．水から離れた所には，乾燥条件への耐性をより発達させた針葉樹類やイチョウ類など，より最近に進化した木々が生えていた．

動物の存在は，物陰から重々しく進み出てくる多数の巨大な生物が姿を見せる前に，おそらく，シダ類の茂みの動きから感知できただろう．このようなオアシスの植物を食べる大型植物食動物はパレイアサウルス類でカメ類の遠縁だが，まずそのようには見えなかった．ゾウのような身体，爬虫類のように横にはり出したずんぐりした脚，先端のとがった頭——これはパレイアサウルス類の中では最大のものの1つであるスクトサウルス（*Scutosaurus*）である．その小さな一団がシダ類の茂みから姿を現し，次の木立に向かって，斜面を移動しているのだろう．

次に，砂にさらされた岩陰から，ワニとも剣歯ネコともどっちつかずの不気味な姿が現れた．哺乳類のようなゴルゴノプス類，サウロクトヌス（*Sauroctonus*）である．空腹を感じているサウロクトヌスは獲物を求めて空気のにおいを嗅ぎ，パレイアサウルス類の離れた所での群れの動きを把えた．無害な植物食動物に狩猟者の目を向け，身をかがめて忍び寄り態勢をとり，獲物に向かって斜面を忍び降りた．

1　シギラリア（ヒカゲノカズラ類）
2　コルダイテス
3　シダ類
4　ワルキア（針葉樹類）
5　トクサ類
6　イチョウ類
7　スクトサウルス（大型のパレイアサウルス類）
8　エルギニアの骨格（小型のパレイアサウルス類）
9　サウロクトヌス（ゴルゴノプス類）

ペルム紀

ペルム紀

PART 3

哺乳類型爬虫類の進化

　恐竜類が出現する以前，爬虫類の別のグループが地球を支配していた．彼らは石炭紀後期に進化し，ペルム紀には世界のあらゆる地域の，あらゆる生態的地位に広がっていた．それが哺乳類型爬虫類で，当初は，小型の特別目立たないトカゲのような体形の動物だった．石炭紀末までには，すでに，彼らは盤竜類（Pelycosauria）と呼ばれる目に進化していた．

　盤竜目の多数の亜目が出現した．一部は基本的なトカゲのような体形を維持していたが，一部は背骨に高い棘突起を発達させ，一部の科ではこの棘突起が立派な帆を支えていた．これらの盤竜類の中で，おそらく最もよく知られているのがディメトロドン（Dimetrodon）で，これは肉食だった．エダフォサウルス（Edaphosaurus）は植物食のタイプだった．帆は互いの合図に使われたかもしれないが，熱交換器として機能した可能性も高い．朝，まだ大気が冷たい時は，盤竜類は身体の向きを変え，昇りつつある太陽の光線に対して帆を直角に保つことができる．密な血管をもつ帆は熱を吸収し，動物の血液を温めただろう．こうすることで，盤竜類は活動的になり，早めに狩りに行くことができた．砂漠の真昼の暑さの中では帆を風上に向け，身体を冷やすことができた．この原始的な体温調節システムは，これらの動物の子孫が手に入れた，より洗練されたシステムに先行していた．

　盤竜類は，ペルム紀後期の絶滅のかなり前に絶滅したが，それまでに，より進化した哺乳類型爬虫類の目，獣弓類（Therapsida）を生んでいた．獣弓類のいくつかの亜目には，基本的なトカゲのような型，巣穴を掘るモグラのような型，身体が重く植物食のサイのような型，活動的な狩猟者のオオカミのような型が含まれていた．これらの獣弓類はペルム紀に繁栄したが，動物界の他のものと同じで，ペルム紀末の絶滅で大きな打撃を被った．

　三畳紀まで生き延び，三畳紀末まで繁栄した獣弓類の2亜目がディキノドン類（dicynodonts）――ウサギのような動物からカバのような動物まで，多岐に渡った植物食動物――と，狩猟性のオオカミのような犬歯類（cynodonts）だった．時代が進むにつれ，犬歯類は更に哺乳類のようになり，噛み取り，噛み殺し，噛み裂く，特殊化した歯をもつ歯列を発達させ，毛の外被を生み，幼体に授乳し，直立歩行の哺乳類に似た姿勢を採用した．最終的に，彼らから哺乳類そのもの――祖先の種がすべて絶滅した後も続いたグループ――が生まれた．

サクセスストーリー

哺乳類型爬虫類は，爬虫類中で最初の大成功をおさめた．早期に発達し，世界中の各種生息域に急速に広がり，7000万年間生息した．結果としては絶滅したが，最終的に地球で最も重要な動物グループに進化した子孫を残した．

1　噛む，噛み潰す，噛み裂くことに特殊化した歯が出現
2　半直立姿勢を可能にする四肢帯が出現
3　哺乳類のような顎筋系が発達
4　哺乳類のような歯の配置と口蓋が発達
5　おそらく温血性を維持するための，毛皮を持つ皮膚の進化

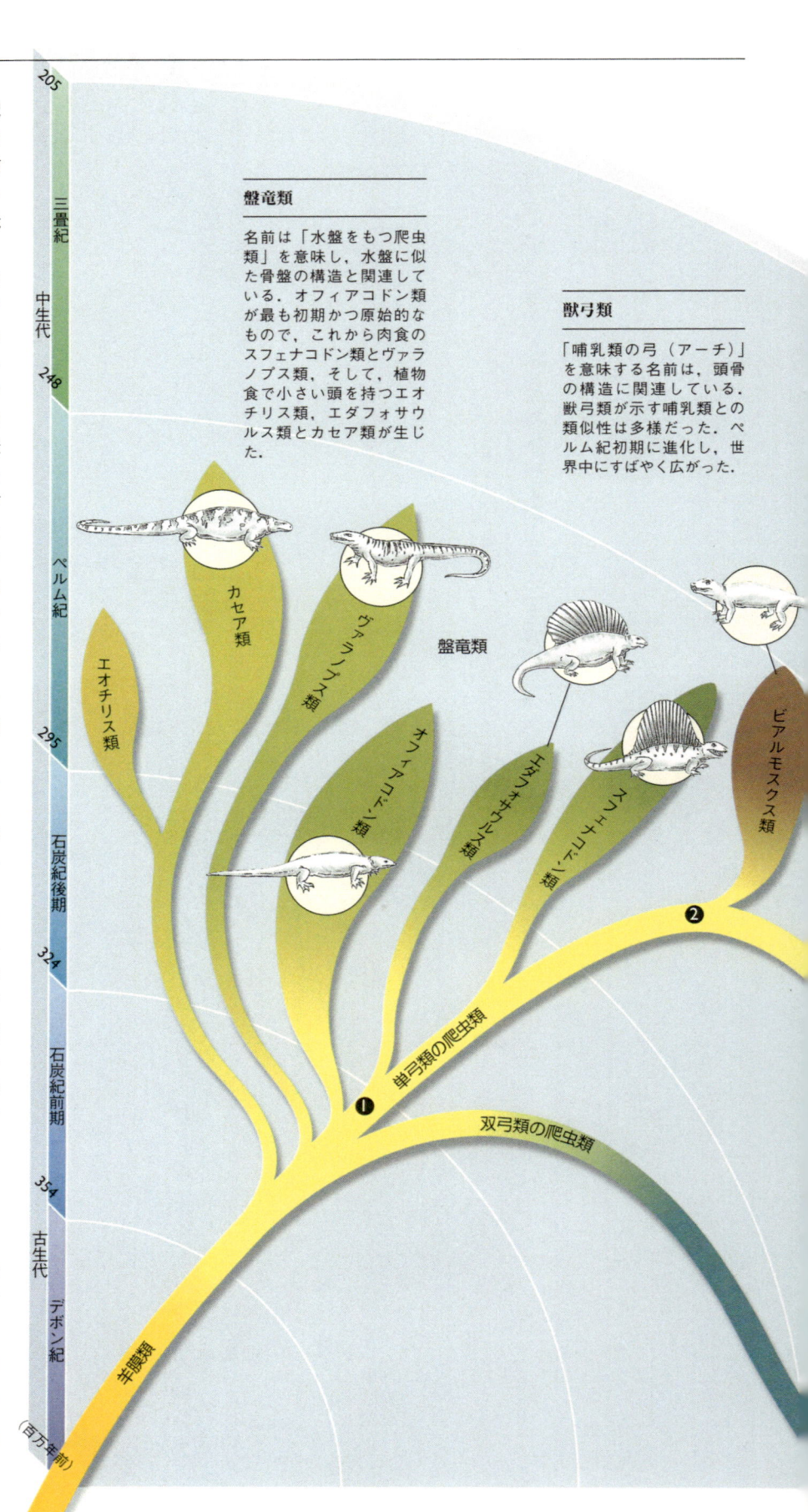

盤竜類

名前は「水盤をもつ爬虫類」を意味し，水盤に似た骨盤の構造と関連している．オフィアコドン類が最も初期かつ原始的なもので，これから肉食のスフェナコドン類とヴァラノプス類，そして，植物食で小さい頭を持つエオチリス類，エダフォサウルス類とカセア類が生じた．

獣弓類

「哺乳類の弓（アーチ）」を意味する名前は，頭骨の構造に関連している．獣弓類が示す哺乳類との類似性は多様だった．ペルム紀初期に進化し，世界中にすばやく広がった．

古 生 代 後 期

プラケリアスの化石
このディキノドン類は植物食哺乳類のような身体と脚、そして、若葉を食べることに向いた、極めて特殊化した歯の構造を持っている。

どの時点で、犬歯類が爬虫類であることを止め、真の哺乳類になったのか？ 顎の機構が決定的な要素である。爬虫類の顎骨はいくつかの骨から成り、その中で最大のものが歯を保つ歯骨（下顎）である。哺乳類の下顎は歯骨のみで、他の骨は耳の構造に組み込まれたが、鼓膜と内耳の間に一続きの小さな骨を形成する槌骨、砧骨、あぶみ骨がそれである。これが真の哺乳類の定義になる。

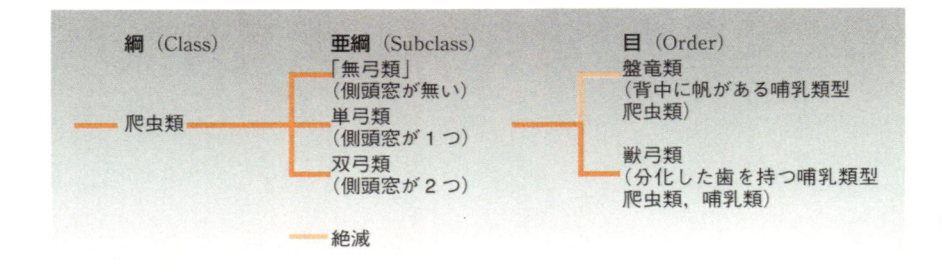

```
綱（Class）      亜綱（Subclass）         目（Order）
                 「無弓類」                盤竜類
                 （側頭窓が無い）          （背中に帆がある哺乳類型
  爬虫類 ─────── 単弓類 ───────────────    爬虫類）
                 （側頭窓が１つ）
                 双弓類                    獣弓類
                 （側頭窓が２つ）          （分化した歯を持つ哺乳類型
                                           爬虫類、哺乳類）
         ─── 絶滅
```

ディキノドン類
ペルム紀で最も成功し、広範囲に分布した植物食動物。三畳紀まで続いたのは数系列だけだったが、三畳紀に再び放散した。頭骨の単弓型の開口部により、強力で用途の広い咀嚼機構の発達を可能にした。

犬歯類
名前（「犬の歯」）は採餌戦略を示している。大部分は肉食だが、一部の系列は植物も食べ始め、より効果的な咀嚼ができる歯型を進化させた。彼らが哺乳類の直系の祖先だった。

分　類
爬虫類の主要なグループは、眼窩の後ろにある穴（apse）の配置によって分類される。哺乳類型爬虫類（単弓類）には、頭骨下部、両側に１つの穴があった。哺乳類型爬虫類は、伝統的に「盤竜類」──肉を噛み裂く強力な歯を持つ肉食動物を主体とする、あいまいな系統立てのグループ──と、より進化した獣弓類に分類される。これらの動物は各種の食物を利用し得る分化した歯（切歯、犬歯、臼歯）を持っていた。

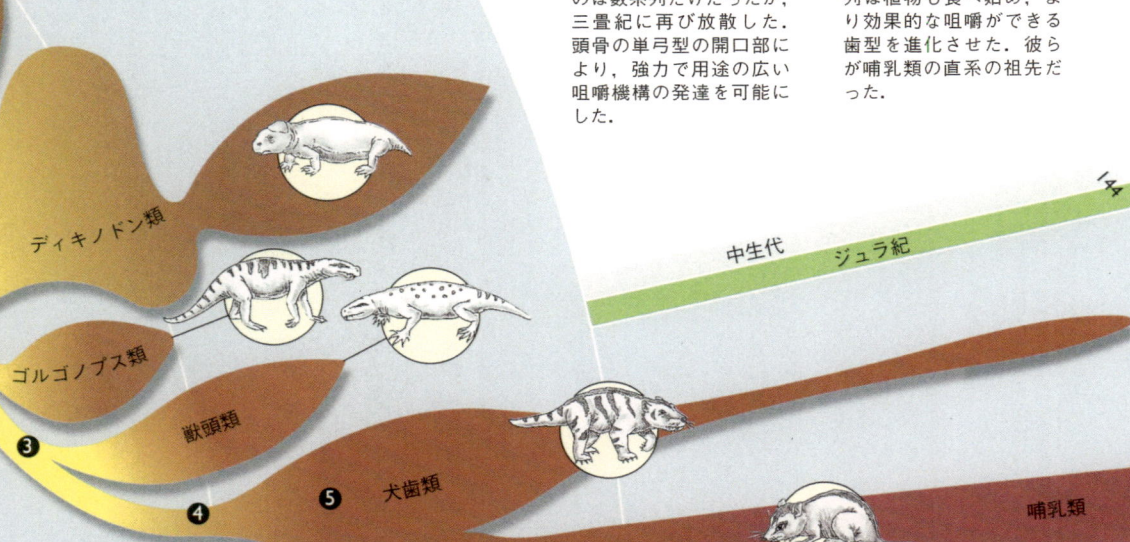

ペルム紀

獣弓類
恐頭類
ディキノドン類
ゴルゴノプス類
③
獣頭類
④ ⑤ 犬歯類
哺乳類

中生代　ジュラ紀

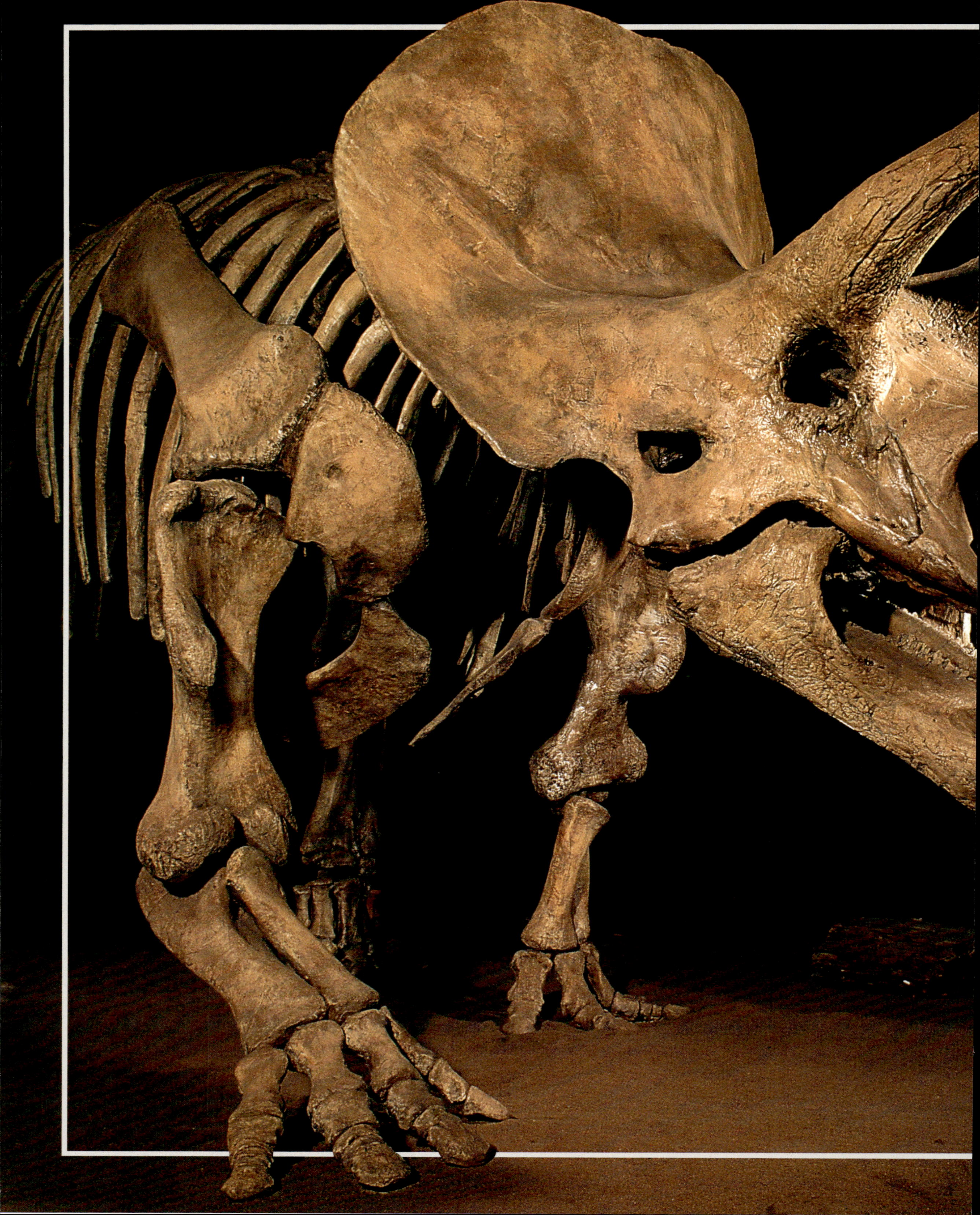

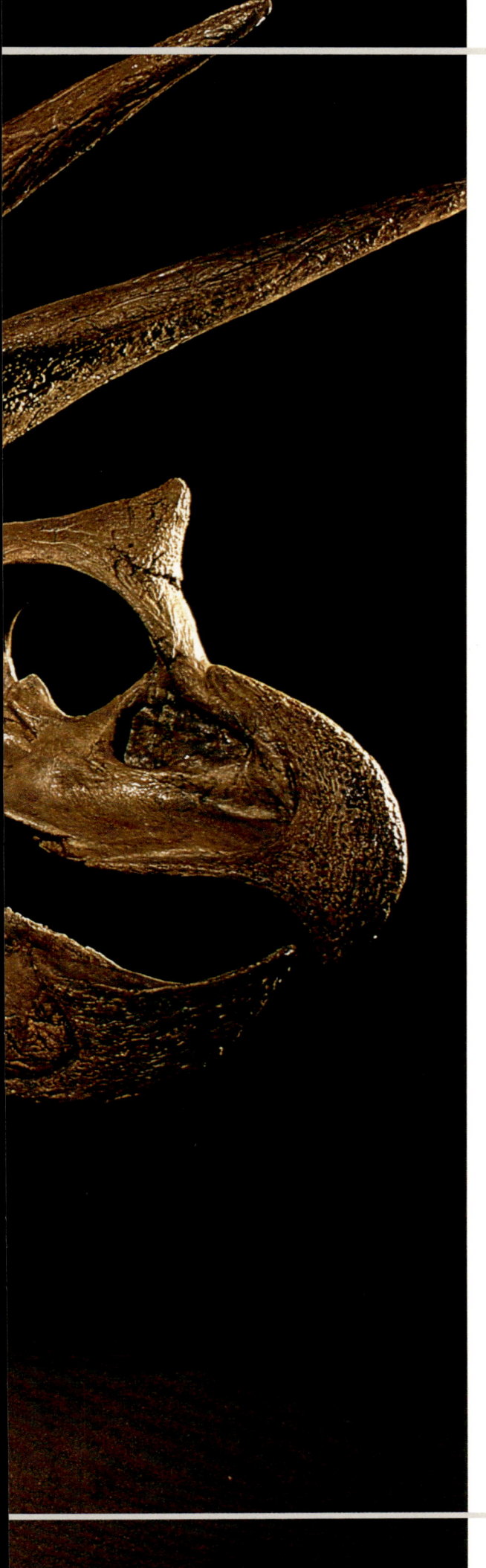

中生代

2億4800万年前から
6500万年前

爬虫類が
地球を
支配

PART 4

三畳紀 ▶
ジュラ紀 ▶
白亜紀 ▶

PART 4 中生代

　中頃の生命というのが「中生代」(Mesozoic)という名前の意味である．中生代は，古生代の明らかな太古の生物型から，その後に続くより進化した（しかし，完全に現代的ではない）型への，ペルム紀大量絶滅で区分された過渡期を意味している．中生代の1億6000万年間に動植物は劇的に変化した．海には現代の造礁サンゴ類 (reef-building corals) と大型海生爬虫類 (marine reptiles) が初めて出現した．陸には裸子植物（種子を持つ）が優位を占め続けていたが，その頃，鳥類 (birds) と哺乳類 (mammals) も存在した．しかし，中生代と最も広範に関連づけられる動物は恐竜類 (dinosaurs) だった．

　この驚くべき生物は，19世紀に最初の化石が発見されて以来，一般大衆を魅惑し続けてきた．そのため，中生代は他のいかなる時代よりも，一般向け書籍の関心を引く太古の時代になっている．しかし，恐竜類は時代錯誤の寄せ集めで描かれるのがお決まりで，ぎざぎざの山頂と噴火する火山を背景に，どこにも実在しなかったひざ丈もある植生の中で，白亜紀後期北アメリカ産の肉食恐竜がジュラ紀後期東アフリカ産の植物食恐竜を襲い，しかも互いの縮尺率も合っていない．これは，ある歴史的な戦いで，砂漠用の迷彩を施したシャーマン戦車が氷河の上でシュメール人の二輪戦車と戦い，その二輪戦車が体高10 mの馬に引かれているといった示し方と，古生物学的には同じである．

　かつて存在した他のすべての動植物同様，恐竜類もその独自の生態系の中の，特有の群集で暮らしていた．その時代の地理が恐竜類がどこに住み，どのような生活様式をとるかを決めていた．

　中生代初期，つまり三畳紀の間，地球のすべての陸域は単一の超大陸パンゲアを形成していた．パンゲアは極めて広大だったため，その大部分は海洋が緩和する影響を受けるどころではなかった．内陸部の気温はすぐに上昇し始め，その暑さは南極点周りに集まったアフリカやオーストラリア，南アメリカ，インドの氷河を解かすには十分だった．浅い縁海の存在に助けられて一般的に温暖化傾向があり，三畳紀の内陸域の気候は大陸性になった．大陸縁の周辺に限って，生物は快適に生存することができた．大陸の単一化と共に，異なる地域の動物個体群が広範囲に広がった．当時，今のアリゾナ州に生息していた小型肉食恐竜類は今のジンバブウェに生息していた恐竜類と同じだった．南アフリカの頸の長い植物食恐竜類はドイツのものと類似していた．植物も比較的自由に移動した．大森林ができ，ソテツ類，針葉樹類，イチョウ類など，すべて裸子植物（種子を持つ植物）が優位を占めた．

パンゲアはジュラ紀に分裂し始めた．地球の構造プレートが諸大陸を移動させると共に，広大な陸塊中に大地溝が延び広がり，新しく形成されていく海は徐々に個々の構成要素である陸地間に入り込んだ．この広がっていく海と，低地域に寄せた浅海が，世界の大部分により一様な気候をもたらした．しかし，大陸の大部分はいまだに合体していたので，ジュラ紀の類似化石相がタンザニアとワイオミング州ほど遠く離れた所でも発見される．動植物の異なった個体群が現れ始めたのは，より孤立した場所だった．

　恐竜類はその環境に著しい影響を持っていた．三畳紀の植物食恐竜類は針葉樹類を餌にし，その針葉樹類は恐竜類によって受ける損害を最低限にするため，すぐ，ナイフ状の葉を発達させた．ジュラ紀の植物食恐竜類で最大のものは，ある採食地から別の採食地へ，食物が見出せる場所ならどこであれ，季節的な渡りをし，肉食恐竜類がその後を追った．白亜紀の高地森林は，食用になる進化したばかりの下生えを噛み取るカモノハシ竜（duckbilled dinosaur）やよろい竜（armoured dinosaur）を支えた．一方，古い時代からの生き残りである針葉樹類やソテツ類などの植物がまだ存在していた低地では，角竜（horned dinosaur）や頸の長い恐竜類の最後のものが栄えていた．

　白亜紀の間に，現在の諸大陸の大部分は個々の陸塊として見分けがつくようになり，動植物もこれを反映し始めた．頸の長い植物食恐竜類は南アメリカで生息し続けた．南アメリカが島大陸だったことによるが，一方，北アメリカではカモノハシ竜が頸の長い恐竜類と入れ代わりつつあった．しかし，北アメリカはまだアジアと繋がっていたため，これらの場所にはカモノハシ竜やよろい竜の類似した個体群が存在した．さらに，小さい島々もあり，見出せる限られた量の食物に応じて，そこでの動物は小さい身体を発達させる傾向があった．矮小型のよろい竜と小型のカモノハシ竜が，当時のヨーロッパ東部域の浅海に延びた群島に存在した．

　パンゲアの解体は現代の諸大陸が見分けられる形になり，現代の地理学者になじみのある，延びる海嶺と海溝というパターンを持つ大陸間の海を発達させた．分散しつつある諸大陸とは逆側にある海域では，周囲の諸大陸が洋上に進出すると共に，広大な超海洋パンサラッサ（古太平洋）は次第に縮小していった．パンサラッサは現代の太平洋へと発展しつつあり，余分の地殻を飲み込んでこの縮小に手を貸した．プレートの破壊される場所の周辺部では，現代の水路中で最大のこの海を取り囲んで構造的に活発な「環太平洋火山帯」（Ring of Fire）が生まれた．

　中生代は始まりと同様，大量絶滅で終わった．この大量絶滅は，明らかに新しい型の生物——それまで取るに足らなかった哺乳類——の時代への過渡期を区分した．その世界の明白な捕食者——または，大きすぎて獲物にされないことがしばしばだった植物食者——である恐竜類は現代までは生き延びなかった．既に衰退しつつあった可能性はあるが，恐竜類は白亜紀末の破滅的な事件後に姿を消した．数千万年の堆積物の下に埋まり，恐竜類は他の偉大な捕食者「人類」だけに記憶されることになった．

> 地球規模の破局が原因で恐竜類が永遠に消滅する以前は，中生代の諸大陸が共に移動し，分裂し，超大陸パンゲアを形成し，分離する中で，強大な恐竜類が出現して，放散し，そして優位を占めた．

三畳紀

2億4800万年前から2億500万年前

　三畳紀（Triassic）の4000万年に及ぶ期間，パンゲアは地球環境のあらゆる局面を支配していた．巨大大陸の広域にわたった暑く乾燥した気候は，古生代山脈の継続的な浸食に伴って，より多くの赤色砂岩を堆積させた．海水面は一般的に低かったが，超大陸はテーチス海と呼ばれる巨大な湾によって，東西軸方向にほぼ半分に分割された．海辺沿いの気候はより穏やかで，河岸沿いに森林が繁茂するのに十分な降雨量をもつ縁海地域を生んでいた．

　三畳紀の動植物はペルム紀末の大量絶滅からゆっくりした回復を示している．古生代後期に優位を占めたヒカゲノカズラ類とシダ種子類は，針葉樹類と入れ替わりつつあった．最も重要な貝類として二枚貝類が腕足類を引き継ぎ，頭足類のオーソセラス類やゴニアタイト類などが絶滅したことによってできた生態的空隙には，アンモナイトのセラタイト類が広がった．驚くほど多様化したグループである爬虫類の時代の始まりでもあった．哺乳類型爬虫類は衰えたが，別の種類の爬虫類が繁栄し，あるものは巨大化し，その時代の最も恐ろしい捕食者になった．たとえば，その子孫であった恐竜類である．

　中生代には3つの紀があり，三畳紀がその最初である．「三畳紀（Trias）」という用語は，1834年，ドイツに露出している3つの独特な堆積相累重を指す言葉として，フリードリッヒ・アウグスト・フォン・アルベルティ（Friedrich August von Alberti）が初めて使っている．それ以前は，新赤色砂岩の上部にすぎなかった．アルベルティの三重の層序は，その岩石が建築用の石材および塩や石膏など化学物質の資源として重要だったため，中世から知られていた．その層序とはブンター（Bunter）砂岩，ムッシェルカルク（Muschelkalk）石灰岩とコイパー（Keuper）泥灰岩だった．この分類は砂漠に蓄積した堆積物起源の局地的な岩石に基づいており，ムッシェルカルク（「二枚貝のチョーク」）しか化石を含んでいなかったため，この分類は世界的な層序学には実用的でなかった．

　ペルム紀末は海水面が低く海成の層序を欠いたため，世界中の岩石対比が困難になり，ペルム紀・三畳紀境界の正確な年代決定を難しくする原因になった．三畳紀へ移行中の海水面は低いままだったが，それ以降，着実に上昇し始めた．三畳紀末近くでは海水準に大きな変動があったが，一般的には高かった．その結果として，三畳系初期の海成層はほとんど無いが，後に遥かに多くなる．対比は時代が進むにつれて精度が良くなっている．

　アルベルティの「Trias（三畳紀）」は局地的なものであるにもかかわらず，1872年，チャールズ・ライエル（Charles Lyell）の層序学上の分類に「Triassic（三畳紀）」という用語が登場した．この時以来，「Triassic」が用いられている．もっとも，「Trias」は今でも地質学者によって非公式に用いられてはいる．

　三畳紀の海成岩はオーストリア南部のアルプス山脈から知られており，海生化石に基づく紀の分類の最初の試みは，1860年代〜1920年代にアルプスでなされた．しかし，その岩石に基づいた三畳系の階も，同じくらい問題があることが判明した．層序が不完全である上に，山脈での変形がひどかったため，個々の層の正確な層序学的位置を確立することが困難だったの

> 三畳紀の陸源性の岩石はペルム紀のものに似ており，両者はしばしば新赤色砂岩として一括分類される．

キーワード

- アンモナイト類
- 角礫岩
- 針葉樹類
- 恐竜類
- 三稜石
- 砂丘
- 哺乳類
- マニコーガン事件
- 新赤色砂岩
- 爬虫類
- シダ種子類
- テーチス海

ペルム紀	248（百万年前） 245	240		235 三畳紀	230
統	前期／下部（ブントザントシュタイン）		中部（ムッシェルカルク）		
一般的な階	インドゥアン / オレネキアン	アニシアン		ラディニアン	
		パンゲア：すべての大陸が合体			
地質学的事件		ソノマテレーンが北アメリカ西部と合体		砂岩と蒸発岩の堆積	
気候		熱帯性の乾燥；パンゲアには強い季節性の気候			
海水準					
植物	ヒカゲノカズラ類が優勢			ディクロイディウム，シダ種子類が優勢	
動物	ペルム紀末絶滅からの，ゆっくりした回復	●最初の六放サンゴ類		あらゆる種類の爬虫類が発達	

中生代

である．その後，三畳紀のはるかに良好な海成の露頭がシベリア，中国，北アメリカの西部山脈で見つかっている．現在では，海にいた進化の速いアンモナイト類動物相に基づいて，三畳紀の詳細な層序が分かっている．

新興のアンモナイト類の個体群は，ペルム紀末の絶滅の中で，他の遊泳動物が絶滅したことの間接的な結果だった．オウムガイ類とゴニアタイト類はその時までは泳ぐ頭足類の主要なものだったが，突然，ほとんどの種類が絶滅した．生き延びた類縁動物のセラタイト類は，絶滅した同類の残したすべての生態的地位に多様化することができた．至る所に広がったのはアンモナイト類だけではなかった．三畳系の統の基底は，ペルム紀末絶滅からのゆっくりした回復の始まりで区分される．あらゆる種類の動物が絶滅し，生き残りたちが引き継ぎ始めていた．

> 三畳紀は1つの
> 大量絶滅からの
> 生物の回復で始まり，
> 別の大量絶滅による
> 崩壊で終わった．

これらの一部が，アフリカ南端にあるカルー（Karoo）盆地の岩石に保存されたような，哺乳類の先駆者だった．石炭紀後期から三畳紀後期まで，この盆地は沼，湖，河川からの堆積物で次第に満たされ，その中に非常に多様な化石——三畳紀後期に哺乳類に進化した哺乳類型爬虫類ばかりでなく，植物，魚類，両生類，爬虫類の数千の種が保存された．大部分がシルトと砂岩から成るカルーの累重した地層は，三畳紀末に1000 m以上ある玄武岩の溶岩の下に埋まったが，1840年代に発見された．大量な溶岩の流出は，アフリカが南アメリカと南極から離れ始め，最終的に太古のゴンドワナ大陸が解体した際の大地溝帯の形成が原因だったかもしれない．

別の絶滅も三畳紀の終わりを区分する．この頃，海生動物の種の約33％，陸生脊椎動物の種の32％，そして陸生植物の種の90％が絶滅した．生き延びた植物種の性質と，その葉の解剖学的構造は，三畳紀末に気温が突然上昇し，生物学的混乱が促進されたことを示唆している．これはおそらくある種の温室効果によるものだっただろうが，厳密な原因は謎のままである．一部の専門家は白亜紀末に起こったともされる類似の事件，当時の隕石衝突に起因すると提案した．この説を支持する1つの発見はイタリア，トスカナ（Tuscany）地方の三畳系最上部での衝撃石英——隕石の衝撃で生じたストレスと変形を示す石英の結晶の存在である．しかし，当時イリジウムが蓄積した証拠はまったく無い．岩石中のイリジウム蓄積は隕石衝突の印だとみなされることが多いのである．

大きな隕石が三畳紀後期に確かに地球に衝突している．マニコーガン事件（Manicouagan Event）として知られる衝突は，知名な世界最大の隕石クレーターの1つをカナダのケベック（Quebec）に残した．このクレーターの直径は約100 kmで，おそらく直径約60 kmの岩塊によって引き起こされた．マニコーガン事件の正確な年代を見いだすのは難しいと分かったが，三畳紀末から約1000万年前に起こったと思われる．この事件が三畳紀末近くに動物相の崩壊を起こし，異なったグループの動物が異なった時期に絶滅し，また，異なったグループが異なった時期に存在するようになったのかもしれない．一回限りの絶滅ではなく，約2000万年の間に，動物の漸進的な再編成があったとも考えられる．

しかし，他の証拠は絶滅が100万年もかからない突然のものだったこと，そして，マニコーガン事件が影響を持つにはあまりに昔すぎたことを示唆している．三畳紀末の約1500万年前に，より小規模の大量絶滅があったが，おそらく，この大量絶滅はマニコーガン事件が引き起こしたのであろう．

参照
ペルム紀：新赤色砂岩，哺乳類型爬虫類，大量絶滅
ジュラ紀：アンモナイト類，恐竜類，パンゲアの分裂開始
第Ⅲ巻，古第三紀：哺乳類

中生代へ

中生代は三畳紀と共に始まった．2億4800万～2億500万年前に及ぶ三畳紀4300万年の間に，超大陸パンゲアは遂に完成し，海水準はペルム紀末の低い水準から次第に上昇した．このような環境変化は生物に絶大な影響を及ぼした．陸海両方の生態系はより複雑で多様になり，多くの新しい生物形態が登場した．泳ぐ爬虫類と飛ぶ爬虫類，カメとカエル，針葉樹類，イチョウなどである．

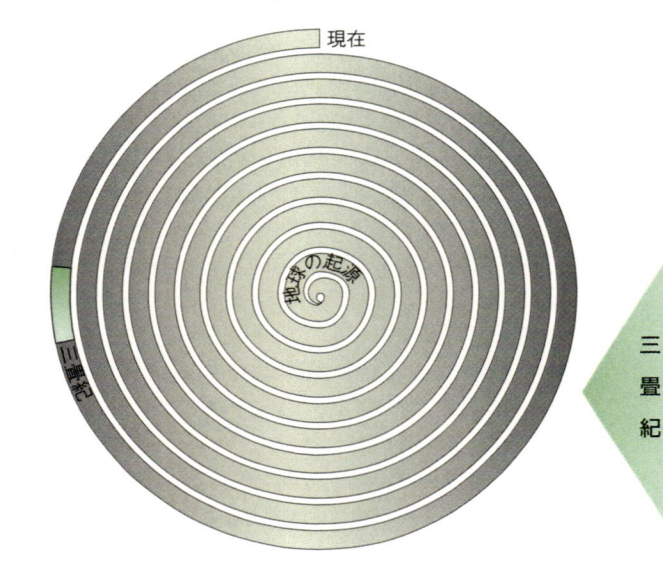

225	220	215	210	205 ジュラ紀
	後期／上部（コイパー）			
カーニアン	ノーリアン		レーティアン	
			諸大陸の分裂に先立ち，大西洋海盆とカリブ海盆の地溝運動	
	南北の中国プレートが衝突すると共に秦嶺造山運動			
		●マニコーガン隕石衝突		
絶え間なく上昇				
		針葉樹類が優勢		65%海生生物が絶滅
●最初の恐竜類	海生生物が再放散		●最初の哺乳類	

三畳紀

三畳紀の初め，パンゲアは単一の巨大な大陸だった．これは現在の分離した大陸のすべてから，三畳紀の陸生脊椎動物化石が産出することにより立証されている．しかし，これは極めて一時的な状態だった．超大陸は集まるとすぐに，再び分裂し始めた．東部アジアの一部が本土と一体化する前でさえ，ゴンドワナの周辺部は分裂し，北方に漂移し始めていた．パンゲアの事実上の分裂は次のジュラ紀まで実際には起こらなかったが，三畳紀末には将来の分裂の兆候が明らかになり始めた．新しい山脈と古いクラトンに亀裂と断層が走り始めた．アパラチア山脈では大地溝帯（rift valleys）が出現し，堆積物と塩湖で満たされ始めた．現在のスコットランドとノルウェーの間にあたる北部カレドニア山脈を貫いて別の大地溝が沈下し，現在の北海油田の基盤である構造を生じた．構造と外見が現代の紅海（Red Sea）に似た長くて幅の狭い海がゴンドワナに入り込み，後にインドとアフリカになった大陸部を分離し始めた．

> 古生代がパンゲア形成へ導いた大陸の衝突で特徴づけられるとすれば，中生代はパンゲアの分裂し始めた時代だった．

パンゲアは巨大なCのような形で，北の部分はローラシアとその東部から成り，南の部分はゴンドワナから成っていた．これらがペルム紀に合体した時に巨大な継ぎ目が形成され，現代の北アメリカ東海岸全体とヨーロッパ南部の一部が，南アメリカとアフリカ北部に結合した．現在の中国と極東の地域にあった散在する島はローラシアの東端とつながり，超大陸が完成した．すべての陸は地球の片側に集中し，反対側はパンサラッサ（古太平洋）から成っていた．北方と南方の地域間には，テーチス海として知られる巨大な湾があった．この水域には大陸の地勢と気候を緩和する影響力があった．テーチス海の海流は，地球の回転で生じるコリオリの力から判断すると，反時計回りだっただろう．暖かい海水がゴンドワナの北海岸沿いに北西に進み，大陸のその周縁に湿った風をもたらし，反転したより冷たい水はローラシアの南縁の気温を下げたらしい．山脈で隔離された内陸は砂漠のようで夏は乾燥して暑いが，冬はひどく寒かった．南北両半球にはおそらくモンスーンの季節があった．

テーチス海の北縁沿いに広がった広い大陸棚は，今日，イタリアとポーランドで見られる大陸棚の堆積物を生んだ．また，オーストリアのアルプス山脈にある堆積物は海生化石を含んでおり，これで三畳紀の年代決定がなされた．現在の黒海（Black Sea）が占める地域の東方には，海溝と弧状列島（island arc）を伴う沈み込み帯があり，テーチス海が発展しつつあったことを示している．ヨーロッパ，北アメリカ，アフリカが合体した西では，テーチス海は狭く浅くなり，山脈の間に閉じこめられた．そこでは入江と湾が形成され，それらは干上がって石灰岩と蒸発岩を堆積した．

ローラシアとゴンドワナの接合箇所沿いでは形成されて間もないアパラチア山脈がまだ高くそびえていたが，浸食は始まっており，赤色砂岩で埋まった山間盆地を形成していた．河川はこれらの山脈から西に流れ，北アメリカ南西部を横切り，西海岸の海に達していた．ユーラシアのウラル山脈は三畳紀にはまだ新しく，ウラル山脈の東では玄武岩の溶岩噴出が続いていた．

> ペルム紀末の非常に巨大だった山脈は，三畳紀のゆるやかな丘陵地帯へと浸食され始めていた．

パンゲアのゴンドワナの部分は，多かれ少なかれ，それまでと同じように中央には砂漠地域があり，西と南の周辺沿いに活発な山脈があった．ここかしこに，季節的な河川が流れ込む内陸流域を持つ地域群があり，現代のオーストラリアにあるエア湖（Lake Eyre）のような断続する内陸湖（プラヤ）を生んでいた．

ペルム紀の時代と同様，ゴンドワナは極めて巨大だったため，中央部には滅多に雨が降らなかった．そこには過酷な砂漠の環境が存在した．周辺部で季節的な降雨が起こるのは，海からの卓越風が吹き込むか否かに依存していたであろう．当時は両極に水があった．縁海が北極点を覆い，一方，南極点はパンサラッサ（古太平洋）中にあった．

赤い地球

三畳紀の間，パンゲアの大半の土地は海から極めて離れており，水分が内陸まで届かなかった．土壌中の鉄鉱物が酸化し，土壌は特徴的な赤色になった．

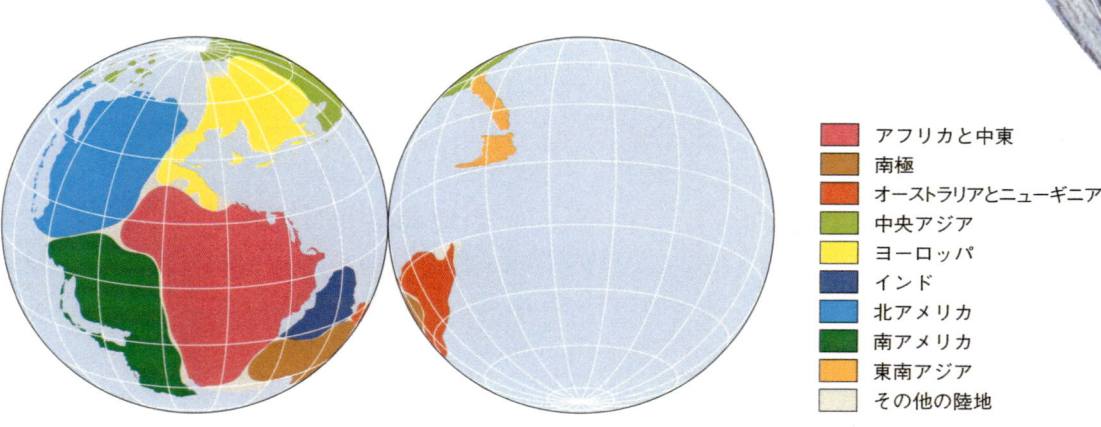

パンサラッサ（古太平洋）

- アフリカと中東
- 南極
- オーストラリアとニューギニア
- 中央アジア
- ヨーロッパ
- インド
- 北アメリカ
- 南アメリカ
- 東南アジア
- その他の陸地

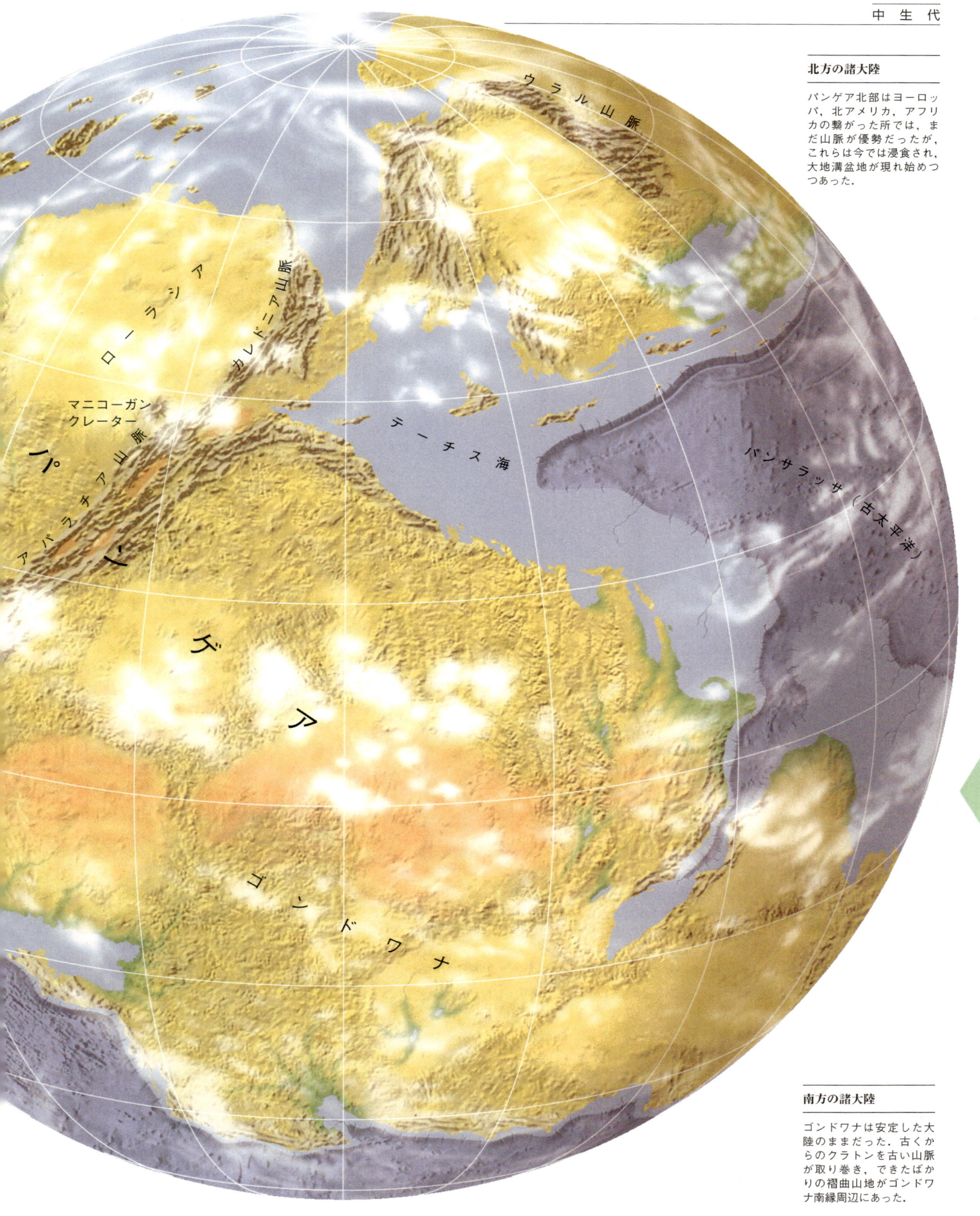

中生代

北方の諸大陸

パンゲア北部はヨーロッパ，北アメリカ，アフリカの繋がった所では，まだ山脈が優勢だったが，これらは今では浸食され，大地溝盆地が現れ始めつつあった．

三畳紀

南方の諸大陸

ゴンドワナは安定した大陸のままだった．古くからのクラトンを古い山脈が取り巻き，できたばかりの褶曲山地がゴンドワナ南縁周辺にあった．

地図上のラベル：
- ウラル山脈
- ローラシア
- カレドニア山脈
- マニコーガンクレーター
- アパラチア山脈
- パンゲア
- テーチス海
- パンサラッサ（古太平洋）
- ゴンドワナ

PART 4

三畳紀

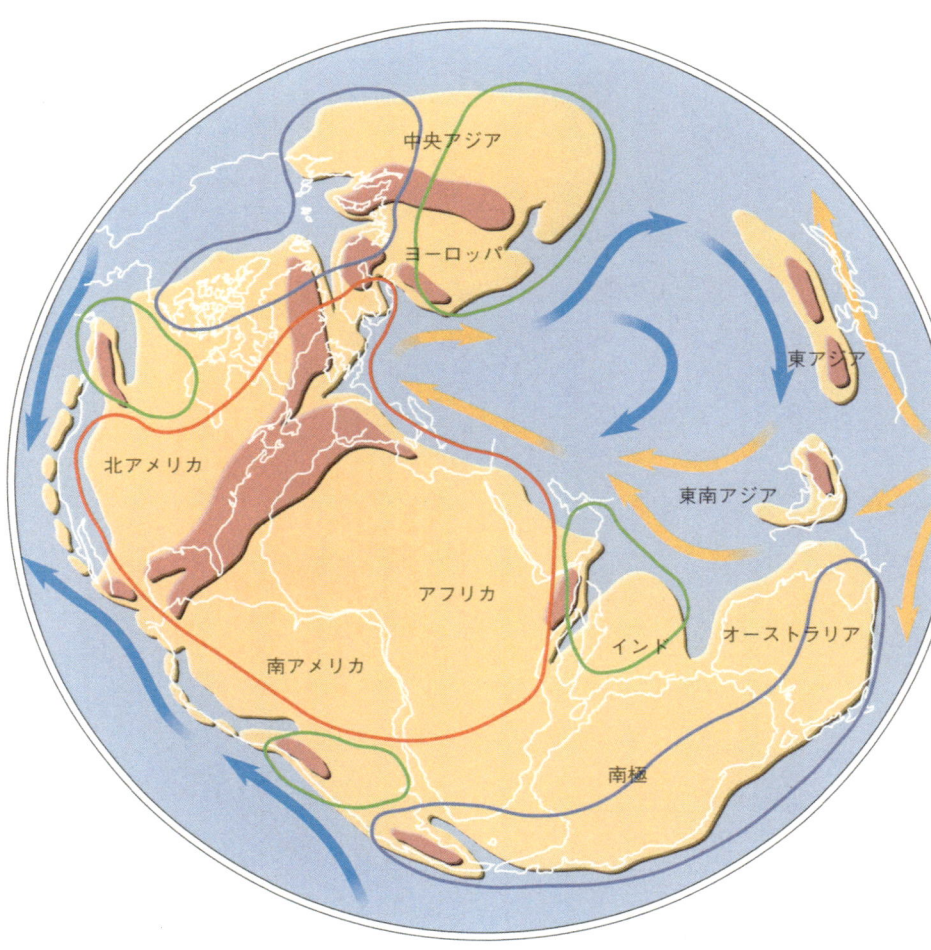

三畳紀の広大な砂漠の景観はとても特色のある堆積物と，特有の岩石タイプを生み出した．おそらく，砂漠の特徴で最もなじみ深いタイプは砂丘（sand dune）だろう．実は，砂が地表を覆っているのは現代の砂漠の約20％に過ぎず，残りは砂礫の平原またはむきだしの岩の露頭である．ペルム紀後期と三畳紀前期の場合も，この割合はおそらく似ていたであろう．乾燥地域では，風が砂の小さな粒を拾い上げ，吹き飛ばし，岩の露頭を浸食し，その過程で更に多くの砂を生むことがある．むきだしの岩石が研磨され，削られて不思議な形になることがあるが，浸食の大部分は砂粒が風ではね上がる地面に近い所で起こる．砂そのものが特定の場所にたまり，風で移動する砂丘として砂漠を長距離にわたって押し動かされることがある．砂漠の砂で形成された砂岩は，本来の層が砂丘としてできたことを示すこともしばしばある．

砂丘層理（dune bedding）は上方が凹面の湾曲した層から成り，太古の砂丘の，その後に起こった滑り面を示す．このような砂丘の層起源の砂岩の向きは，当時の卓越風を理解するために利用できる．イングランド中央部とスコットランドのペルム紀〜三畳紀の地層で見られる向きは，ペルム紀と三畳紀の卓越風が東から吹いていたことを示唆しており，一方，アメリカ南西部で見られるものは卓越風が北西から吹いていたことを示唆している．

> 三畳紀の砂岩を顕微鏡で見ると，球状の砂粒でできていることが分かる．これは砂漠環境下で，風により堆積したことを示す．砂粒は赤い酸化鉄で覆われていることがある．

気候
- 乾燥
- 季節的な雨
- 涼しく，多雨

- 暖流
- 寒流
- 高地
- その他の陸地

降雨パターン

地球の自転および陸と海の配置の結果である現代の大気の動きは，三畳紀の地球の蓋然性のある気候パターンを構成する上で利用できる．パンゲアの大部分は一年中乾燥した気候で，周辺部に季節的な降雨があり，高緯度地方は涼しく多雨であった．このことは，赤色岩層や蒸発岩などの気候に敏感な三畳紀堆積物の地理的な産状と一致する．植物相も類似の分布を示し，より水分の多い地域にはユーラメリカ植物相の暑さに適応した植物が，かなり北にはシベリア植物相が，かなり南にはゴンドワナ植物相があった．

砂礫の砂漠は，主に扇状地による堆積の結果である．山脈が浸食されるにつれて，破片は一時的あるいは永続的な河川によって低地へ洗い流される．砂漠地域で河川が流れるのは雨季だけで，距離も短いのが通常である．浸食されて壊れた物質は，河川が平地に達し，消滅する所で蓄積する．普通は重い物質が最初に堆積し，一方，より細粒の砕片がより遠くまで運ばれ，斜面の縁に沿って，扇状地として幅が広く低い半円形の堆積を造りあげる．太古の扇状地は，粗い角礫と細かい砕片が互層になっていることで，砂漠性の砂岩中でも同定することができる．個々の粒はぎざぎざで角があり，あまり長い距離を移動しなかったことを示している．角がある大きな破片でできた岩石は「角礫岩」と呼ばれる．

砂漠の開けた平原では，岩石の大きな砕片は容赦のない風の力によって渦巻く砂粒で浸食され，砂粒自体もまるい形に浸食される．砂漠平原の地表にある岩石を拾い上げた人は誰でも，岩石の風上側がなめらかになるまで，このようにして「研磨された」ことが分かるだろう．しばしば，こういった岩石はあまりにも浸食されたことで，露出面が均衡を失い，ひっくり返され，風と砂の力に別の面をさらすことになる．このような岩石には研磨された面が3つあり，「三稜石」（dreikanter）と呼ばれる．三稜石があることは砂漠環境の指標の1つになる．

足跡の謎

足跡化石の重要な情報の1つは，常に決定できるわけではないが，どのような種類の動物がその足跡を残したかである．このため，古生痕学者（化石の足跡，すなわち足跡化石などの専門家）は足跡自体に学名を付ける．三畳紀の足跡化石でよく知られているキロテリウム（Chirotherium）は手のような一連の印象を示し，大きい印象は後足のもの，小さい印象は前足のものである．足指の配置の上で奇妙なのは，親指のような小さな指が連続歩行跡の内側ではなく，外側にあることである．これは，おそらく親指ではなく，特殊化した第5指だった．

キロテリウム歩行跡の記載者が不明だったため，その生物がどのような見かけだったかについて，あらゆる種類の推測と奇抜な復元が生まれ，あるモデルではその動物が足を組んで歩いたかのようになっていた．その後，スイス三畳紀の岩石中で，ラウイスクス類の爬虫類ティキノスクス（Ticinosuchus）の骨格が発見された際，その小さな第5指は「親指の印象」によく合致した．今では，この動物がキロテリウムの印象を生んだ動物そのものだったと，古生痕学者に広く信じられている．

中 生 代

砂丘の形成

風は，ばらばらの砂を砂丘の形で砂漠表面を移動させる．砂丘の動きは特徴的である．風上の面に露出した個々の砂粒は斜面を吹き上げられ（1），風下すなわち「滑り」面に落ちる（2）．すべての砂粒にこれが起こるにつれて，砂丘は風が吹く方向に前進する（3）．砂丘の列は，風が吹く方向に，砂漠を横切って互いに続く．しばしば，これは異なる規模で起こり，低い丘陵のような巨大な砂丘が，全域により小さい砂丘を伴い，砂紋が交差する．

周期的な氾濫と乾燥を伴う砂漠地域では，プラヤの湖底に集まる泥のような物質は，乾季には干上がる．乾燥した泥の層は縮み，多角形の石版に割れる．次に堆積する泥の層がこの割れ目を埋め，その雄型を形成する．このような泥の割れ目のパターンが岩石中に見られる時は，それが実際の割れ目であれ，埋めた物質でできた雄型であれ，当時の気候条件の解釈に利用することができる．乾季の後に雨が降ると，乾いた泥に雨滴の形成したくぼみができ，岩石に保存されることも時としてある．

プラヤは時々干上がり，湖水中に洗い流されたすべての溶解物質が凝集，沈殿して乾燥した湖底に蓄積する．砂漠の砂岩には，しばしば，岩塩，硬石膏，石膏の層が見られる．

> 火星表面の土壌は，ほぼ三畳紀の地球の土壌に似ているに違いない．マリナーとその後の探測機が地球へ返送してきた写真では，赤い砂と三稜石が示された．

砂丘の砂漠

通常，堆積岩は堆積物を沈殿させる水面下で形成される．景観の大部分は，堆積地域と言うよりは浸食地域である．砂丘の砂漠はこれとは異なり，埋まる可能性のある多量の砂状物質が蓄積し，固まり，砂漠成の砂岩になる．このような砂岩には，しばしば，砂丘の斜面が層理内に保存されている．

赤色砂岩層の貴重な情報源が，その地域に生息した動物の足跡によって得られる．足跡化石（footprint）の研究は「生痕学」（ichnology）と呼ばれ，古生物学の極めて重要な部分である．足跡化石は実際の動物本体の化石よりはるかによく見られ――個々の動物は生きている間に数百万もの足跡を造るが，骨格は1つしかない――生活様式と環境条件を説明するものとして，はるかに有用である．足跡から，動物は単体で移動したか，群れで移動したか，1年のどの時期に活動的だったか，ゆっくり動いたか，すばやく動いたかが明らかになる．残念ながら，普通，足跡からはどの動物の足跡かは分からない．恐竜の連続歩行跡として知られる最初のものは，1802年，アメリカ，コネティカット州の三畳紀の砂岩中で発見された．その外見から，当初は，太古の極めて大型な鳥類が残したものと考えられた．恐竜類はまだ同定されていなかった．

三畳紀

PART 4

ペルム紀の植物相は，主として，石炭森林の植物相と類似しており，シダ類，シダ種子類，巨大なヒカゲノカズラ類から成っていた．ゴンドワナの植物では，特に，シダ種子類のグロッソプテリス（*Glossopteris*）が優勢だった．ペルム紀末，グロッソプテリス植物相が絶滅すると共に，グロッソプテリス植物相から餌を得ていた植物食哺乳類型爬虫類の大部分が姿を消した．その後，三畳紀前期にヒカゲノカズラ類が再び短期間ではあるが優勢になり，さらにその後の三畳紀中期になると，シダ種子類ディクロイディウム（*Dicroidium*）に基盤を持つ永続的な植物相が発達した．ペルム紀末に被害を受けたのは，哺乳類型爬虫類の植物食グループだったディキノドン類（dicynodonts）である．一方，肉食グループの犬歯類は生き延び，三畳紀まで繁栄した．ディクロイディウム植物相が出現した時，これを利用する植物食型が犬歯類から生じた．同時に，植物食爬虫類の別のグループも出現し，発達したばかりの植物相によって繁栄した．これらはブタのような爬虫類グループのリンコサウルス類（rhyncosaurs）

> 地形や地理はペルム紀以来あまり変わっていなかったが，動植物はめざましく発達した．

植物相の遷移

三畳紀の植物型の急速な転換は，最終的には，中生代の大部分にわたって安定を保った植物相を産みだした．現代のイチョウの木（上）は三畳紀に存在したイチョウからほとんど変化していない．三畳紀の植物の最も有名なものはアリゾナのペトリファイドフォレスト（Petrified Forest）から出たもので（下），現代の型によく似たチリマツの化石化した幹から成っている．

で，幅の広い顎には植物を掘り起こす牙と，植物を切り刻む歯があった．リンコサウルス類の化石はブラジルから英国まで，タンザニアから北アメリカまでと，世界中の三畳紀の岩石中で発見されている．

三畳紀末近くにディクロイディウム植物相は絶滅し，古生代後期から存続した針葉樹類が初めて優勢を占める植物相に席を譲った．中生代前期，針葉樹類が，今や植物中で最も重要なタイプになった．

三畳紀末に多かった植物は，気孔（stomata）——気体交換に使われる，葉の小孔がほとんど無い植物だった．このことは大気中の二酸化炭素レベルが高かったことを示唆しており，このことは，また，気候がより暖かかったことを示している．もう1つの傾向は，シダ種子類のような幅の広い葉を持つ植物が，針葉樹類のような幅の狭い葉を持つ植物に席を譲ったことだった．幅の狭い葉は暑熱条件の中では，温度制御により適していた．

植物のこの転換は，動物に絶大な影響を及ぼした．リンコサウルス類と植物食の哺乳類型爬虫類——地球上で最も重要な動物グループが突然絶滅した．おそらく，主食のディクロイディウムが手に入らなくなったためである．新しい種類の動物が前面に立つ時だった．

三畳紀

中生代

海生爬虫類

テーチス海の海辺沿いの生活に適応したものを含め，多くの新しい型の海生爬虫類が，三畳紀に進化した．タニストロフェウス（*Tanystropheus*）（右）の長い頸は，潮だまりに突っ込んで貝類を取ることに，使われたかもしれない．ノトサウルス（*Nothosaurus*）（左および下の骨格）の長い顎と鋭い歯は泳ぐ魚を捕える上で理想的だった．

ペルム紀～三畳紀の絶滅を生き延びたのは，植物食型ではなく，肉食の哺乳類型爬虫類だった．三畳紀の初めに植物食哺乳類型爬虫類の新しいグループを生んだだけでなく，三畳紀の終わりに自分たちが絶滅する直前に，新しいグループの動物も生んでいる．それが哺乳類そのものだった．地球の生物進化史の総合的な図式の上で，哺乳類がいかに重要であるにしても，その後の1億6000万年は，哺乳類が地上での優位を占めることはなかった．肉食の別のグループもペルム紀～三畳紀の大量絶滅を生き延び，それがワニ類に似たいわゆる「槽歯類」で，三畳紀末に繁栄し始めた．（訳注：現在では槽歯類という分類群が消滅し，これをつくっていた動物は，異なる数分類群に分散している．）これらの動物が最終的に恐竜類になった．

> ペルム紀末の絶滅後，
> いったん海生生物が
> 再定着すると
> 海中の食物が豊富になり，
> その影響で，
> 陸生の祖先から
> 海生爬虫類が進化した．

恐竜類の進化と針葉樹類の進化は，関連して起こったように思われる．最初の植物食恐竜は古竜脚類（prosauropods）で，この長い頸を持つ動物は木の高い所に届き，枝の針状葉を食べることができた．当時，最もよく見られた針葉樹類はナンヨウスギ類（araucarias），現代のチリマツだった．これらの木には縁がナイフのような幅広の針状葉があり，おそらく，背の高い恐竜類による過食に対する防衛だっただろう．

他の領域では，三畳紀に爬虫類が正に支配者になった．主要な植物食および肉食の陸生動物であっただけではなく，爬虫類は海にも戻った．陸生動物に進化した僅か数千万年後に，爬虫類はその祖先の領域に再びコロニーをつくり，あらゆる種類の異なった爬虫類系列が海生種を生みだした．板歯類（placodonts）はセイウチのような爬虫類で，海底から貝類を引きはがし，幅広の扁平な歯で噛み砕いた．板歯類の中には装甲で覆われたものさえあり，やはり三畳紀の少し後になって進化したウミガメ類にいくらか似ていた．ノトサウルス類（nothosaurs）は長い頸と針のような歯を持つ魚食動物で，その後登場する長頸竜類の先駆者だった．すべての海生爬虫類の中で最も良く適応していたのがイルカのような体形の魚竜類（ichthyosaurs）で，これも三畳紀末に進化した．

爬虫類は空にまでも進出した．イカロサウルス（*Icarosaurus*）やコエルロサウラヴス（*Coelurosauravus*）のような，類縁のない多数のトカゲ類似の動物が，胸郭の突起に張った皮膜から成る滑空の仕組みを独自に発達させた．これらの凧のような原始的な動物はまったく短期間存続しただけだが，より成功した飛行動物もいた．三畳紀末近くに，最初の翼竜類（pterosaurs）が出現した．翼竜類には前肢に付属した翼があり，洗練された羽ばたき運動で飛ぶことができた．翼竜類は極めて成功し，全中生代の残り期間の空を支配した動物となった．

三畳紀

最初の哺乳類

もっとも初期の哺乳類（mammals）は，三畳紀末に進化した．メガゾストロドン（*Megazostrodon*）（左）などの，トガリネズミやオポッサムに似た小型の動物だった．その後1億6000万年間，それらの小動物は巨大な恐竜類の足元をちょこちょこ走りまわっていたにすぎない．

PART 4

三疊紀

● 鮮やかな写真とイラストで，科学の身近さを解説 ●

【図説】科学の百科事典
全7巻
A4変型判　オールカラー
各巻 176頁　定価6,825円（本体6,500円）

❶ 動物と植物　Animals and Plants
監訳／太田次郎　訳／藪　忠綱　(ISBN 978-4-254-10621-3 C3340)

［内容］壮大な多様性／生命活動／動物の摂餌方法／動物の運動／成長と生殖／動物のコミュニケーション／用語解説・資料

❷ 環境と生態　Ecology and Environment
監訳／太田次郎　訳／藪　忠綱　(ISBN 978-4-254-10622-0 C3340)

［内容］生物が住む惑星／鎖と網／循環とエネルギー／自然環境／個体群研究／農業とその代償／人為的な影響／用語解説・資料

❸ 進化と遺伝　Evolution and Genetics
監訳／太田次郎　訳／長神風二，谷村優太，溝部　鈴　(ISBN 978-4-254-10623-7 C3340)

［内容］生命の構造／生命の暗号／遺伝のパターン／進化と変異／地球上の生命の歴史／新しい生命をつくること／人類の遺伝学／用語解説・資料

❹ 化学の世界　Chemistry in Action
監訳／山崎　昶　訳／宮本惠子　(ISBN 978-4-254-10624-4 C3340)

［内容］原子と分子／化学反応／有機化学／ポリマーとプラスチック／生命の化学／化学と色／化学分析／用語解説・資料

❺ 物質とエネルギー　Matter and Energy
監訳／有馬朗人　訳／広井　禎，村尾美明　(ISBN 978-4-254-10625-1 C3340)

［内容］物質の特性／力とエネルギー／電気と磁気／音のエネルギー／光とスペクトル／原子の内部／用語解説・資料

❻ 星と原子　Stars and Atoms
監訳／桜井邦朋　訳／永井智哉，市來淨與，花山秀和　(ISBN 978-4-254-10626-8 C3340)

［内容］法則の支配する宇宙／ビッグバン宇宙／銀河とクエーサー／星の種類／星の生と死／宇宙の運命／用語解説・資料

❼ 地球と惑星探査　Earth and Other Planets
監訳・訳／佐々木晶　訳／米澤千夏　(ISBN 978-4-254-10627-5 C3340)

［内容］宇宙から／太陽の家族／熱エンジン／躍動する惑星／地学的なジグソーパズル／変わりゆく地球／はじまりとおわり／用語解説・資料

絶滅危惧動物百科（全10巻）

■自然環境研究センター 監訳

A4変型判　120頁　各定価4,830円（本体4,600円）

- 過去に絶滅したか，現在，絶滅のおそれのある世界の代表的な野生動物414種について，その生態や個体数などの基本情報とともに，絶滅のおそれを高めている原因や，絶滅を回避するための対策，野生動物の保全などについてやさしく解説したカラー図鑑シリーズ。中学生レベルから理解できるようにやさしく，わかりやすく解説。
- 第1巻で，絶滅危惧動物に関する総説をわかりやすく解説し，第2巻から第10巻までに，野生動物ごと見開き2頁で解説。
- 第2巻以降の配列は，日本語動物名の五十音順とした。
- 掲載動物：哺乳類181種，鳥類100種，魚類43種，爬虫類40種，両生類20種，昆虫・無脊椎動物30種

海をさぐる（全3巻）

■T.デイ 著

A4判　各定価4,095円（本体3,900円）

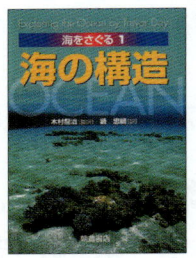

- 重要だけれどもあまり知られていない海の魅力を，海底の移動からエル・ニーニョ現象といったそのメカニズム，熱水噴出孔に生息する不思議な生物からイルカやクジラまでの大小の動植物，海を舞台にした人間の営みとその歴史，などの側面から225枚以上の写真・図表・地図を掲載しながら紹介する。

1. 海の構造　木村龍治 監訳/藪 忠綱 訳　96頁　(978-4-254-10611-4)
2. 海の生物　太田　秀 監訳/藪 忠綱 訳　84頁　(978-4-254-10612-1)
3. 海の利用　宮田元靖 監訳/藪 忠綱 訳　88頁　(978-4-254-10613-8)

海の動物百科（全5巻）

◎第10回 学校図書館出版賞 特別賞 受賞◎

A4判　88～104頁　各定価4,410円（本体4,200円）

- The New Encyclopedia of Aquatic Life (A. Campbell & J. Dawes eds.) の翻訳。
- 動物たちの多様な外観に目をみはる美しい写真とイラストを豊富に収載。
- 各分類群ごとに形態・体制・生態・分布・食性などの特徴を解説。関連する淡水生種・陸生種を含む膨大な海産動物種を紹介。

1. 哺　乳　類　大隅清治 監訳　　　　　(978-4-254-17695-7)
2. 魚　類　Ⅰ　松浦啓一 監訳　　　　　(978-4-254-17696-4)
3. 魚　類　Ⅱ　松浦啓一 監訳　　　　　(978-4-254-17697-1)
4. 無脊椎動物Ⅰ　今島　実 監訳　　　　(978-4-254-17698-8)
5. 無脊椎動物Ⅱ　今島　実 監訳　　　　(978-4-254-17699-5)

図説 哺乳動物百科（全3巻）

■遠藤秀紀 監訳

A4変型判　84～88頁　各定価4,725円（本体4,500円）

- "MAMMAL"の翻訳。
- 美しく躍動感あふれるカラー写真を豊富に掲載。
- 世界の主な哺乳類を，地域ごとに生息環境から分布，食性，進化，環境への適応，人間との関わりまでやさしく解説。
- 魅力的な野生動物たちにまつわるコラムを多数収載。
- 野生動物保護などの環境問題にも言及し，進化・分類に関しては最新の学説も盛り込んだ。

1. 総説・アフリカ・ヨーロッパ　(978-4-254-17731-2)
2. 北アメリカ・南アメリカ　　　(978-4-254-17732-9)
3. オーストラレーシア・アジア・海域　(978-4-254-17733-6)

生命と地球の進化アトラス（全3巻）

■小畠郁生 監訳

A4変型判　148頁　各定価9,240円（本体8,800円）

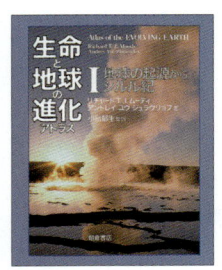

- 魅力的なイラストや写真をオールカラーで多数掲載。生物学や地学の予備知識がなくても理解できる。
- 年代順の構成で，各章冒頭にキーワード，年表，大陸分布図を，章末にはその時代に特徴的な生物の系統図を記載しているので，地球の歴史の流れが自然に把握できる。

Ⅰ. 地球の起源からシルル紀　(978-4-254-16242-4)
Ⅱ. デボン紀から白亜紀　　　(978-4-254-16243-1)
Ⅲ. 第三紀から現代　　　　　(978-4-254-16244-8)

身体装飾の現在（全3巻）

■井上耕一 写真・文

B4判　オールカラー

- 伝統と近代化のはざまで変わりゆく"装いの風景"。服飾，装身具，髪型からボディペインティング，刺青まで少数民族がいまに伝える豊穣な装飾表現の世界を収めた写真集。

1. 人類発祥の地にいま生きる人々 —アフリカ大地溝帯エチオピア南西部—
   216頁　定価12,600円（本体12,000円）　(978-4-254-10681-7)
2. インド文明に取り込まれた人々 —インド・ネパール—
   218頁　定価10,290円（本体9,800円）　(978-4-254-10682-4)
3. 国境に分断されている山地民 —中国・ベトナム・ラオス・タイ・ミャンマー—
   224頁　定価10,290円（本体9,800円）　(978-4-254-10683-1)

朝倉書店　〒162-8707　東京都新宿区新小川町6-29／振替00160-9-8673
電話 03-3260-7631／FAX 03-3260-0180
http://www.asakura.co.jp　eigyo@asakura.co.jp

中生代

遠くの山脈からほとんど気付かない程度の斜面を蛇行しながら流れ下った銀白色の網状流路（braided streams）は，互いに合流し，再び分岐し，泥深い島と砂州のある広い平原を生んだ．流れのゆるい河川の岸沿いにはトクサ類が密生し，出現した砂州自体には扇のような葉を持つシダ類の茂みがあった．より永続的な川岸には，シダ類の下生えを伴う針葉樹類とイチョウの森林があった．細い帯状になった川岸の森林のかなたには，砂漠の光景が広がっていた．

南アフリカの
モレント（Molento）層と
下部エリオット
（Lower Elliot）層から
産出した化石は
三畳紀の生物を示す．

三畳紀後期のゴンドワナのこの地域は，今は，南アフリカのカルー地方として知られており，現在は高い台地の陸地になっている．しかし，当時は，超大陸の南端沿いの山脈から河川が流れ下るにつれて典型的な赤色岩層を造り，沈降物の堆積する堆積凹地だった．河川は最終的には合流し，大陸南方の中心部にある内陸流域で蒸発した．

植生が育つ所では動物が繁栄した．恐竜類の時代の始まりで，その後1億6000万年間，恐竜類は陸を支配したが，ここでは恐竜類の優勢とはほど遠かった．河川の岸辺の軟らかい泥は，巨大な植物食動物の先駆者だった初期の古竜脚類など，水を飲みに来る不注意な動物を罠にかけた．恐慌を来した古竜脚類がたてる音は，森林の狩猟者や腐食動物を身構えさせた．浅い水の中を，ゆっくり泳ぎながら，古生代後期の主要な水生捕食者であり，幅広の体形を持つ全長4mの両生類が姿を見せた．陸上では，この場面の最初の狩猟者は陸生のワニ類に似たラウイスクス類だったが，これもすぐに姿を消した．小型獣脚類の恐竜の一群が，屍肉を食べるためにその背後を走っていた．この子孫は後の時代には群れで狩りをするようになる．

1　ギンゴフィトプシス
　　（扇のような葉を持つシダ類）
2　エクイステウム
　　（トクサ類）
3　リッシキア（針葉樹類）
4　カピトサウルス類の両生類
5　エウスケロサウルス
　　（古竜脚類の恐竜）
6　バストドン（ラウイスクス類の爬虫類）
7　獣脚類の恐竜
8　トンボ

三畳紀

現代の爬虫類

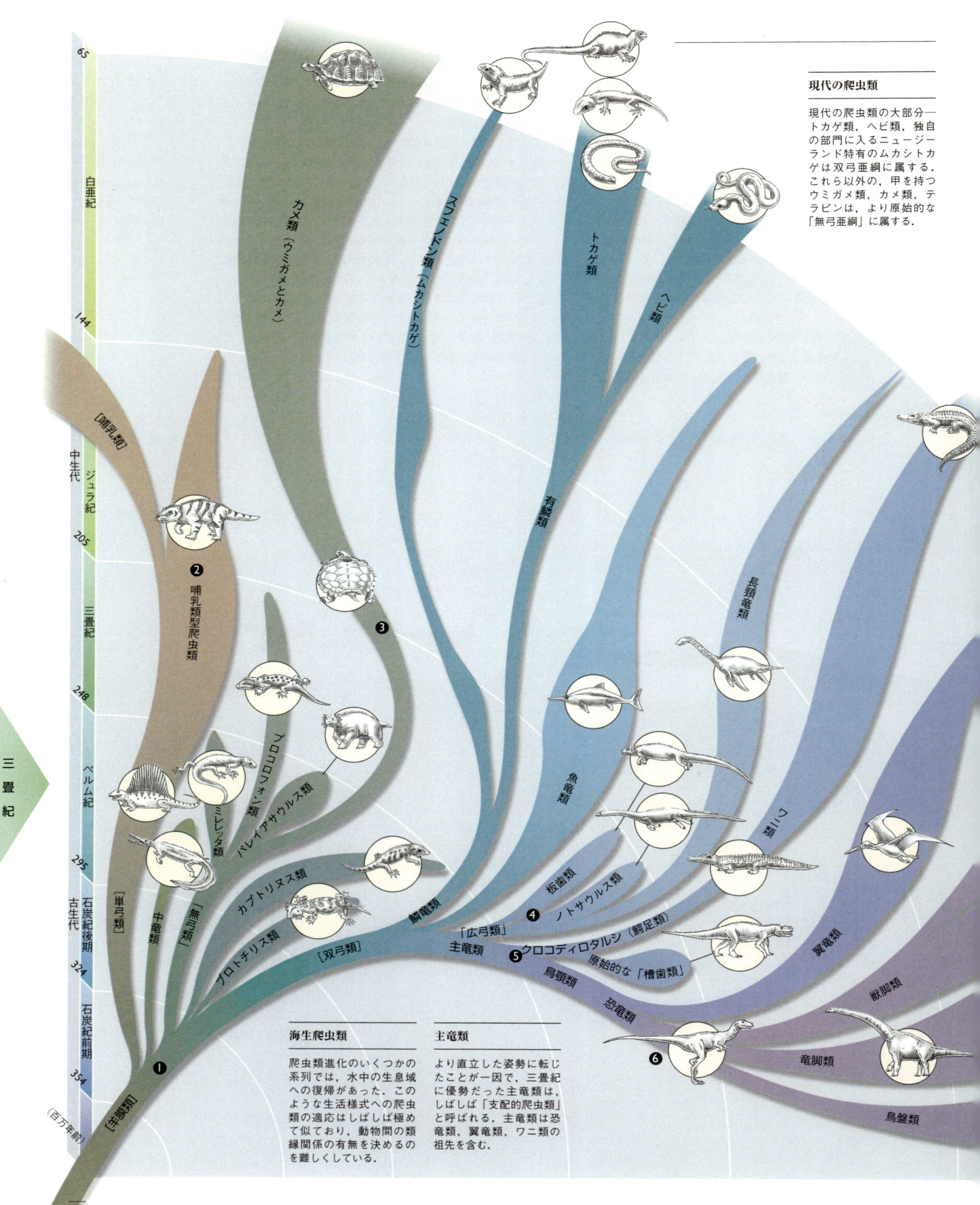

現代の爬虫類の大部分―トカゲ類，ヘビ類，独自の部門に入るニュージーランド特有のムカシトカゲは双弓亜綱に属する．これら以外の，甲を持つウミガメ類，カメ類，テラピンは，より原始的な「無弓亜綱」に属する．

海生爬虫類

爬虫類進化のいくつかの系列では，水中の生息域への復帰があった．このような生活様式への爬虫類の適応はしばしば極めて似ており，動物間の類縁関係の有無を決めるのを難しくしている．

主竜類

より直立した姿勢に転じたことが一因で，三畳紀に優勢だった主竜類は，しばしば「支配的爬虫類」と呼ばれる．主竜類は恐竜類，翼竜類，ワニ類の祖先を含む．

時代区分（左端，百万年前）
中生代：白亜紀 65／ジュラ紀 144／三畳紀 205／248
古生代：ペルム紀 295／石炭紀後期 324／石炭紀前期 354

系統名
[哺乳類]／哺乳類型爬虫類／[単弓類]／中竜類／[無弓類]／ミレッタ類／ハレイアサウルス類／プロコロフォン類／カメ類（ウミガメとカメ）／カプトリヌス類／プロトチリス類／[双弓類]／鱗竜類／スフェノドン類（ムカシトカゲ）／トカゲ類／ヘビ類／有鱗類／板歯類／ノトサウルス類／魚竜類／長頸竜類／「広弓類」／主竜類／クロコディロタルシ（鰐足類）／原始的な「槽歯類」／鳥頸類／ワニ類／翼竜類／恐竜類／獣脚類／竜脚類／鳥盤類／[羊膜類]

❶ ❷ ❸ ❹ ❺ ❻

三畳紀

爬虫類の進化

爬虫類は石炭紀後期に両生類から進化し，2億2000万年以上にわたって地球を支配し，地球にかつて存在した最も驚くべき生物形態を生みだした．彼らは森林ができたばかりの石炭紀の陸上生息地を利用するために進化し，そこに生息する新しい種類の昆虫類や植物を餌にした．両生類も変化を始めていたが，水生の幼生段階を経ずに乾燥した陸地で一生を過ごした最初の脊椎動物グループは爬虫類だった．

爬虫類にこれができたのは防水の卵を進化させたことによるもので，卵の中で，個々の幼体はいわば独自の自給自足の池の中で成長した．両生類にとって，小さな胚は陸上では自分の身体を支えられないため，水生の幼生段階が物理的に必要だった．仮に支えられたとしても，表面積と質量の比は，あまりにも簡単に乾いてしまうことを意味するだろう．この制約も，保護してくれる卵の中で初期発達が行われることによって克服された．

爬虫類の卵には胚の栄養分になる卵黄と，老廃物を貯める尿膜という構造が含まれる．生活物資の周りには羊膜と呼ばれる膜があり，羊膜には流体が入っているが，気体は通過できる．硬い，あるいは革のような外側の卵殻が保護の役割をする．これらの重要な発達が爬虫類の卵を魚類や両生類の卵と区別し，繁殖能力の点で爬虫類に大きな利点を与えた．

爬虫類の子孫たちの異なる進化系列の中から温血性が独自に発達したが，爬虫類は冷血である．乾いた鱗状の皮膚を持ち，卵は雌の体内で受精する．約3億2000万年前に出現した後，爬虫類は化石記録に知られる複数の主要なグループへと急速に発展した．爬虫類の分類に用いられる基準は頭骨の構造，特に目のすぐ後ろにある骨と骨の間の間隙の配置にある．これらの間隙の機能的な重要性としては，顎の筋肉の付着が含まれる．

爬虫類は陸上で生きられたという事実があったにもかかわらず，進化史上，多くのグループが時々水中の生活に回帰した．少なくとも，魚竜類という1つのグループでは，水生の生活へ戻ることに卵の段階を放棄することさえ含み，幼体の形で産まれるという繁殖体制を採るようになった．卵は寒さに弱いので，このことは北方の気候下では利点である．現代の爬虫類の大部分は卵から幼体の状態で産んでいる．

誰の赤ちゃん？

化石化した卵と，それを産んだ動物を適合させるのはほぼ不可能である．この卵を産んだのはおそらく竜脚類の恐竜だが，当時生息したエミューのような大型鳥類が産んだとも提唱されている．この卵には，独自の属種名ドゥギウーリトス・シルグエイ（*Dughioolithus siruguei*）が付いている．

爬虫類のグループ

最も原始的な亜綱は「無弓類」で，目の後ろに頭骨の窩（apse）が無い．ウミガメ類とカメ類はペルム紀の「無弓類」の唯一の生き残りである．単弓類は盤竜類などの哺乳類型爬虫類を含み，三畳紀末に哺乳類を生んだ．今では絶滅している「広弓類」は，中生代の成功した海生爬虫類の大部分を含む，板歯類，魚竜類，可能性として頸の長いノトサウルス類と長頸竜類である．双弓類は恐竜類と現代の爬虫類の大部分を含む．

訳注：カメ類は，近年では分子生物学的データや卵の特徴からも，二次的に側頭窓を失った双弓類であるとされる．また，「無弓亜綱」自身が人為分類群でほとんど使われなくなった．さらに「広弓亜綱」も双弓亜綱の祖先から二次的に派生したものと考えられており，使用されなくなった．

爬虫類の頭骨

眼窩の後ろにあるアーチ形の窩（apse）により，爬虫類は4つの亜綱に分類されていた．「無弓類」には窩が無く，単弓類には中央に大きな窩が1つあり，双弓類には2つの窩があり*，「広弓類」には上方に1つの窩がある．（*訳注：上部頭窓は頂部にあるので右図では見えない．）

1. 羊膜卵の発達
2. 温血性が哺乳類の前兆となる
3. 三畳紀後期，成功した耐久性ある甲という新機軸をもって，ウミガメ類が登場する
4. 「広弓類」のグループが海の環境に再適応する
5. 主竜類のエウパルケリア（*Euparkeria*）は半直立歩行を達成した最初の四肢動物である
6. 鳥頸類が直立二足姿勢を発達させる

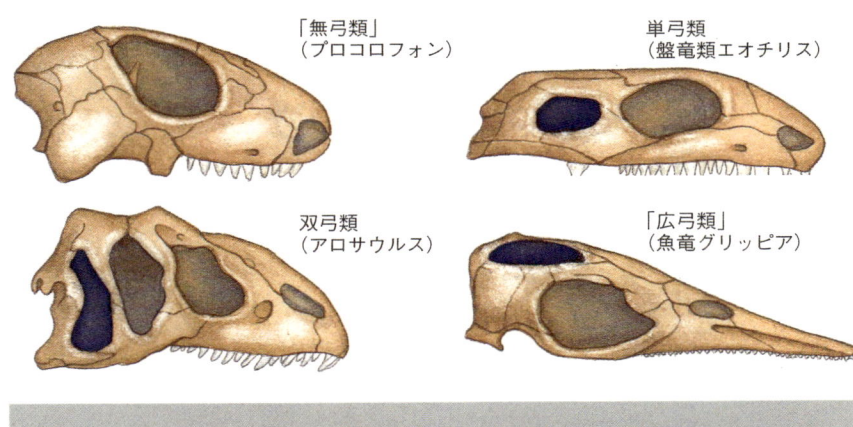

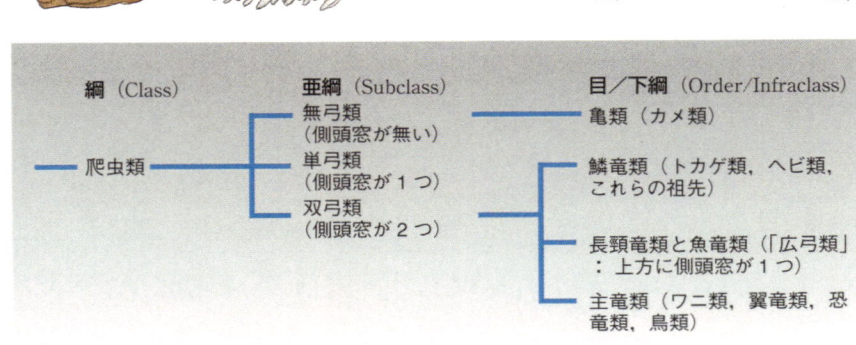

「無弓類」（プロコロフォン）
単弓類（盤竜類エオチリス）
双弓類（アロサウルス）
「広弓類」（魚竜グリッピア）

綱（Class）	亜綱（Subclass）	目／下綱（Order/Infraclass）
爬虫類	無弓類（側頭窓が無い）	亀類（カメ類）
	単弓類（側頭窓が1つ）	鱗竜類（トカゲ類，ヘビ類，これらの祖先）
	双弓類（側頭窓が2つ）	長頸竜類と魚竜類（「広弓類」：上方に側頭窓が1つ）
		主竜類（ワニ類，翼竜類，恐竜類，鳥類）

ジュラ紀

2億500万年前から1億4400万年前

　中生代の始まりまでに，巨大なパンゲア超大陸は最終的に完成していたが，すぐに再び分裂し始め，結局，今日の諸大陸になる陸塊に分裂した．これは突然起こったのではなく，約1億5000万年にわたって段階的に起こったもので，次の新生代まで続いた．諸大陸が分離するにつれ，大陸の間の割れ目に海水が流れ込み，今日の地球でなじみのある海洋を形成した．ジュラ紀（Jurassic）の間，海水面は高く，大きな大陸の場合でも，それまで乾燥していた内陸部に湿度の高い熱帯性気候が生み出された．この時代の大部分の化石はアンモナイト類などの海生動物のものである．これらの動物は極めて豊富で進化が速かったため，ジュラ紀全体を対比するための基礎になっている．しかし，一般的には，中生代は爬虫類時代の全盛期という確としたイメージがある．海成堆積物には，長頸竜類や魚竜類などの巨大な海生爬虫類の化石がある．ジュラ紀の陸成堆積物ははるかに少ないが，すべての中で最も魅力的な爬虫類化石を含んでいる——あの無比で多様なグループ，恐竜類の化石である．

　ジュラ系は，往時はこの名称で知られていたわけではないが，公式に地質図化され分類されるようになった最初の層序単位である．英国の技師ウィリアム・「ストラタ（地層屋）」・スミス（William "Strata" Smith）は，18世紀の終わり頃，イングランド南部と中央部に水路を造っていた際，彼の作業員たちが掘っている異なった岩石層に異なった組み合わせの化石が含まれていることに気づいた．スミスはある特定の化石群集はそれがどこで出てきたにせよ，ある特定の岩石層を同定するために使えることを悟った．「動物相更新の法則」（law of faunal succession）として知られることになった概念を用いたのは彼が最初で，この概念は層序学の基礎の1つとして今日も残っている．1797〜1815年，スミスは最初の地質図を編集し，異なる時代の露頭を異なる色で表した．この全作業の行われたのがジュラ系だった．

> 早くも1795年には，ジュラ紀の特徴的な石灰岩がスイスと英国で認められた．

　「ジュラ紀（Jurassic）」という名前はスイス北部のジュラ山脈（Jura Mountains）に由来する．アレクサンダー・フォン・フンボルト（Alexander von Humboldt）は，1795年，そこの石灰岩の露頭を記述するために「ユラ・カルクシュタイン（ジュラの石灰岩）」という用語を発表した．ジュラ紀として分類されることになる岩石層序は，本来，「ライアス」および「ウーライト」として石切り工の間で知られていた．ライアス——ドーセットの石切り工の用語で「層」を意味する——は石灰岩と粘土の互層から成り，イングランドの南部から北東部にわたって露出していた．ウーライトはライアスの上にある厚い層状の石灰岩——非常に良い建材——から成り，同じ成層岩の層に沿って国中に及んでいた．石炭系を認め命名したコニビア（Conybeare）とフィリップス（Phillips）はこれをウーライト統と呼んだ．1829年，フランスの地質学者アレクサンドル・ド・ブロニアール（Alexandre de Brongniart）はヨーロッパ本土のウーライトの露頭に対し，「ジュラ紀層」という用語を用いた．ヨーロッパ内では，ジュラ系は今日認められている3つの性質の異なる部分に簡単に分類できる——昔の石切り工のライアスに相当するライアス統（Lias），ウーライトの下

キーワード

- 被子植物
- 始祖鳥
- 方解石
- 食物網
- 地溝
- 裸子植物
- 六放サンゴ類
- ウーライト
- 鳥盤類
- 大地溝
- 竜盤類
- 真骨魚類
- 三重会合点

		三畳紀	205（百万年前）	200	195	ジュラ紀 190	185	180
ジュラ紀	統				下部（ライアス）			
	一般的な階		ヘッタンギアン	シネムリアン	プリーンスバッキアン	トアルシアン	アーレニアン	バジョシアン
	地質学的事件		パンゲアが分裂し始める		北アメリカ，アフリカ，メキシコ湾の間に広範囲な大地溝帯			
	天候					引き続き温暖		
	海水準			浅い，上昇				
	植物		シダ種子類が姿を消す				裸子植物相が優勢，特にソテツ類	
	動物		六放サンゴ類が大きな礁を形成	●最初のカエル類		恐竜類の全盛期		●最後の獣弓類

中 生 代

海洋底拡大および海洋の時代

海洋底の最も古い部分はおよそ1億8000万年前のものと年代決定されており，このことがそれがジュラ紀に形成されたことを意味する．1960年代の深海調査により海洋地殻は，毎年約3.5km²の割合で新しい地殻が形成される海嶺で最も新しく，大陸の周縁付近で最も古いことが明らかになった．これは海洋底拡大の結果で，この仕組みは1960年にアメリカの地質学者ハリー・ヘス（Harry Hess）によって提唱された．海洋底は溶けた溶岩が地球のマントルから湧き上がる海嶺で造られる．溶岩は冷たい海に反応し，大陸地殻より高密度で重い海洋地殻を形成する．ベルトコンベヤーのような働きで，地殻は海嶺から側方に離れ，両側の大陸の方へ運ばれる．冷えるにつれ，地殻は収縮して沈み，堆積物が層状になった深い海盆を形成する．この説で，海洋底の年代が比較的新しいことと，海の下に海山がある理由の説明がつく．北極から南極までの湾曲した南北軸に沿う巨大な大西洋中央海嶺は，パンゲア超大陸が現在の北アメリカとアフリカの間にある割れ目——太古のローレンシア大陸とゴンドワナ大陸がつながった所——沿いに「開き」始めたジュラ紀前期に形成が始まった．

部に相当するドッガー統（Dogger），本質的にウーライトの中部と上部になるマルム統（Malm）である．1842～1849年，ヨーロッパの他の地質学者たちがこの3つの部分の中に11の階を同定し，それぞれは最初に同定された場所に因んで命名された．

ジュラ系全体で海生化石が非常に多く多様だったことは，その生層序学の設立が速かったことを意味した．使われた示帯化石（zone fossil）は主としてアンモナイト類で，アンモナイト類は進化が速く，広域に分布した．ジュラ紀の一連の地層の各階にはいくつかのアンモナイト帯があり，今日広く使われている区分は1946年に確立された．

ジュラ紀の始まりは，三畳紀末の大量絶滅からの回復で区分される．境界にはレーチックと呼ばれる狭い一連の地層がある．地質学の歴史を通して，レーチックは三畳紀かジュラ紀かという論争があったが，現行の分類ではレーチックを三畳紀末に置いている．同様に，イングランド南部ドーセット，ジュラ紀層の一番上にあるパーベックに関する論争もある．淡水成堆積物であるため，適切な区分を可能にする海生化石をまったく欠くが，今では，ジュラ紀・白亜紀境界にまたがるものと考えられている．

ジュラ紀を特徴づけたのは地球の大部分に及んだ穏やかな熱帯性気候で，このため，陸と水の両方で一層多様な生物が繁栄した．植物プランクトン（phytoplankton）の新しい種が海で出現し，新しいサンゴ類が広大な熱帯性の礁を形成した．ジュラ紀はソテツ類，針葉樹類，イチョウ類などの裸子植物（gymnosperms）——花を持たない種子植物——の時代だった．シダ種子類（seed ferns）はジュラ紀の間に絶滅したが，新しい裸子植物は繁栄を続け現在に至っている．これに加え，ジュラ紀は爬虫類の時代でもあり，様々な動物が陸，水，そして空をも支配した．知られる最初の鳥類である始祖鳥（Archaeopteryx）に加え，最初のカエル類と現代の魚類が登場した．始祖鳥は，その有名な類縁動物である恐竜類と多くの特徴を共有し，好奇心をそそる標本である．

> 恐竜類は最大で最も成功を収めていたものの1つではあるが，ジュラ紀で重要な唯一の種類ではなかった．プランクトン，松の木，カエル類，鳥類や現代の魚類の最初のものも重要だった．

中生代の中間

中生代の中間にあたるジュラ紀はほぼ6100万年続き，三畳紀の倍の長さだが，白亜紀ほどは長くない．ジュラ紀は単一の超大陸パンゲアの分裂と，その結果として起こった地球全域での新しい海の発達に影響され，特に変化の速い時代だった．ジュラ紀中に，世界の自然地形が現在の輪郭を帯びるための舞台が整えられた．鳥類やカエル類から松の木に至るまでの，なじみある生物も初めて登場した．

参照

石炭紀前期：石灰岩
三畳紀：パンゲア，爬虫類
白亜紀：恐竜類と大量絶滅，顕花植物
第I巻，地球の起源と特質：地殻，マントル，海洋
第I巻，始生代：先カンブリア時代の海底

| 170 | 165 | 160 | 155 | 150 | 144 | 白亜紀 |

中部（ドッガー） / 上部（マルム）

バトニアン / カロビアン / オックスフォーディアン / キンメリッジアン / ティトニアン

メキシコ湾と北大西洋が開く
ゴンドワナ東部と西部が分離
北アメリカ西部でネヴァダ造山運動
南大西洋が開く
マダガスカルがアフリカから分裂

無酸素の海

中位，上昇　／　変動

●最初のグロビゲリナ類のプランクトン　●最初の真骨魚類　●最初の鳥類　海生生物の30%が絶滅

ジュラ紀

パンゲアは分裂し始めていた．諸大陸を合体させた力が，今ではそれらの大陸を引き離すように働き始めており，すでに三畳紀末以前でさえその歪みが感じられつつあった．大地溝帯が現れ，超大陸上で交差した．超大陸が分裂し，現代の諸大陸になる最初の表れである．ジュラ紀前期には，巨大な大陸は大陸を横切って伸びるジグザグの割れ目で分裂し始めた．溶けた岩石がマントルから湧き上がるため，これらの割れ目は大量の溶岩流出物の存在する現場になることもしばしばだった．南アフリカ，三畳紀のカルーの景観は，1000 m 以上ある玄武岩の溶岩の下に埋まった．

> パンゲアが超大陸だったのは数百万年にすぎなかった．諸大陸が分離すると共に，大西洋とカリブ海の海盆が開き始めた．

最も重要ないくつかの地溝が現在の北アメリカ，南アメリカとアフリカの間に現れ，これらの大陸を隔て，また，南アメリカとアフリカ間の境界全長にわたって伸びていた．その他の地溝は，アフリカをインドとオーストラリアから隔てることになる線沿いと，北アメリカとヨーロッパ間の現在の北大西洋の場所沿いに発達していた．グリーンランドも北アメリカから離れ始めたが，この過程は他の諸大陸については完結されなかった．古地磁気データは，ジュラ紀の間に，諸大陸も現在とほぼ同じ緯度を占めるようになったことを示唆しているが，向きが僅かに変わっていたものもいくつかある．

南方の諸大陸が極から離れる方向へ漂移し始めると共に，氷河が解けたことに起因する可能性もあるが，海水面が上昇していった．その上昇中の海面は，諸大陸間の地溝が海側の端から浸水して氾濫し，ゆっくり広がりながら幼年期の海洋を形成しつつあったことを意味する．今日の3つの最大の海洋，大西洋，太平洋，インド洋である．地球の地形は地図で見慣れた形を見せ始めていた．

テーチス海は大陸間に楔を打ち込むように，北アメリカをアフリカから隔てつつある地溝に広がった．この大地溝は周期的に氾濫し，現在のメキシコ湾を構成する地域に塩と蒸発岩の厚い層を堆積させ，完全に干上がった．その間，北アメリカの西海岸も北と西から氾濫が進んでいた．

テーチス海の両側にある低地域の多くは水没し，ヨーロッパ南部の石灰岩の景観は被われ，鎖状につながる低い島々がこの浅い海域を横切って広がった．ヨーロッパ北部も氾濫した．海水はグリーンランドとスカンジナビアの間の地溝を通り北から流れ込んだ．ペルム紀と三畳紀の赤色岩層はライアス統，つまり，ジュラ系下部の頁岩と石灰岩に置き換えられつつあった．

ゴンドワナは地溝で大陸がこじ開けられつつあったにもかかわらず，依然としてゴンドワナだった．北アメリカとアフリカは両者がつながった接合線——古いヘルシニア山脈沿いにゆっくり離れつつあったが，アフリカと南アメリカは次の白亜紀まで繋がったままだった．ゴンドワナの北東縁沿いで，後にヒマラヤ山脈の一部になった2つの大きな大陸片が分離し，テーチス海の広い東方の端を横切り，北へ漂移し始めていた．

西では，鎖状につながる島々と大陸片が，まだパンゲアの西縁沿いにあった沈み込み帯上に集まりつつあった．最終的に，これらは海岸の山脈と結合し，今日のその地域の相当部分を成す「異地性テレーン」(exotic terrane，既存の大陸の，はるかに大きな陸塊に付加した岩石圏の塊)を生んだ．これは北アメリカの西海岸沿いに特にあてはまり，そこでは数十ものこのようなテレーンが西部のコルディレラ山系のほぼ4分の3を構成している．ネヴァダ造山運動とも呼ばれるこの過程で，北アメリカの西海岸に300 km もの陸塊が加わったと考えられている．

巨大なテーチス海に加え，地域に限定された各海洋は，ジュラ紀の諸大陸の中心部まで湿った温帯性気候をもたらした．数千万年の間不毛のままで来た大陸内陸部

> 新しくできた海洋からの水分は，ジュラ紀の諸大陸に絶大な影響を及ぼした．長い間，海岸の周縁に限られていた植物は，今や内陸部にも広がり，急速に繁茂した．

の巨大砂漠のような広大な地域でさえ，植物が快適な環境に広がり，そこで多様化すると共に，緑に変わり始めていた．ジュラ紀前期から知られる多くの化石植物相は，世界全体が亜熱帯気候の恩恵に浴していたことを示唆している．規則的な氷結が起こる気候では生き延びられなかったであろうジュラ紀のシダ類化石が極めて高緯度で発見されたことが示すように，赤道と極の温度差はあまり無かった．

南北アメリカの分離

メキシコ湾が開くにつれ，南北アメリカ間の陸のつながりが途切れた．浅いサンダンス海が北アメリカの南西部を覆った．

サンダンス海
モリソン前縁盆地
パンサラッサ（古太平洋）

- アフリカと中東
- 南極
- オーストラリアとニューギニア
- 中央アジア
- ヨーロッパ
- インド
- 北アメリカ
- 南アメリカ
- 東南アジア
- その他の陸地

ジュラ紀

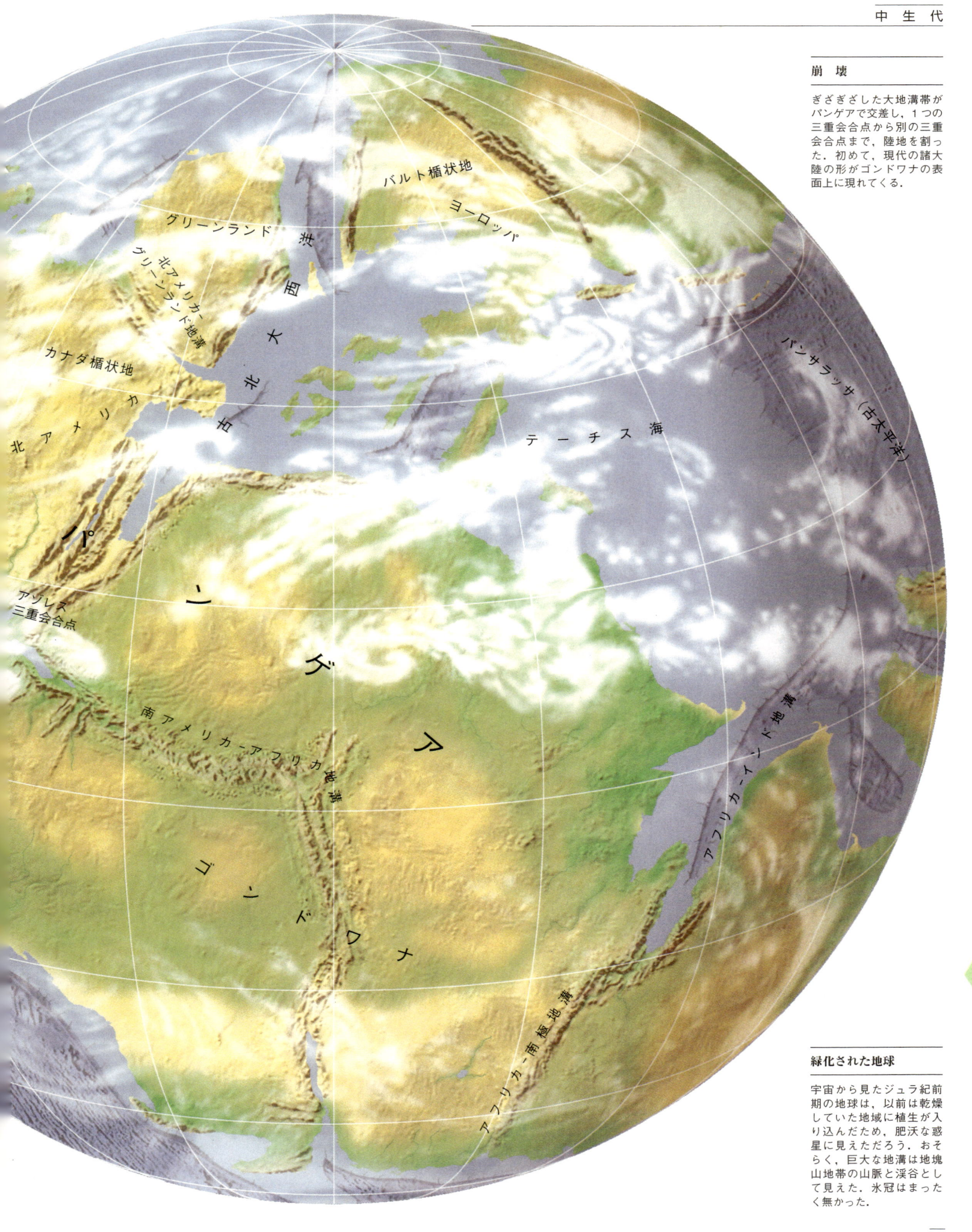

中生代

崩壊

ぎざぎざした大地溝帯がパンゲアで交差し，1つの三重会合点から別の三重会合点まで，陸地を割った．初めて，現代の諸大陸の形がゴンドワナの表面上に現れてくる．

ジュラ紀

緑化された地球

宇宙から見たジュラ紀前期の地球は，以前は乾燥していた地域に植生が入り込んだため，肥沃な惑星に見えただろう．おそらく，巨大な地溝は地塊山地帯の山脈と渓谷として見えた．氷冠はまったく無かった．

PART 4

パンゲアに地溝帯が発達した所はどこであれ，その亀裂の形は，地表を引き離しつつある地殻下での動きの結果だった．マントル中の対流は地殻に向かって上昇し，地殻を持ち上げ，地表にひびを入れた．典型的には，亀裂は一点から放射状に広がり，通常は 3 つの主要な枝を造り，個々の枝は岩石圏プレート間の境界を表す．この過程が続くにつれ，これらの地溝帯の 2 つが連続的な広い谷に発達し，近くにある三重会合点 (triple junction) からの地溝と合体し，大陸を横断して連続的なジグザグに走る大地溝帯を形成する．部分的にしか発達しないままになった 3 つ目の地溝帯を，地質学者たちは「取り残された地溝帯」と呼ぶ．世界で最も長い 2 つの河川——アマゾン川とミシシッピ川はパンゲアが分裂した所にあり，このような行き止まりの地溝帯で形成された谷を流れている．

現代の紅海 (Red Sea) は氾濫した大地溝帯——幼年期の海洋である．北の端では三重会合点で分岐し，より小さい 2 つの地溝帯であるスエズ湾 (Gulf of Suez) とアカバ湾 (Gulf of

> パンゲアの地溝運動は，各プレートが衝突して超大陸を合体させた会合点沿いに発達した．現代の地溝運動はアラブ半島がアフリカから分離している所で見られる．

凡例（地図）
- 北アメリカ
- 西アフリカ
- 南アメリカ
- 広がりつつある地溝
- 移動の方向
- 岩脈の群れ
- ケープベルデプルーム
- 陸域

三重会合点

（左）マントルが湧き上がって（ケープベルデプルーム）地表が隆起した結果，3 つの地溝ができた．北アメリカをアフリカと南アメリカから分離する 2 つの地溝と，南アメリカをアフリカから分離する地溝である．主要な地溝と共に，火成岩の岩脈もこの点から四方に広がった．海水がこれらの新しい谷を氾濫させ，若い大西洋を形成した．

大地溝

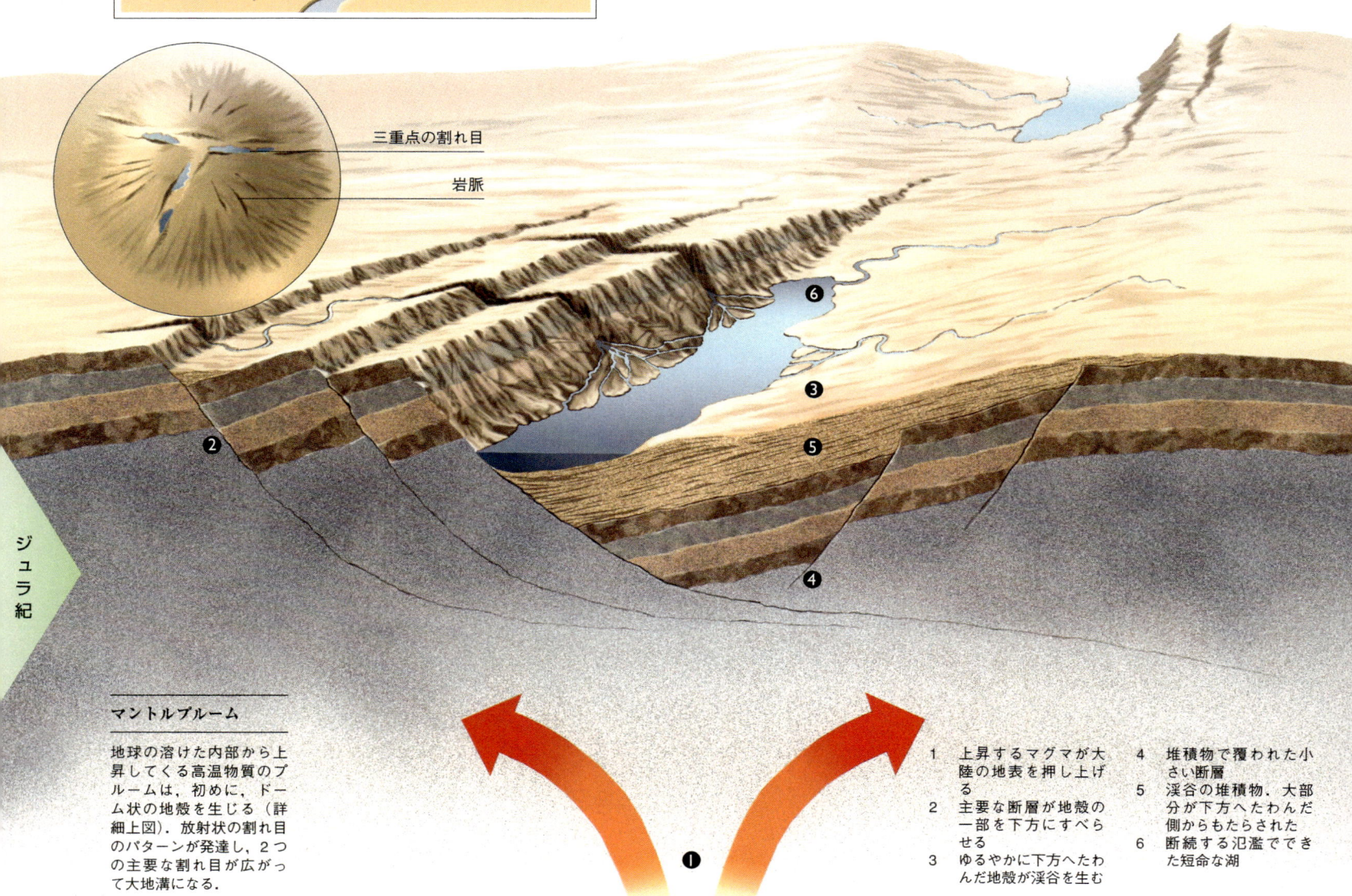

（下）大地溝と呼ばれる長く延びた凹地の片側は，断層崖が境界になっている．反対側，すなわち，ゆるやかに下方へたわんだ側の，より小さい断層は堆積物で覆われ，景観の特徴を造らない．現代の大地溝の断面は，ジュラ紀初めにゴンドワナを引き裂き始めた地溝の断面と同じ特徴を示す．

断面図ラベル
- 三重点の割れ目
- 岩脈
- ジュラ紀

マントルプルーム

地球の溶けた内部から上昇してくる高温物質のプルームは，初めに，ドーム状の地殻を生じる（詳細上図）．放射状の割れ目のパターンが発達し，2 つの主要な割れ目が広がって大地溝になる．

1. 上昇するマグマが大陸の地表を押し上げる
2. 主要な断層が地殻の一部を下方にすべらせる
3. ゆるやかに下方へたわんだ地殻が渓谷を生む
4. 堆積物で覆われた小さい断層
5. 渓谷の堆積物，大部分が下方へたわんだ側からもたらされた
6. 断続する氾濫でできた短命な湖

Aqaba）を形成している．後者は活発な大地溝帯としてヨルダン地溝帯（Jordan Valley）と死海（Dead Sea）を通って北に伸び，スエズ湾を取り残された地溝にしている．紅海の南端は，活発な地溝としてのアデン湾（Gulf of Aden）と，重要性は劣るがエチオピアのアファール（Afar）から南に延びる東アフリカの大地溝帯の北端と共に，他の三重会合点で出合っている．

1980年代まで，大地溝帯は比較的単純な構造で，大陸を引き離す張力によって生じ，張力が最大の所に現れ，張力方向に直交する断層を伴うものと想定されていた．大陸の塊がこれらの並行して走る断層の間に沈み，地溝と呼ばれる地質学的構造を生んで，地表ではこれが大地溝帯として見られる．より最近の研究，特に東アフリカのグレートリフトヴァレー（Great Rift Valley）での研究により，地溝は以前に考えられていたほど対称的ではないことが明らかになった．確かに断層は形成されるが，張力の線の片側にしか形成されない．反対側の物質はこれらの断層に対して下方にゆがみ，谷に見える凹地を生じる．

> 大地溝帯は
> 地溝と呼ばれる
> 構造上に見られる．
> そこでは，
> 1つの大陸塊が
> 別の大陸塊に対して
> 沈下している．

大地溝帯の底に集まる堆積物の大部分は，ゆるやかに下方へたわんだ側からのもので，河川によって運ばれたものである．断層のある側では，断層崖を通って峡谷をうがつ短い河川によって，堆積物がもたらされる．谷の地溝側での排水の大部分は谷から離れた所で起こり，しばしば，谷の方向に平行に走る大きな河川を生じる．現代の世界では，ナイル川が紅海の地溝と平行な方向に流れているが，側面に位置する地塊山地の向こうにある．

この地形——片側沿いに断層，反対側沿いに凹地——は大地溝帯沿いに数千kmも延びることがある．次に，構造が逆になり，断層と凹地の側が入れ替わる．これにより，大地溝帯は多数の盆地に切り分けられ，個々の盆地には湖があることもある．大部分の大地溝帯は大陸中央部でできるため，湖は蒸発し，小川や河川で運ばれた溶融鉱物は谷底に沈殿する．

現代の大地溝

ヨルダン川の大地溝は中東を北から南に切って走り，その南端で紅海と三重会合点で接している．死海とティベリアス湖（Lake Tiberias）は内陸流域にある短命な塩湖である．

大地溝帯の海寄りの端は海からの氾濫に開いていることがあり，このような場合にも，蒸発によって生じた鉱物の沈殿が起こる．大地溝帯と関連する三畳紀後期とジュラ紀前期の蒸発岩層（evaporite bed）が多数ある．蒸発により湖あるいは限定された湾に鉱物が沈殿する時，沈殿は同じ順序で起こる．海水が蒸発する時，最初に沈殿する鉱物は方解石質塩，すなわち炭酸塩で，これが石灰岩層のもとである．方解石質塩は水が当初の容積の15％に減るまでには

> 大地溝にある火山は，
> 溶岩噴出前に，
> その地域の大陸の
> 岩石を一部取り込むため，
> 組成が様々である．

すべてが取り除かれる．当初の容積の約20％で，硫酸カルシウムが沈殿し始める．溶けた鉱物の中で圧倒的に一番多い成分は，塩化ナトリウムすなわちふつうの塩で，当初の容積の10％で沈殿し始め，沈殿物質の大部分を生み出す．

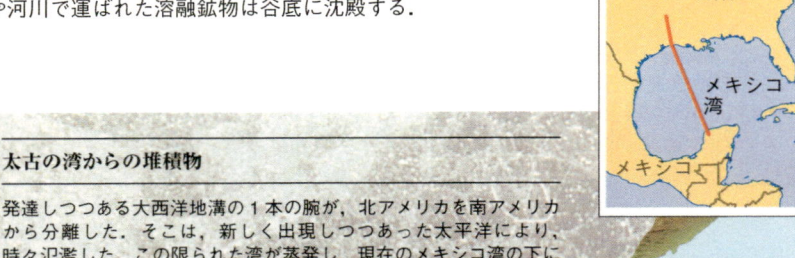

太古の湾からの堆積物

発達しつつある大西洋地溝の1本の腕が，北アメリカを南アメリカから分離した．そこは，新しく出現しつつあった太平洋により，時々氾濫した．この限られた湾が蒸発し，現在のメキシコ湾の下に横たわる岩塩の広大な堆積層で塩の層は覆われ，深く埋没した．結局，上部の堆積岩よりはるかに密度の低い塩は堆積岩中を上昇し始め，ダイアピルあるいは岩塩ドームと呼ばれる高いドーム状の構造を生んだ．個々のドームは押し上がるにつれ，すぐ近くにある層を引っぱり上げ，理想的な石油トラップになる堆積岩のポケットを生んだ．後にできた石油はこのようなトラップに移動し，そこで濃縮し，今日の石油産業の基盤を形成した．

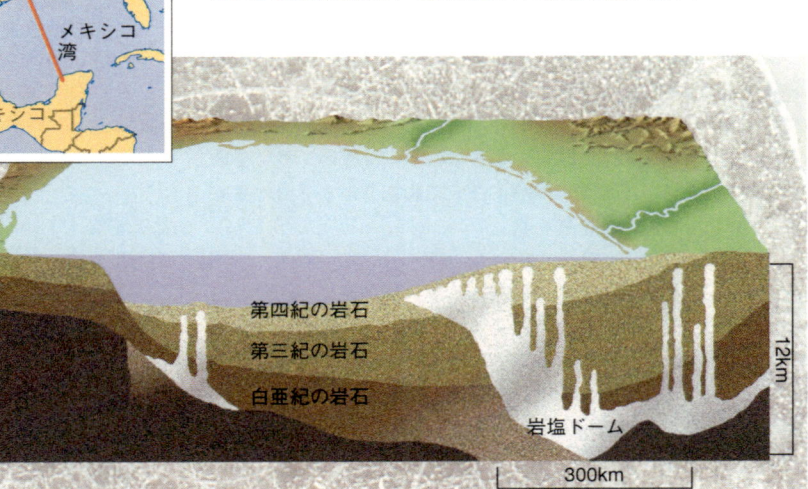

ジュラ紀

PART 4

時代と環境を表す化石

一緒に見つかるアンモナイトの集団（下の写真参照）は同じ種のものである傾向があり，当時の豊富さを表している．アンモナイト類は極めて速く進化したため，時代がより新しい，あるいは古い層には，異なる種のアンモナイトがある．この種の交替の速いことが生層序学——化石による地層の年代決定——の基礎になっている．アンモナイト類は水分条件の変化に極めて敏感だったため，異なる生息域には異なるグループが生息していた．主要な示準化石であるばかりでなく，アンモナイト類は太古の海洋環境の重要な指標生物である．

テーチス海の食物網

ジュラ紀の海の食物連鎖（右）は今日のものと同じくらい複雑だった．植物は日光を吸収し，自らの食物を作る．微小な植物と植物の残骸は小動物に食べられ，小動物はより大きい動物に食べられる．最大の肉食動物がこの連鎖の端に位置する．しかし，大型の肉食動物でさえ死ぬ．死体は腐敗し，一層の栄養分を供給し，食物連鎖に沿ってあらゆる種類の他の相互作用を生む．相互関連の程度がこれほど複雑な場合は，その体系は食物網と呼ぶのがふさわしい．

地溝運動の原因となるプレートテクトニクスの活動すべての点から考えると，火山が大地溝帯としばしば関連を持つもう１つの景観の特徴であることは驚くにあたらない．断層で生まれた弱線を通って，溶けた物質が地球の地殻基部とマントル最上部から上昇し，断層がある谷の縁の近くで地上に噴出する．火山は玄武岩の一種でマントル起源の溶けた物質を伴い，二酸化珪素（SiO_2）の割合は比較的低い．

しかし，溶けた物質は地殻を通って上昇する間に，通過する岩石の鉱物を取り込む傾向があり，その結果，地表の火山が噴火する時は様々なタイプの溶岩が生産されることがある．今日の東アフリカの大地溝帯には，鉱物の方解石が極めて多い溶岩を噴出するため，石灰岩に相当する火成岩を形成する火山さえある．かなり珍しい産状である．

ジュラ紀のテーチス海の縁にあった浅い陸棚海（shelf sea）は生物に満ちていた．脊椎動物に混じって，二枚貝類，腹足類や頭足類がいた．頭足類は様々な殻を持つ種類に発達した．その中で最も重要だったのが渦巻き状のアンモナイト類と，まっすぐでイカのようなベレムナイト類で，両者の化石はジュラ紀の岩石中に豊富である．アンモナイト類の大きさはボタン大からトラックのタイヤ大までと様々で，肋，稜，棘の装飾も非常に多岐にわたった．古生代と同様に，ヒトデ類とその類縁動物もよく見られた．ウミユリ類は今日よりはるかに多く，硬い基岩のある所では至る所で成長し，流木に固着することもあった．

ジュラ紀の陸棚海の海底に住む無脊椎動物は，今日私たちが見るものに非常に似ていたようである．

現代の魚類すなわち真骨魚類は，ジュラ紀に前面に出てきた．より軽い鱗と顎関節を持つ点で，より原始的な硬骨魚とは異なっていた．デボン紀に初めて出現したサメ類には衰退の兆候がまったく見られなかった（今日でも，まだ見られない）．

海生動物では，海生爬虫類が最も華々しかった．長いウナギのようなテレオサウルス（*Teleosaurus*）や尾びれを持つメトリオリンクス（*Metriorhynchus*）などの海生ワニ類がいた．長頸竜類（plesiosaurs）は櫂状のひれを持つ大型動物で，2

1 陸から海に洗い流された栄養分
2 魚類（フォリドフォルス，レプトレピス）
3 ステネオサウルス（海生ワニ類）
4 レードシクティス（巨大な魚類）
5 メトリオリンクス（海生ワニ類）
6 ラムフォリンクス（翼竜類）
7 クリプトクリドゥス（頸の長い長頸竜類）

ジュラ紀

中 生 代

つのタイプがあった．クリプトクリドゥス（*Cryptoclidus*）のような頸の長い種類と，リオプレウロドン（*Liopleurodon*）のような頭が大きく，頸の短いプリオサウルス類である．リオプレウロドンの全長は12mに達した．もっとも高度に適応した海生爬虫類は，三畳紀に進化したオフタルモサウルス（*Ophthalmosaurus*）などの魚竜類だった．魚竜類の形はサメやイルカに似ており，幼体の形で産まれ，ドイツのホルツマーデン（Holzmaden）地域の化石でよく知られている．そこは出産に好まれた場所だったのかもしれない．ジュラ紀の海生化石と共に，空を飛ぶ翼竜類の化石も発見されている．

今日の海においてと同様，ジュラ紀の海生生態群集の個々の構成員は他者に生存を依存しており，食物網（food web）として知られる鎖状につながった採餌の仕組みを形成していた．

> 生物が広がり多様化すると共に，複雑な食物網が進化した．その中の個々の生物は他の生物の存在に依存していた．

すべての食物網の基礎はエネルギーを取り入れることで，通常は太陽から取り入れられる．テーチス海とその派生海域を取り囲む陸地は低く，植生があった．暖かく湿った気候が多くの植物の生長を確実にし，植物の残骸は河川や小川によりたえず海に運ばれた．この植物性の物質と，海中の太陽光がより多く届く表層に生育する植物プランクトンが，食物網を活発に保つ素材を提供した．

最上層では，植物プランクトン——微小な浮遊性植物は小動物に食べられた．主として，幼魚と無脊椎動物である．次に，これらが魚類とアンモナイト類に食べられた．小動物を食べた魚類の中には，今日のジンベイザメのように巨大なものもいた．ジンベイザメは海で最大の魚であるにもかかわらず，最も小さい動物しか食べない．より小型の魚類は，より大型の魚類と魚食の翼竜類に食べられた．食物網の最上部にいたのは，プレシオサウルス類，プリオサウルス類，海生ワニ類のような大型肉食動物だった．

海底近くでは，栄養分の大部分は陸から流れ込み，表層水から沈んできた物質由来のものと，海底に沈んだ大型動物の死体だった．カキ類のグリファエア（*Gryphaea*）などの貝類は，懸濁した食物成分を食べて育った．ベレムナイト類とガンギエイのような魚類は貝類を食べ，サメ類や魚竜類の餌になった．

表層域には海底よりも多くの種が生息した．これは，海底にはほとんど多様性がなく，そこには数種類の動物しか生息できなかったとか，あるいは，海底近くには酸素がほとんど無かったといったことが原因したかもしれない．多数の島で底流が妨げられ，これが深い所での循環を制約したのかもしれない．

ジュラ紀

8　リオプレウロドン（頸の短いプリオサウルス類）
9　ペロネウステス（頸の短いプリオサウルス類）
10　アンモナイト類（頭足類）
11　オフタルモサウルス（魚竜類）
12　ベレムナイト類（頭足類）
13　グリファエア（二枚貝類）
14　ヒボドゥス（サメ類）
15　スパトバティス（エイのような魚類）

魚竜化石

ホルツマーデン産の魚竜化石が炭素の黒ずんだシルエットとして，イルカ型の体形を示している．内部器官——数点の標本では産まれる前の幼体を含む——が見られる．尾と背中にある肉質の鰭も見られる．

PART 4

恐竜類の郷土

ジュラ紀のアパトサウルス類（カミナリ竜類）は，モリソン層のこのコロラド区域の泥に連続歩行跡を残した（右）．アパトサウルスの群れは季節的な食物と水を追って移動した．

1. 蛇行河川の古い流路を埋める堆積物：水流層理を示す砂粒と礫岩．時に，恐竜類の化石を伴う
2. 自然堤防を乗り越えた堆積物——氾濫時の砂粒とシルト
3. 古い流路からの，川底を埋める堆積物
4. 自然堤防が破れた所にある決壊口の斜面．足跡を伴うことがある
5. 自噴水を持つ湖沼からの泥層．しばしば植物化石を伴う
6. カリーチ——上昇してきた方解石に富む水によって堆積した石灰岩層
7. 塩湖からの石灰岩と塩．水の毒で死んだ小型動物の化石を含むことがある
8. 平原の土壌の層はたえず踏みつけられるため，成層が不明瞭になる

ジュラ紀は，恐竜類の全盛期として広く認められている．そして，おそらく他のすべての場所以上にこの結びつきを不動なものにしたのが，アメリカ西部のモリソン層であろう．コロラド州の小さな町モリソン（Morrison）に因んで命名されたこの層は，広範囲に及ぶ頁岩，シルト岩，砂岩，石灰岩と礫岩から成っている．層厚は 30〜275 m で，すべてがジュラ紀後期に河川と湖で堆積した．モリソン層は南北はモンタナ州からニューメキシコ州まで，東西はネブラスカ州からアイダホ州まで広がっている．モリソン層の岩石は，どの 1 m をとっても，人類の歴史の約 10 倍の長さの時間を表している．

モリソン層とこの層が含む華々しい化石が初めて科学と世界の目に留まったのは，学校教師アーサー・レイクス（Arthur Lakes）がデンバーに近いモリソン付近の岩石に埋まっていた，恐竜の 1 個の椎骨を見つけた 1877 年のことである．かつて恐竜のような生物が存在したということが最初に提唱されてから僅か約 30 年後のことで，恐竜化石の発見の大部分は英国とヨーロッパでなされていた．アメリカ産の標本として当時知られていた恐竜化石のすべては，ニュージャージー州地方一帯で見つかったものだった．

> *70 種以上の恐竜がモリソン層で発見された．ジュラ紀の巨大な堆積層であるこの層は，堆積に 600 万年かかった．現在では 10 州にまたがって広がっている．*

ジュラ紀

中生代

レイクスの発見は「骨戦争」として知られる出来事を誘発した．2人の名高いアメリカ人の古生物学者——オスニエル・チャールズ・マーシュ（Othniel Charles Marsh）とエドワード・ドリンカー・コープ（Edward Drinker Cope）が，恐竜化石を発掘する企てで，互いに打ち勝とうとした．数十年にわたり，両者はモリソン層地域に対立したチームを送り込み，手がかりを追い，ガイドを買収し，互いの発掘を故意に妨害し，より多くの骨を見つけ，東海岸の博物館や大学にその骨を持ち帰ろうとした．この競争の実際的な成果は，その世紀の終わりまでに，マーシュとコープが136の新しい恐竜を発見したことだった．

ジュラ紀後期，中西部を横切り南方へ伸びていた浅い大陸性の海であるサンダンス海（Sundance Sea）は干上がり，北方へ退き始めた．その場所には，西にあった古ロッキー山脈から流れおりた，網状の位置がよく変わる河川や小川によって，岩屑の広大な扇状堆積層ができた．砕屑物の扇状堆積層は低地平原を形成した．これがモリソン層の環境だった．気候は半乾燥だったが，平野は極めて平坦で，標高が極めて海水面に近かったため，1年の大部分は水浸しの状態だった．巨大な湖は季節的に縮小・拡大し，河川は氾濫してシルトを広げ，また，だんだん細って小川になった．木々やその他の常にある植生は河岸に限られ，川にはさまれて砂丘があった．このような景観上を恐竜類は歩きまわっていた．ディプロドクス（*Diplodocus*）やブラキオサウルス（*Brachiosaurus*）などの，巨大で，長い頸を持つ，植物食の竜脚類（sauropods）は木々や下生えから採餌し，季節的な採食地をあちこち，群れを組み，渡りをしていた．装甲を持つステゴサウルス（*Stegosaurus*）は茂みで採餌した．カンプトサウルス（*Camptosaurus*）やドリオサウルス（*Dryosaurus*）のような，より小型の植物食恐竜は乾きかけた湖底に足跡を残した．肉食のアロサウルス（*Allosaurus*）や，より小型のオルニトレステス（*Ornitholestes*）のしつこい攻撃が彼らを悩ませた．翼竜類が頭上を飛んでいた．

モリソン層は，ジュラ紀後期，サンダンス海の蒸発によってできた平原に堆積した．

サンダンス海の後退

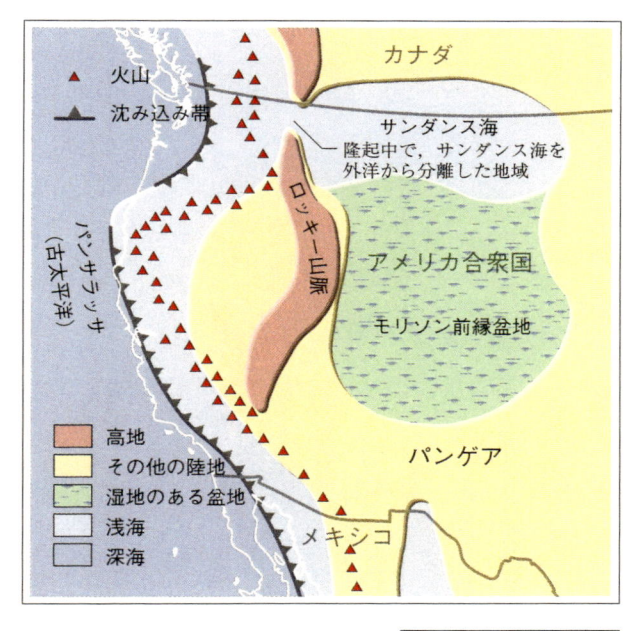

ジュラ紀の初期，サンダンス海は北アメリカ中西部の大部分に広がり，南部はモリソン前縁盆地を形成していた．ジュラ紀が進むと共に，海は北方に退き，河川と湖の堆積物から成る広大な平野に置き変わり，これがモリソン層になった．その素材は西で隆起しつつあった新しいロッキー山脈が浸食されたもので，徐々に，約100万km²の地域を覆った．

季節的な変化

雨季のモリソンの景観（左ページ下図）では，河川の水が極めて多かったため，水面は平原より高く，水は自然堤防で押しとどめられていた．氾濫はしばしばで，多くの泉があった．一部の湖は塩分を含み有毒だった．この景観がシダ類の茂みを養っていたが，森林は河畔にしか無かった．乾季（下図）には，河川は乾いて小流になり，土煙が上がった．湖は干上がり，砂丘が出現した．陸地は渡りをする恐竜類の群れに踏みつけられた．

ジュラ紀

おそらく，これまでに見つかった最も重要な脊椎動物化石は，1861年，バイエルン（Bavaria）の石灰岩採石場で発見された異様な生物——部分的に鳥類，部分的に恐竜という化石だった．始祖鳥と呼ばれるこの化石は，チャールズ・ダーウィンの「種の起源」（*On the Origin of Species*）にどんな意味が含まれているかが，ちょうど公に気付かれつつあった時に見つかった．爬虫類と鳥類の間の移行型として，始祖鳥は進化過程の見事な例を提供した．始祖鳥はその化石化作用の様式から，まさに比類のない例とみなされた．化石が保存された石灰岩がとても緻密だったため，羽の最も微細な構造の印象が見えたのであ

> ドイツ南部，ジュラ系上部層の石灰岩は，発見された最も重要な脊椎動物化石の1つ，始祖鳥を保存した．

始祖鳥——証明されたリンク

（上）恐竜類と鳥類をつなぐリンクは，1860年，1枚の羽としてゾルンホーフェン石灰岩中で初めて発見された．最初のほぼ完全な骨格は翌年に見つかっている．

ゾルンホーフェンの礁湖

細粒の石灰岩は礁湖の穏やかな水に堆積した．この礁湖は海綿類がつくった古い礁の上にできたサンゴ類の堡礁で，荒れ狂うテーチス海から切り離されていた．絶え間ない蒸発で，極めて細かい石灰質粒子が沈殿し，塩が濃縮され，そこに入ったすべてを殺す有毒な水層が湖底近くに生じた．

底生生物？

上図の「ウミユリ」サッココマはゾルンホーフェン産の化石では非常によく見られる．サッココマは塩分を伴う堆積物に適応し，繁栄したという手がかりがある．

ジュラ紀

1 開けたテーチス海
2 生きている海綿類の礁
3 上昇と共に，海綿類の礁は死ぬ．サンゴ類がその上に成長する
4 堡礁は波のエネルギーを吸収する
5 嵐で礁から砕け落ちたサンゴ類の破片
6 礁湖に洗い流された細かい石灰質岩屑

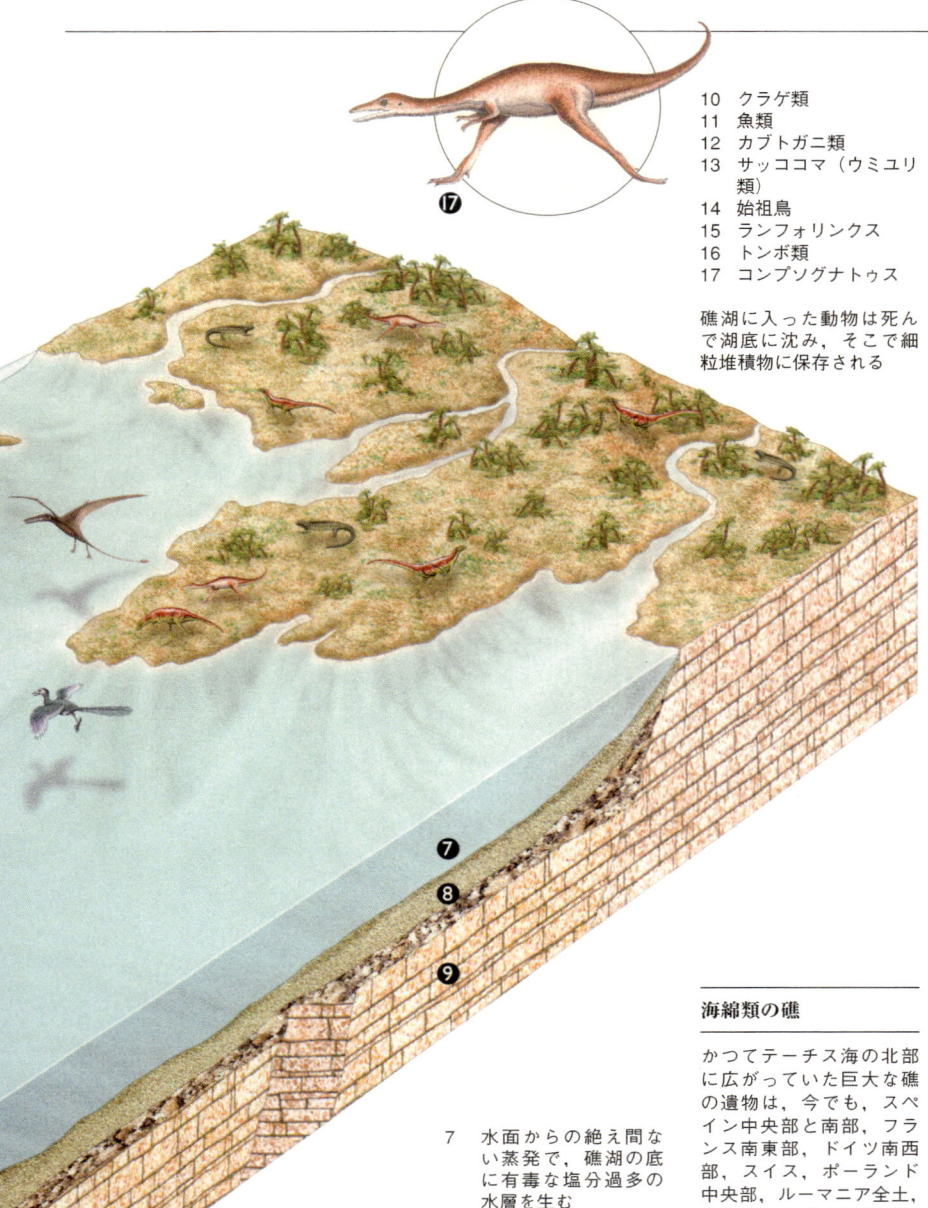

中 生 代

10 クラゲ類
11 魚類
12 カブトガニ類
13 サッココマ（ウミユリ類）
14 始祖鳥
15 ランフォリンクス
16 トンボ類
17 コンプソグナトゥス

礁湖に入った動物は死んで湖底に沈み、そこで細粒堆積物に保存される

7 水面からの絶え間ない蒸発で、礁湖の底に有毒な塩分過多の水層を生む
8 石灰質の岩屑が固まり、細粒の石版石石灰岩を形成する
9 断層が生じ、北方に隆起した、より古い石灰岩の基盤

海綿類の礁

かつてテーチス海の北部に広がっていた巨大な礁の遺物は、今でも、スペイン中央部と南部、フランス南東部、ドイツ南西部、スイス、ポーランド中央部、ルーマニア全土、そして、はるか黒海までの露頭で見ることができる．多くの種類の海綿類が礁で成長し、すべてが微細な食物粒子を餌にしていた．

石灰岩堆積物
太古の陸地
浅海
深海

テーチス海

る．この石灰岩はゾルンホーフェン石灰岩（Solnhofen Limestone）として知られるジュラ系上部の石灰岩で、現在のドイツ南部にあるニュルンベルク（Nuremberg）とミュンヘン（Munich）の間の約 70 km × 30 km の地域に露出している．一番厚い所では約 95 m のゾルンホーフェン石灰岩があり、50 万年間の堆積を表している．各単層は平坦で薄く、粒子がとても細かいため、その上に刻まれた最も小さい印象さえ記録している．そのため、化石動物の最も微細な構造をも保存する理想的な媒体になっている．動物がこのように詳細に保存されるゾルンホーフェン石灰岩のような産出は、ドイツ語の用語ラーゲルシュテッテン（Lagerstätten）で知られる．

始祖鳥はこの場所から産出した最も有名な化石だが——1 枚の羽を含み、これまでに 8 点の標本が発見されている——始祖鳥が唯一の化石ではない．多くの翼竜化石も見つかっており、翼の膜の構造が詳細に保存されている．小型恐竜類、トカゲ類（lizards）、トカゲに似たムカシトカゲ類（sphenodonts）の骨格もある．無脊椎動物化石で最もよく見られるのは浮遊性ウミユリ類のサッココマ（*Saccocoma*）で、クモヒトデ類に似ている．クラゲ類、トンボ類、這い跡の先に保存されていたカブトガニ類（horseshoe crabs）、知られる最も初期のタコ類もある．この豊富さにもかかわらず、化石の発見数は極めて少なく、化石が発見されたのは採石が広大な地域で行われたからにすぎない．

ゾルンホーフェン石灰岩は熱帯性の海に堆積し、三畳紀に初めて登場したグループである造礁性の六放サンゴ類によって生産された．初期の六放サンゴ類は高さ約 3 m 程度のささやかな大きさにしか成長しない小丘を作り、関連したのは数種だった．ジュラ紀終わりまでには、六放サンゴ類の数十の種が礁を生み、これらははるかに大きくなるまで成長した．海綿類の巨大な礁がテーチス海の北部に広がり、スペインからルーマニアとポーランドまで、約 2900 km にわたって延びていた．その距離は、現代のオーストラリア北東沖にあるグレートバリアーリーフ（Great Barrier Reef）の 1.5 倍の長さになる．テーチス海の海綿類の礁は、現在のサンゴ礁より深い水深 150 m 前後の所で成長し、大陸棚のゆるやかな斜面に定着していた．

ジュラ紀の世界全体に地塊山地と大地溝帯を生んだ断層作用は、また、海底を上昇させ、下降させた．礁が海面に近づきすぎると、海綿類の成長には具合が悪く、礁が長い区間にわたって死んだ．死んだ海綿類の骨格部は、サンゴ類が後に海面により近く礁を造る土台に使われた．このような礁に切り離された静かな礁湖の中で、ゾルンホーフェン石灰岩が徐々に堆積した．これらの礁湖では、石灰と塩の濃度が極めて高くなったため海水は毒性を持ち、それに接したすべての動植物が死んだ．

> 巨大な礁がテーチス海北部の大部分にわたり伸びていた．ジュラ紀末までに、その穏やかな礁湖は石灰と塩の高い濃度で致死性になり、化石保存には理想的だった．

ジュラ紀

ジュラ紀の生物地理区

パンゲアの現在の諸大陸への分離は差し迫っており，このことはジュラ紀の世界では，異なる地域には異なるタイプの生物が存在したことに表れ始めていた．諸大陸が移動したと感じられるはるか以前に，ヨーロッパの海生生物は北部あるいは南部の区に類別された．現在では，これらはボレアル（北方）区とテーチス区として知られている．サンゴ類の存在は，南のテーチス区が熱帯性で，礁のまったく無かったボレアル区はそうではなかったことを示している．ジュラ紀のアンモナイト類の種も2つの海洋区では異なっている．植物化石はアジアの植物相が独特になりつつあったことを示している．アフリカの東縁を走る地溝の西にあったゴンドワナには，独特の植物相があった．しかし，大西洋が開いたにもかかわらず，北アメリカはまだ多くの種をアフリカ北部と共有していた．東アフリカと北アメリカの動物にも大きな類似性があり，同種の恐竜類が双方の陸地を歩いていた．これでは辻褄があわない．離れた地域では，動物は急速に分化することが予想されるからである．古地理学のこの局面に関しては，研究の余地がまだたくさんある．

パンゲアの分裂が完了するには全部で1億5000万年かかったが，ジュラ紀前期からジュラ紀後期にかけて——約3500万年間——個別の諸大陸は分離し，その間に新しい海洋が形成された．北アメリカは反時計回りにゆっくり回転し，大陸の残りの部分から離れつつあった．北大西洋が出現し，南ではゴンドワナから，東ではヨーロッパから，北アメリカを切り離した．これは浅い陸棚海ではなく真の海洋で，大陸棚と新しい海洋地殻の材料を生み出した火山性の海嶺との間には深海平原（abyssal plain）があった．この海洋により，テーチス海を大陸の西端とパンサラッサ（古太平洋）の間でつなぐ海路が開けた．この連続した海路の直接的な影響が大気の対流による卓越風を生み，また，地球の自転が世界中の熱帯緯度域で西行する不変の海流を押し動かした．さらに，この赤道付近の海路で温められた海水は，断片化したパンゲアの岸沿いに南と北へ循環したらしい．気候に対する影響としては，温かく湿った大気が以前より諸大陸のはるか内部まで入り込み，世界中の気候が極端さをかなり減らしたようである．

> ジュラ紀の初めから，僅か3500万年で，パンゲアの分裂が極めて速く進んだため，新しい大陸や海洋の姿がすでに明白になっていた．

ゴンドワナ自体は，多数の分離した大陸になる過程がかなり進んでいた．超大陸を交差していた大地溝帯は，今では，より広く，より大規模になっていた．後にアフリカになる部分は，後に南極とインドになった断片からほぼ完全に分離していた．インド北部地域から分離した大陸地殻の巨大な2つの切片は，アジア南端にあった沈み込み帯（subduction zone）に引かれ，テーチス海を北方に漂移しつつあった．これらの切片とゴンドワナの間には，広がりつつある海嶺が出現していたであろう．

同様に，北アメリカの西海岸に沿って，陸塊が合体し続けていた．これらは鎖状の島々およびパンサラッサに散在していた大陸の小さな断片でできており，その時，大陸の西縁沿いにあった沈み込み帯によって大陸の方へ引かれていた．この大陸縁沿いには明らかにいくつかの沈み込み帯があり，深海堆積物は大陸に衝突して積み上がり，迫ってくる大陸に取り込まれた．この圧力でネヴァダ地域に地方的な造山運動が生まれ，白亜紀まで続く小規模な造山運動になった．

東方では，後に中国になる部分が北方の大陸から分離し始めていた．

テーチス海は依然として一部は海洋，一部は浅い大陸棚で，北西地域は多数の大きくて低い島々を伴う陸棚海のままだった．ジュラ紀後期，海水面が上昇し，ヨーロッパの浅海は特に広大になった．この上昇は海底から隆起した新しい海嶺が出現した結果で，周囲の低い陸上の海水を押しのけた．海がアジア北部に入り込んで，ウラル山脈の東まで達し，その地域に広いオビ海盆（Ob Basin）を形成した．その後，ジュラ紀末近くに海水面は再び下降した．アメリカ中西部の大部分を覆っていたサンダンス海は北方に退き，広大な陸地の堆積物に置き代わられた．北ヨーロッパの浅海性の海成層は三角州と入江に置き代わった．

🟥	アフリカと中東
🟫	南極
🟧	オーストラリアとニューギニア
🟩	中央アジア
🟨	ヨーロッパ
🟦	インド
🟦	北アメリカ
🟩	南アメリカ
🟧	東南アジア
⬜	その他の陸地

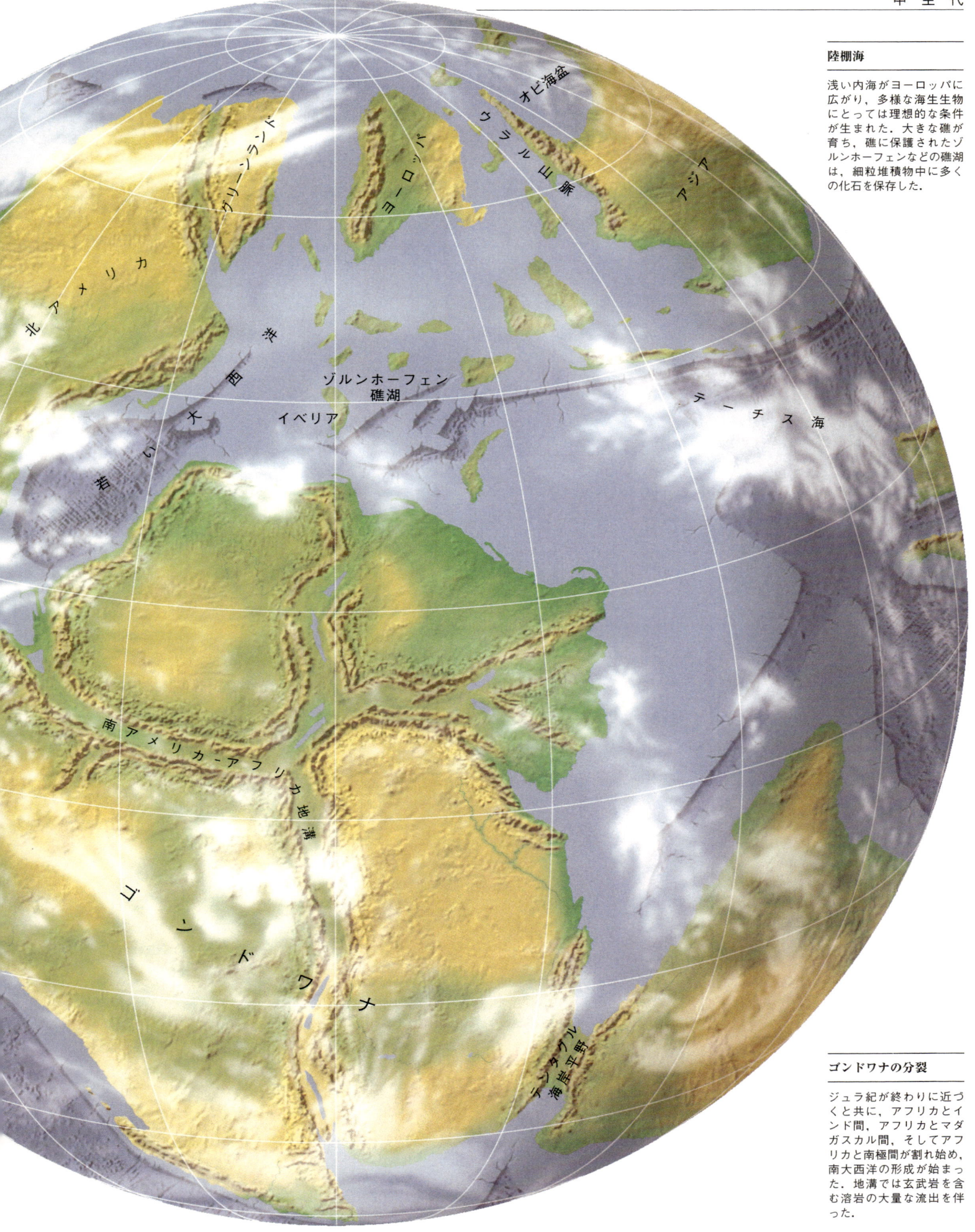

中 生 代

陸棚海

浅い内海がヨーロッパに広がり，多様な海生生物にとっては理想的な条件が生まれた．大きな礁が育ち，礁に保護されたゾルンホーフェンなどの礁湖は，細粒堆積物中に多くの化石を保存した．

オビ海盆
ウラル山脈
グリーンランド
ヨーロッパ
アジア
北アメリカ
若い大西洋
イベリア
ゾルンホーフェン礁湖
テーチス海
南アメリカ-アフリカ地溝
ゴンドワナ
デンタクル海岸平野

ジュラ紀

ゴンドワナの分裂

ジュラ紀が終わりに近づくと共に，アフリカとインド間，アフリカとマダガスカル間，そしてアフリカと南極間が割れ始め，南大西洋の形成が始まった．地溝では玄武岩を含む溶岩の大量の流出を伴った．

ジュラ紀

中生代

ジュラ紀後期にゴンドワナを分裂させ、後代の東アフリカ部分をインド部分から切り離していた拡大中の海洋の縁に、テンダグル（Tendaguru）の海岸平野があった。海は海岸線を穏やかに洗っていた。ここでは海はまだかなり狭く、波が高くなるのに十分な距離も無かったため、高波は無かった。そのうえ、沖にある植生を持つ砂州が波を食い止めていた。内陸では、大陸の大地溝形成の活動が生んだ断層地塊の端の崖斜面で地平線は形づくられていた。その斜面はソテツ類、木生シダ類、針葉樹類から成るジュラ紀の高温多湿な熱帯性の森林へと、急傾斜で下っていた。この森林は常緑植物の森林に似ていたため、その太古の景観は現代人の目にはよりなじみのあるものに映ったであろう。

> ジュラ紀後期の東アフリカの動物は、北アメリカのものに極めて類似していた。アフリカは北アメリカから離れたばかりだった。

海岸沿いでは、高汐が海生動物の遺骸ばかりでなく、海草や河川の運んできた植生を潮汐点に残した。アンモナイト類の渦巻き状の殻が砂に半分埋まり、長い形のベレムナイト類も埋まっていた。そこここに、より大きな死体もあった。ハエや、掃除屋の翼竜たちの姿に覆われ、装甲を持つステゴサウルスの死体が腐りながら横たわっていた。その死体は腐食動物たちを集めるには十分なぐらい長い間そこにあった。小型獣脚類たちが腐肉を引き裂きに集まったが、彼ら自身が、砂の上を突進してくる、より大きく荒々しい獣脚類（theropods）に邪魔された。大型の獣脚類はその肉を自分のものだと主張するために、より小型の動物を追い散らした。

近くで起こった肉食動物の狂乱にも気づかず、森林の巨大な植物食恐竜たちは浜辺の端で木漏れ日の中に立ち、植生の中をくまなく、彼らなりに御満悦でムシャムシャやっていた。近くでは、群集の上にそびえ立つ頸の長い竜脚類が、針葉樹類やシダ類の茂みの中で平和に若葉を食べていた。恐竜時代のほぼ中頃、これらの動物はすでに最も成功を収めた状態にあった。

1 スタキオタクスス（針葉樹類）
2 シダ類
3 ブラキオサウルス（竜脚類の恐竜）
4 ディクラエオサウルス（竜脚類の恐竜）
5 長頸竜類
6 ニルソニア（ソテツ類の類縁）
7 ケラトサウルス（獣脚類の恐竜）
8 エラフロサウルス（獣脚類の恐竜）
9 ケントロサウルス（剣竜類）
10 ラムフォリンクス（翼竜類）
11 アンモナイト類
12 ベレムナイト類

ジュラ紀

PART 4

アンモナイト類の進化

軟体動物は古生物学者にとって最も重要な動物の中に入る．軟体動物の硬い殻は化石になりやすいことを意味し，その進化史はカンブリア時代以来よく知られている．主要なグループは二枚貝類，腹足類，頭足類である．この最後の綱が主要な化石グループであることは奇妙に思えるかもしれない．現代の型──イカ類とタコ類──の大部分が殻を持たないからだが，しかし，頭足類の化石記録は非常に広範な殻の形態と構造を示している．

殻の進化上の発達は，本質的には，浮力の継続的な実験だった．頭足類の殻は気室に分かれている．動物が成長すると共に殻は長くなり，新しい気室を形成するために，気室の後ろに新しい壁すなわち隔壁が造られる．気室は殻の全長にわたって伸びている有孔の管（連室細管）から取り入れた気体で満たされており，水中の動物の浮力を調整するためにこの気体が使われた．これ以外の運動は現代のイカ類やタコ類同様，ジェット推進によっていたであろう．

中生代には，頭足類の1グループであるアンモナイト類が海では最もよく見られる動物の1つになっていた．そのため，現在では層序学者にとって最も重要なものになっている．アンモナイト類は分布域が広く，それぞれの種が全海域に広がっていた．また，進化が速く，およそ100万年ごとに種が互いに入れ替わった．このことは，ある確認できる種が，ある岩石層で見つかった場合は，その単層を正確に年代決定できることを意味する．また，アンモナイト類の分布域が非常に広かったという事実は，この種の証拠が遠く隔てられた岩石の年代決定に利用できることを意味している．中生代全体は特定の層準で見出されるアンモナイト類の種に基づいた時間帯に分けられている．

個々のアンモナイトの種の同定は，殻の形，殻の装飾，そして縫合線が作る模様に基づいている．縫合線は内部構造だが，アンモナイト化石では，時がたって外側の殻が摩滅していることが通常なため，簡単に縫合線を見ることができる．

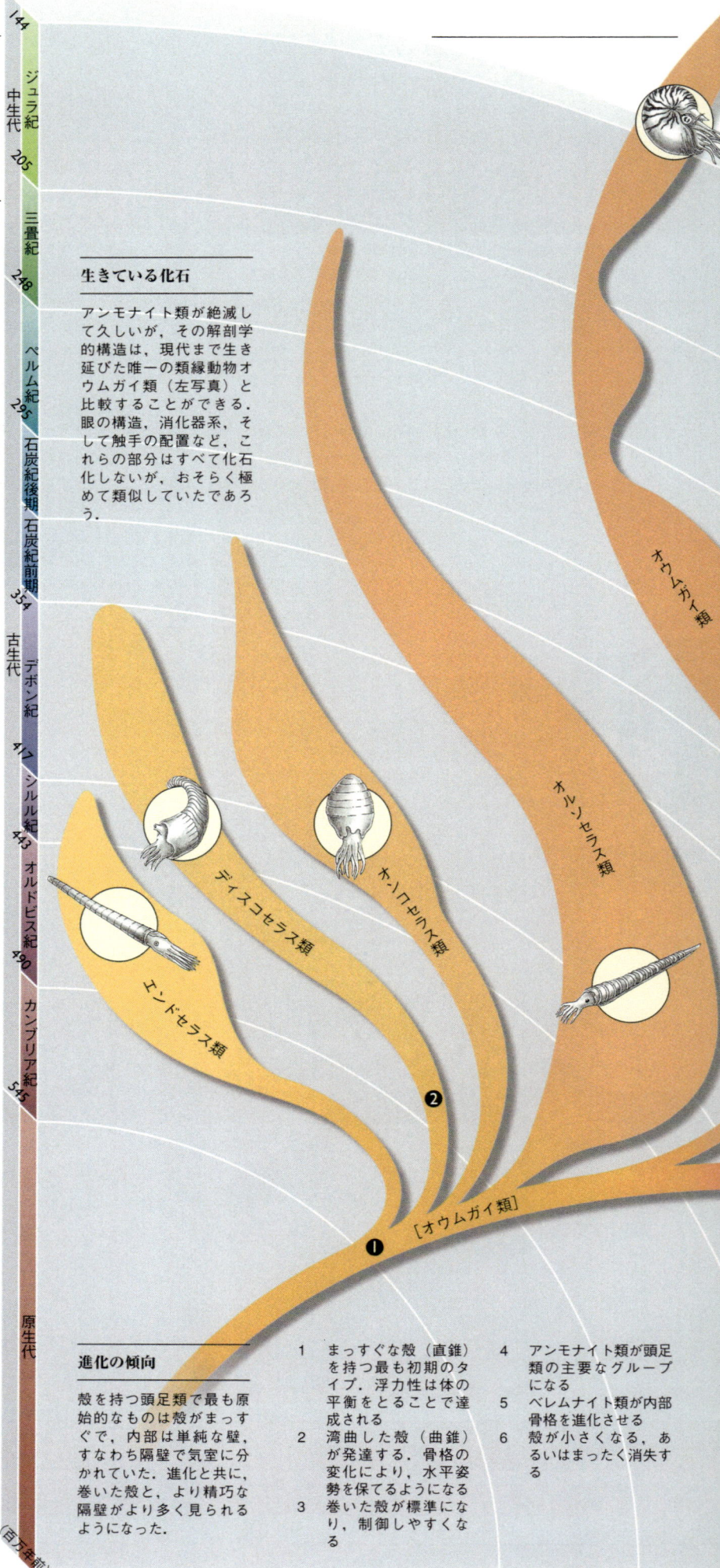

ジュラ紀

生きている化石

アンモナイト類が絶滅して久しいが，その解剖学的構造は，現代まで生き延びた唯一の類縁動物オウムガイ類（左写真）と比較することができる．眼の構造，消化器系，そして触手の配置など，これらの部分はすべて化石化しないが，おそらく極めて類似していたであろう．

進化の傾向

殻を持つ頭足類で最も原始的なものは殻がまっすぐで，内部は単純な壁，すなわち隔壁で気室に分かれていた．進化と共に，巻いた殻と，より精巧な隔壁がより多く見られるようになった．

1 まっすぐな殻（直錐）を持つ最も初期のタイプ．浮力性は体の平衡をとることで達成される
2 湾曲した殻（曲錐）が発達する．骨格の変化により，水平姿勢を保てるようになる
3 巻いた殻が標準になり，制御しやすくなる
4 アンモナイト類が頭足類の主要なグループになる
5 ベレムナイト類が内部骨格を進化させる
6 殻が小さくなる，あるいはまったく消失する

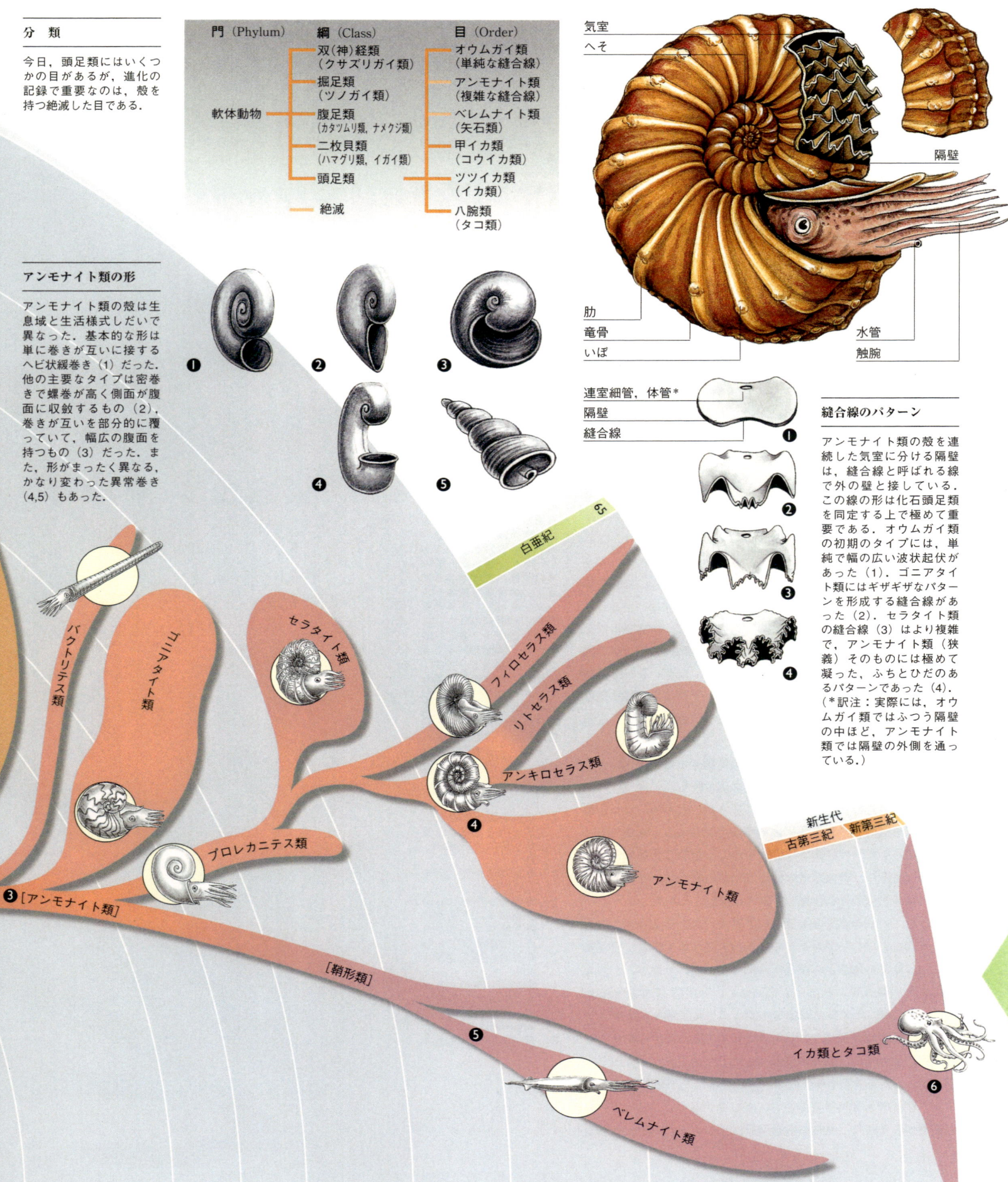

中 生 代

分類

今日，頭足類にはいくつかの目があるが，進化の記録で重要なのは，殻を持つ絶滅した目である．

門 (Phylum)	綱 (Class)	目 (Order)
軟体動物	双(神)経類（クサズリガイ類）	オウムガイ類（単純な縫合線）
	掘足類（ツノガイ類）	アンモナイト類（複雑な縫合線）
	腹足類（カタツムリ類，ナメクジ類）	ベレムナイト類（矢石類）
	二枚貝類（ハマグリ類，イガイ類）	甲イカ類（コウイカ類）
	頭足類	ツツイカ類（イカ類）
		八腕類（タコ類）
絶滅		

気室
へそ
隔壁
肋
竜骨
いぼ
水管
触腕

アンモナイト類の形

アンモナイト類の殻は生息域と生活様式しだいで異なった．基本的な形は単に巻きが互いに接するヘビ状緩巻き（1）だった．他の主要なタイプは密巻きで螺巻が高く側面が腹面に収斂するもの（2），巻きが互いを部分的に覆っていて，幅広の腹面を持つもの（3）だった．また，形がまったく異なる，かなり変わった異常巻き（4,5）もあった．

連室細管，体管*
隔壁
縫合線

縫合線のパターン

アンモナイト類の殻を連続した気室に分ける隔壁は，縫合線と呼ばれる線で外の壁と接している．この線の形は化石頭足類を同定する上で極めて重要である．オウムガイ類の初期のタイプには，単純で幅の広い波状起伏があった（1）．ゴニアタイト類にはギザギザなパターンを形成する縫合線があった（2）．セラタイト類の縫合線（3）はより複雑で，アンモナイト類（狭義）そのものには極めて凝った，ふちとひだのあるパターンであった（4）．
（*訳注：実際には，オウムガイ類ではふつう隔壁の中ほど，アンモナイト類では隔壁の外側を通っている．）

白亜紀
新生代
古第三紀　新第三紀
ジュラ紀

バクトリテス類
ゴニアタイト類
セラタイト類
フィロセラス類
リトセラス類
アンキロセラス類
プロレカニテス類
アンモナイト類
[アンモナイト類]
[鞘形類]
ベレムナイト類
イカ類とタコ類

PART 4

恐竜類の進化

爪

恐竜類に対する世間一般のイメージは荒々しい殺し屋で，アロサウルスのような大型肉食恐竜の骨格は，この固定観念を裏切らない．彼らの手はヒトの頭をつかめるほど大きかったらしい．また，手は3本の長い爪で武装され，当時いた最大の動物の腹を引き裂けるほど強力だった．しかし，恐竜類の最終的な子孫に当たる現生鳥類の繊細な爪との類似も簡単に見てとれる．

恐竜類はすべての絶滅動物の中で最も有名で華々しいが，進化における失敗者という不当な評価がある．恐竜類は約2億2500万年前に発達し，6500万年前の白亜紀末まで生き延びた．1億6000万年間も生き延びた以上，その動物グループは失敗者とは言えない．

恐竜類より長く存続することになった哺乳類と共に，恐竜類は三畳紀後期に進化し，すぐにすべての大陸に広がり，あらゆる環境を占め，非常に様々な生活様式を採った．恐竜類の祖先は爬虫類の双弓類の系列中にあり，同時代の類縁動物はワニ類と空を飛ぶ爬虫類，すなわち翼竜類だった．現在いる子孫は鳥類で，恐竜類と極めて近縁であり，一部の学者は鳥類は独自のグループを形成せず，恐竜そのものと見なされるべきだと主張している．

不断の研究は，恐竜に関する現代の認識がたえず変化していることを意味する．かつて，恐竜類は他の爬虫類のように，動きの鈍い冷血動物だったと考えられていた．その後，1960年代半ば，恐竜類はその子孫である鳥類と同じように温血であったと提唱された．この論争は継続中で，恐竜類は両者の中間のどこかに位置し，肉食恐竜は物差しの温血側の端，巨大な植物食恐竜は冷血側の端に位置していた可能性さえある．

もう1つの科学的な論争は，6500万年前に恐竜類が突然絶滅した理由についてである．もっとも定評のある説は，小惑星あるいは彗星と地球との衝突が関係している．しかし，白亜紀末にインドのデカントラップ（Deccan Traps）を生み出したような，広域にわたる火山噴火も似たような影響を持ち得たであろう．恐竜類の消滅は気候あるいは海水面の変動が原因となった可能性があり，はるかにゆっくりとした，より漸進的な出来事で，これを突然のものに見せているのは化石記録の性質にすぎないと考える科学者もいる．もしかすると，これらすべての要素が合わさり，致命的な組み合わせになったのかもしれない．

進化の傾向

三畳紀の初め，恐竜類は主竜類——翼竜類（空を飛ぶ爬虫類）とワニ類の祖先も含む爬虫類の系列——から分岐した．腰の骨の配置で定義づけられる2つの主要な恐竜グループがあった．肉食の獣脚類と植物食の巨大な竜脚類を含む「トカゲに似た骨盤」（竜盤類）はジュラ紀を支配した．一方，二足歩行の植物食恐竜および角と装甲を持つ型のすべてから成る「鳥に似た骨盤」のグループ（鳥盤類）は，白亜紀の最もよく見られる植物食恐竜になった．

1. 最古の真の恐竜は二足歩行をする「竜盤類」の肉食恐竜だった
2. 獣脚類は中生代の主要な捕食者だった
3. 竜脚類は巨大な植物食恐竜で，消化管の中で食物を発酵させた．体重を支える体形と長い頸を発達させた
4. 鳥脚類は高度な成功を収めた植物食恐竜で，竜脚類と違い食物を咀嚼した
5. 角や装甲を持つ型が広まった

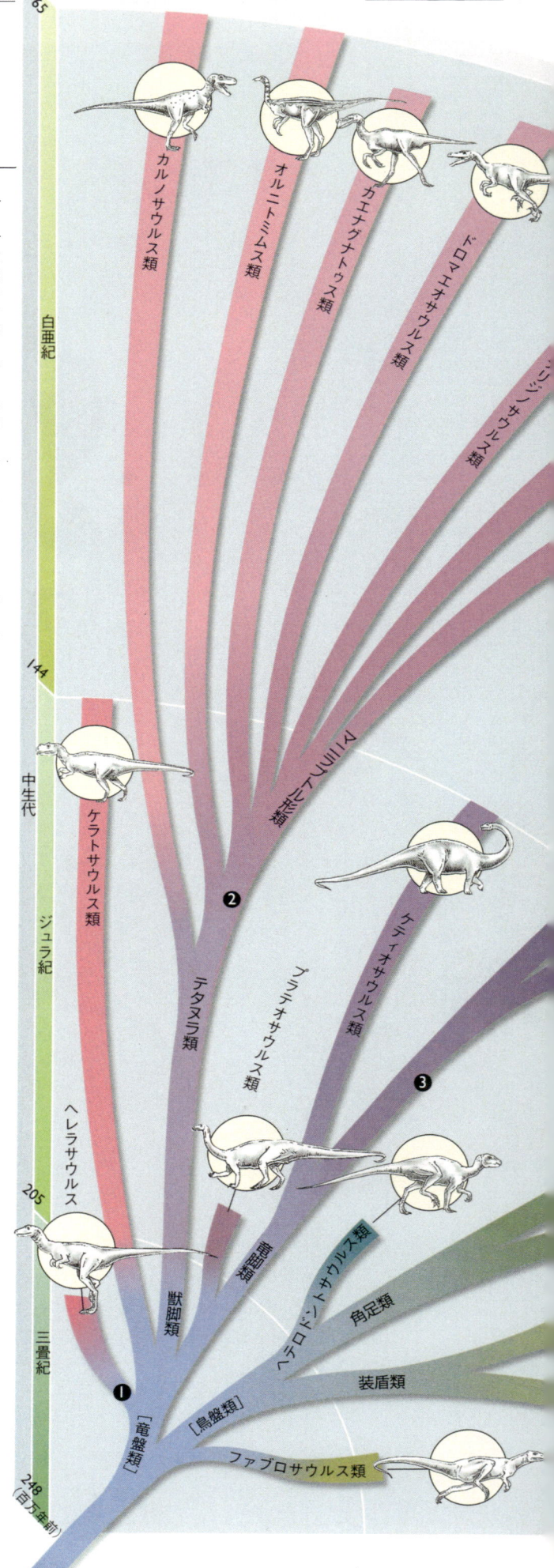

ジュラ紀

100

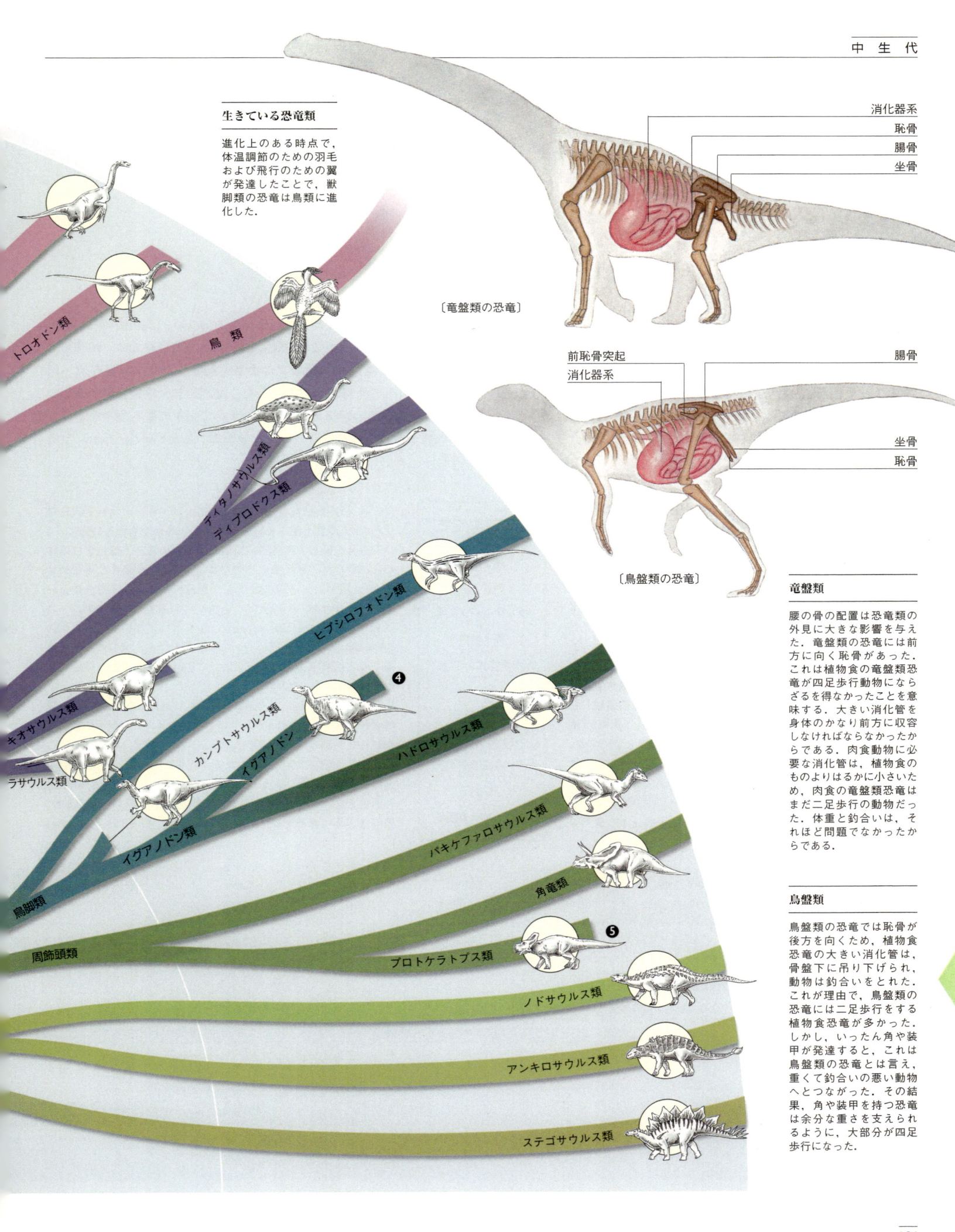

中生代

生きている恐竜類

進化上のある時点で，体温調節のための羽毛および飛行のための翼が発達したことで，獣脚類の恐竜は鳥類に進化した．

消化器系
恥骨
腸骨
坐骨

〔竜盤類の恐竜〕

前恥骨突起
消化器系
腸骨
坐骨
恥骨

〔鳥盤類の恐竜〕

トロオドン類
鳥類
ティタノサウルス類
ディプロドクス類
ヒプシロフォドン類
キオサウルス類
カンプトサウルス類
イグアノドン
ハドロサウルス類
ラサウルス類
イグアノドン類
パキケファロサウルス類
鳥脚類
角竜類
周飾頭類
プロトケラトプス類
ノドサウルス類
アンキロサウルス類
ステゴサウルス類

竜盤類

腰の骨の配置は恐竜類の外見に大きな影響を与えた．竜盤類の恐竜には前方に向く恥骨があった．これは植物食の竜盤類恐竜が四足歩行動物にならざるを得なかったことを意味する．大きい消化管を身体のかなり前方に収容しなければならなかったからである．肉食動物に必要な消化管は，植物食のものよりはるかに小さいため，肉食の竜盤類恐竜はまだ二足歩行の動物だった．体重と釣合いは，それほど問題でなかったからである．

鳥盤類

鳥盤類の恐竜では恥骨が後方を向くため，植物食恐竜の大きい消化管は，骨盤下に吊り下げられ，動物は釣合いをとれた．これが理由で，鳥盤類の恐竜には二足歩行をする植物食恐竜が多かった．しかし，いったん角や装甲が発達すると，これは鳥盤類の恐竜とは言え，重くて釣合いの悪い動物へとつながった．その結果，角や装甲を持つ恐竜は余分な重さを支えられるように，大部分が四足歩行になった．

ジュラ紀

白亜紀

1億4400万年前から6500万年前

　白亜紀（Cretaceous）は中生代の3番目で最後の紀である．中生代は，超大陸パンゲアの分裂後，新しく形成された個々の大陸が漂移し，分離して，互いから離れつつある時代だった．海水面はたえず上昇し，結局，他のどの地質時代にも見られないほど，様々な大陸で氾濫が起こった．このことが紀の命名由来であるチョークを含む，大量の石灰岩の堆積を生んだ．地球上のあらゆる場所の気候は温暖で，大部分は湿度が高かった．白亜紀の生物は劇的な新しい変化を遂げ，最初の顕花植物（flowering plants）が進化し，多様化し，白亜紀末までに急速に広がった．動物界では，恐竜類と巨大爬虫類が支配する景観では小さく取るに足りない存在だったが，今やヘビ類と哺乳類が存在した．地理的な大陸の分離は新しい種の進化に著しい影響を持ち始め，すべての中で最も劇的な事件が恐竜類とその時代を終わらせた大量絶滅（mass extinction）であった．

　白亜紀の初めには超大陸パンゲアは完全に分裂し，個々の大陸は分散しつつあり，それぞれ異なる環境条件を生んでいた．したがって，白亜紀の岩石層序はある大陸と別の大陸のものを対比する上で，それに先行する時代のものより難しい．白亜紀という名称は「チョーク」を意味するラテン語から派生したもので，1822年にダロワ（J. B. J. Omalius d'Halloy）がフランスの地質図を編集するように命じられた時，この用語が初めて提唱された．白亜紀層（Terrain Crétacé）というのが，パリ盆地（Paris Basin）のチョーク堆積物に彼が付けた名称だった．同じ頃，白亜紀の岩石はイングランドでも研究されていた．その頃すでに，化石によって特定の岩石層を同定するという体系を確立していた測量技師ウィリアム・「ストラタ」・スミス（William "Strata" Smith）は，ポートランドの岩石（ジュラ系の最上部）と彼が下部粘土と呼んだものとの間に，4つの性質の異なる堆積相の累重を認めていた．下部粘土は最終的には第三系の最下部と指定された．スミスの認めた堆積相は「レンガ用粘土」，「雲母粘土」，「褐色チョーク」，「白色チョーク」と呼ばれた．1822年，石炭紀も命名したウィリアム・コニビア（William Conybeare）とウィリアム・フィリップス（William Phillips）が，スミスのいう4つの一連の地層を白亜系下部と白亜系上部にまとめた．この区分は今日も依然として国際的に認められている．

　白亜紀の地域的な12の階の同定は，多数のヨーロッパの地質学者がフランス，ベルギー，オランダ，スイスの白亜紀の岩石を検討した1840年代〜1870年代にさかのぼる．階の名称はこれらの国の典型的な白亜紀の現場に由来している．ヨーロッパの白亜系下部の岩石は主として軟らかい粘土，泥，砂岩から成り，白亜系上部は本質的にチョーク堆積物から成っている．1983年，最も長い階であるアルビアン（Albian）を3つに分ける動きも

> パンゲアの分裂で，個々の大陸は異なる気候と，それに相応した異なる一連の岩石を発達させた．

キーワード
小翼
被子植物
チョーク
コルディレラ山系
裸子植物
外来性テレーン
ホットスポット
有袋類
胚珠
有胎盤類
尾端骨
セヴィア造山運動

	ジュラ紀	144（百万年前）140	135	白亜紀 125	120	115	
統				下部			
ヨーロッパでの階		ベリアシアン	バランギニアン	オーテリビアン	バレミアン	アプチアン	アルビアン
北アメリカでの階		コウァリアン					コマンチアン
地質学的事件		南アメリカとアフリカが分裂				南北アメリカの西海岸沿いにテレーンが付加	
			インドがオーストラリアと南極から分裂			北アメリカ西部でセヴィア造山運動	
気候				温暖で湿度の高い気候			
海水準			上昇				
白亜紀　植物		裸子植物が優勢			●最初の被子植物（顕花植物）		
動物				●最初のヘビ類		●最初の有袋哺乳類	

あったが，これら12階への分類は現在も有効である．

ヨーロッパでの階は，北アメリカでは識別するのが容易でない．北アメリカ大陸の白亜系は，白亜系下部をともに構成するコウァリアン（Coahulian）とコマンチアン（Comanchean），そして，白亜系上部のガルフィアン（Gulfian）に分けられる．

白亜系の層は層序柱状図の最上部近くにあり，下位にあるより古い一連の累層よりも，変成作用や浸食による変形が少ない．このため，白亜紀の堆積物と化石は――それ以前の三畳紀やジュラ紀のものと異なり――すべての大陸と深海で豊富である．白亜紀の出来事の考証は顕花植物の存在にも助けられている．顕花植物は白亜紀に出現し，環境条件に敏感なため，気候変化を記録するものとして優れている．

しかし，この頃，北アメリカと南アメリカ間の弧状列島によって制約されつつあったが，熱帯緯度域には，まだ白亜紀世界を一周する連続した海路があった．海水準は顕生代の他のどの時代よりも高かった．最高時の海水面は今日より350〜650m高かったかもしれない．その結果，乾いた陸地は今日の28％に対し，地球の表面のわずか18％だった．この理由は，おそらく，諸大陸を引き離す動きをする新しい海嶺が海底から隆起しつつあり，海水を上方へ，それから外側へ移動させつつあったという事実にある．当時の拡がりの活動は通常よりはるかに速かった．そのため，海嶺は現在のものより高く，容積もより大きかったらしい．

熱帯域での西に流れる海流はたえず海水を温め，その海水が循環するに伴って，より高緯度の地域に温暖な気候をもたらした．白亜紀の気候は顕生累代全体の中で，おそらく最も温暖だった．熱帯性の条件がはるか北緯45度まで存在し，両極は温帯性だった．両極と赤道域の間には気温差がほとんど無く，赤道の海水温は年間を通して約30℃で，両極では約14℃を下らなかった．海底での水温は約17℃――今日より遥かに温かい――だったため，海水層間で鉛直方向の対流がほとんど無かった．

白亜紀の高い海水面は，石灰岩とチョークの，また，有機物の広大な堆積物を残した．現在のペルシャ湾周辺では特にそうだった．

これが石油堆積物（oil deposite）のもとになった腐敗しない有機物の蓄積につながった要因の1つだった．世界の知られる石油埋蔵量の50％以上は白亜紀の岩石起源で，その4分の3はペルシャ湾（Persian Gulf）の周辺で見出される．残りの大部分はメキシコ湾（Gulf of Mexico）周辺と南アメリカの北海岸沖に見出される．石油は深い静止した海水に集積された有機物から形成された．メキシコ湾のジュラ紀岩塩ドームは白亜紀の岩石中を隆起し，白亜紀の岩石をゆがめ，石油を集め，かつ，相当量を蓄積できるトラップを生んだ．暑く湿度の高い気候と豊富な植生の遺物である夾炭層は，南極大陸を除くすべての大陸に堆積している．アメリカ合衆国西部，カナダ，ナイジェリア，アジア東部，これらのすべてに白亜紀の石炭の広大な堆積物があるが，石炭紀の堆積物中の石炭より等級が劣り，主として褐炭（lignite）である．ロッキー山脈の鉱石鉱物の多くは，北アメリカ西縁沿いに起こっていた激しい造山運動の過程で形成された．

中生代の終わり

白亜紀は「チョークの時代」として知られている．これは白亜紀後半の，この極めて細粒な石灰岩の広範囲に及ぶ堆積物による．白亜紀の間に，かつてのパンゲア超大陸を構成していた諸大陸は今日馴染みのある個々の大陸に分離した．現代に近づくと共に，個々の大陸における動植物の種は，他の場所とますます異なってきた．白亜紀の終わりは，中生代の3分の2にわたって優勢だった恐竜類の大量絶滅で区分される．

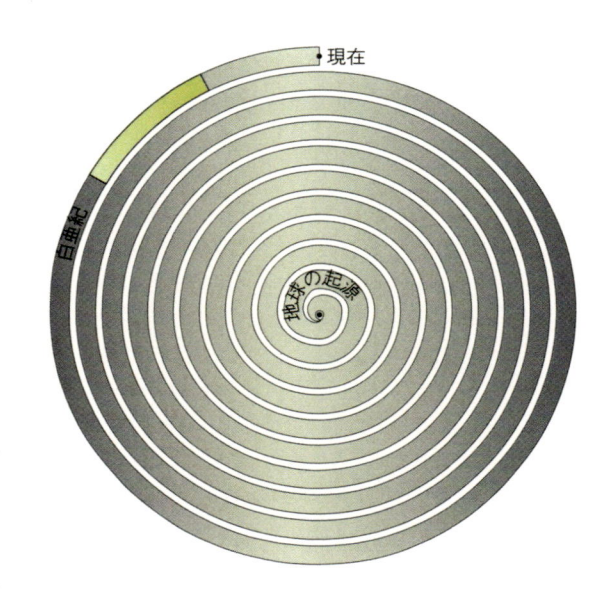

参照

三畳紀：パンゲアの形成，爬虫類，初期の恐竜類
ジュラ紀：恐竜類
第Ⅰ巻，地球の起源と特質：海洋地殻，海洋底拡大

100	95	90	85	80	75	70	65	古第三紀
			上部					
セノマニアン	チューロニアン			カンパニアン			マーストリヒシアン	
		コニアシアン	サントニアン					
			ガルフィアン					
オーストラリアと南極の初期段階の分裂				インドが急速に北へ移動し始める				
				ララミー造山運動により，ロッキー山脈中央部が隆起				
	広範囲のチョークの堆積物			トルコとイラン，アフガニスタンがユーラシアと衝突				
高い海水面，大陸の多数の地域が氾濫								
				被子植物の放散			大量絶滅	
石灰質プランクトンの放散		●最初の有胎盤哺乳類			真骨魚類の放散			白亜紀

PART 4

白亜紀の最も重要な進展の1つは，それまでパンゲアを構成していた要素の漂移と分離が続くと共に，地球の地理が変わったことだった．この過程は中生代のより早期に始まっていたが，白亜紀初期の諸大陸間の距離は現在ほど離れてはいなかった．実際，ゴンドワナの南方大陸は白亜紀初期には，まだしっかり一塊りになっていた．アフリカと南アメリカの個々の大陸が次第に現れ，インド半島は分離し，海を横断して，完全に離れたアジア大陸と合体した．はるか南のオーストラリアと南極だけが繋がったままだった．

> 白亜紀が進むと共に，
> 密接した
> 構成下にあった
> 個々の大陸は
> 漂移して離れ始めた．

新しい海洋が形成中であり，より古い海洋は大陸間の距離の増大と共に拡大していた．大西洋南部，カリブ海，メキシコ湾はすべて，白亜紀前期に開いている．幼年期には，現代の海洋は今日よりはるかに狭かった．大西洋は極から極までジグザグに走り，南北両アメリカをヨーロッパとアフリカから分離した．最初の大地溝に断層が生まれた時の状況によるのだが，大西洋の大陸棚は東端より西端の方が広かった．中央海嶺両側での左右相称的な大西洋の拡大は，これに対応したホットスポット性の鎖状の火山島列の左右相称的なパターンを生んだ．現代の一連のハワイ諸島が形成された場合と同じ型である．

さらに東では，インド洋（Indian Ocean）がテーチス海から形成されつつあった．ゴンドワナの北縁から分離し，テーチス海を漂移横断した大陸塊は，今や，アジア大陸の南縁に合体し，最終的にはヒマラヤ山脈になる最初の褶曲を生んだ．これらの大陸塊を引き寄せ，海を渡らせた沈み込み作用は継続していた．いったん大陸片が結合すると，その作用の兆候である新しい海溝と弧状列島が沖合に出現した．インド本体部分は分裂し，先行した2つの大陸塊の後を追いながら，その後ろに断片を落とした．この断片が，マダガスカルおよび現在はセーシェル諸島として，インド洋上に姿を見せているマスカリン（Mascarene）の海台だった．

諸大陸のより低い地域には広大な陸棚海が広がった．アジアでは，ウラル山脈のすぐ東に，オビ海盆が北方の海洋から南方へと広がった．さらに西では，西ヨーロッパのほぼ全体が氾濫し，北方の海洋の陸棚海がテーチス海の陸棚海と結び，島々の点在する広大な大陸棚が生まれ，そこに白亜紀の大量のチョーク堆積物（chalk deposit）が蓄積した．ここには乾燥した1つの陸塊があり，この地域が後のスペインとポルトガルになった．北大西洋が開いたことで，この陸塊は大陸の縁からもぎ取られ，アフリカ・ヨーロッパ両大陸間の相対的な動きによって反時計回りに回転し，ビスケー湾（Bay of Biscay）が開き，接合箇所に沿ってピレネー山脈（Pyrenees）をもみくしゃにした．

北アメリカ大陸では，マウリ海（Mowry Sea）が南方に広がり，新しく隆起しつつあったロッキー山脈をカナダ楯状地から分離した．白亜紀が進むとともに，この内海は新しく出現したメキシコ湾と繋がり，連続して南北にのびる内陸海路（interior seaway）を生み，北アメリカ大陸を2つの陸域に分けた．東にはアパラチアの巨大な島があり，この島は概して起伏は少なく，白亜紀後期の間，地殻変動の点では活発でなかった．西では，たえず隆起し続けるロッキー山脈によって，コルディレラ山系が形成された．当時のこの発達はセヴィア造山運動（Sevier orogeny）と呼ばれている．コルディレラ山系ははるか北まで伸び，現在のベーリング海峡の所で西に向きを変え，北アメリカ大陸のこの部分とアジア北部を繋いでいた．南では，メキシコ地域でコルディレラ山系は途切れ，コルディレラ山系の端と南アメリカ北端の間には開けた外洋があった．南北アメリカの間にあった弧状列島は，最終的に中央アメリカになる陸橋の前兆だった．

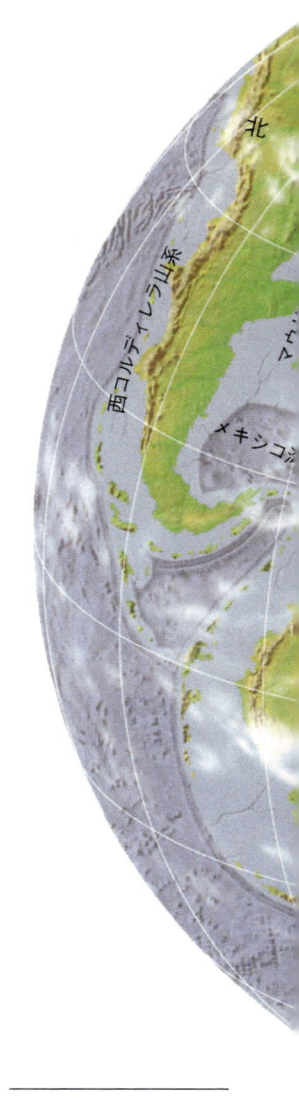

ヨーロッパのチョークの海

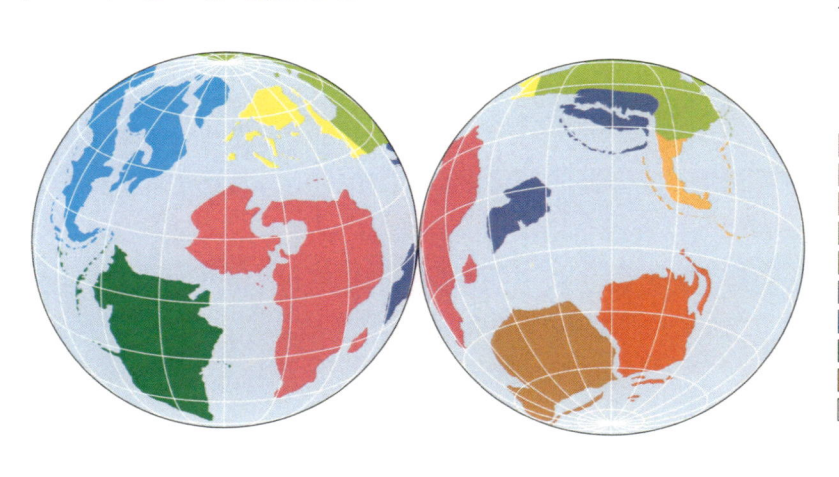

ヨーロッパの陸棚海の層にチョークが蓄積し，イングランド南海岸のドーセット（Dorset）に白い崖（左上写真）として目立つ堆積物を生んだ．他の有名なチョーク堆積物はカンザス州——北アメリカの内陸海路に堆積——およびテネシー州とアラバマ州——海路と創成時のメキシコ湾間の大陸棚に堆積——で見出される．

- アフリカと中東
- 南極
- オーストラリアとニューギニア
- 中央アジア
- ヨーロッパ
- インド
- 北アメリカ
- 南アメリカ
- 東南アジア
- その他の陸地

白亜紀

中 生 代

南北アメリカ間の開けた海路は，赤道域の海流がまだ活発で，地球のあらゆる地域に温暖な気候をもたらしていたことを意味する．北大西洋にはメキシコ湾流の前兆が存在した．このことは，現在のニューファンドランドとアイルランドに熱帯性の海が起源としか考え得ない動物化石が出るという事実で証明されている．

浅海で分割された大陸は北アメリカだけではなかった．パンゲアの分裂で生まれた「取り残された地溝」の線沿いにあるトランスサハラ海路（trans-Sahara seaway）とイウレメデン海盆（Iullemmeden Basin）によって西アフリカが分離した．

白亜紀の世界

宇宙からは，白亜紀後期の世界は海洋の世界に見えたであろう．個々の大陸は，もはや古いパンゲア大陸から分離していた．オーストラリアと南極だけはまだ繋がっていた．これらの大陸は互いから離れつつあった．パンゲア大陸が覆わなかった地域を占めた広大な世界海洋パンサラッサ（古太平洋）はもはや存在しなかった．パンサラッサは拡大中の諸大陸に両側から侵略され，縮小し，現代の太平洋になりつつあった．拡大中のこの海洋底が中央アメリカと南アメリカを押し動かしていた．

白亜紀

PART 4

オーストラリアの疑問

全大陸中でオーストラリアだけが，白亜紀後期の陸棚海拡大に影響されなかったらしい．白亜紀初期のオーストラリアには確かにかなりの内海があったが，他のすべての大陸が氾濫した白亜紀後期にオーストラリアは，ほぼ全土が乾燥したままだった．西部と北西部の小さい地域にだけ，縁海があった．大陸は海水面より高かったに違いなく，今日より350〜650 m高かったと推測されている．このことは，大陸の西にあった複雑な沈み込み帯が白亜紀後期の大陸を，完全に破壊されていなかった海洋プレートの上に乗り上げさせたことによるかもしれない．現在のオーストラリアの南西に，ケルゲレン（Kerguelen）海台とブロークンリッジ（Broken Ridge）海台がある．本来，これらの海台は大陸地殻の一部だったが，現在はインド海嶺によって分かれている．深海掘削で発見された植物化石は，この地域が部分的に陸上にあったことを示しているが，おそらく，前記と同じ現象によるものである．

ア山脈とカレドニア山脈の線づたいに地溝が伸びている．造山運動で生じた地殻のひずみが，構造的な対流の影響が現れる弱い地帯を生んだのであろう．

いったん大地溝が確立すると，大地溝の海洋への発達は簡単に跡付けられる．大地溝の底に沼沢と淡水の池が形成されると共に，淡水と地表の堆積物が最初に蓄積する．約2000万年後，谷は約100〜200 kmに広がり，海水が入り込み始める．塩の堆積物は海水が湖に集まり蒸発する際に形成される．

さらに2000万年ほど後，大陸の2つの部分は実際に分裂し，両者の間で新しい海洋地殻が形成され始める．最初の大地溝の対応する側面は今では200〜600 km離れ，両者の間には開けた海路ができる．約3000万〜5000万年後には，両側の隆起した大陸域は沈下し始め，氾濫縁に大陸棚が形成される．大断層が支配的だった側では断層の生成が続き，その大陸縁が一連の地塁塊として沈下する．影響を受ける地域は極めて広いことがあり，地表が海面下に沈下するにつれて，陸から海に押し流された堆積物で覆われる．その結果が極めて広い大陸棚である．

> 大陸が分裂，
> 移動して分離した間隙を
> 海洋が満たす．
> パンゲアにあった多数の
> 地溝が，これに多くの
> 機会を与えた．

海洋は大陸の分離しつつある大地溝で生まれる．マントル対流が物質を地表に向かって上昇させ，マントルの最上部の層でその物質を外側に広げる．この活動により，地表の岩石圏と共にそこにあるすべての大陸地殻が持ち上がる．張力が供給され，その結果，大陸は広がり，断層が形成され，最終的には，地殻の弱い線に沿って形成された大地溝で大陸が割れる．これはジュラ紀の諸大陸に多かった状況である．大陸塊が既に合体していた地域でも大地溝形成が起こったことはあるようだ．そのすばらしい一例が北大西洋にある．そこでは，デボン紀と石炭紀に，北方の大陸が合体する中で形成されたアパラチ

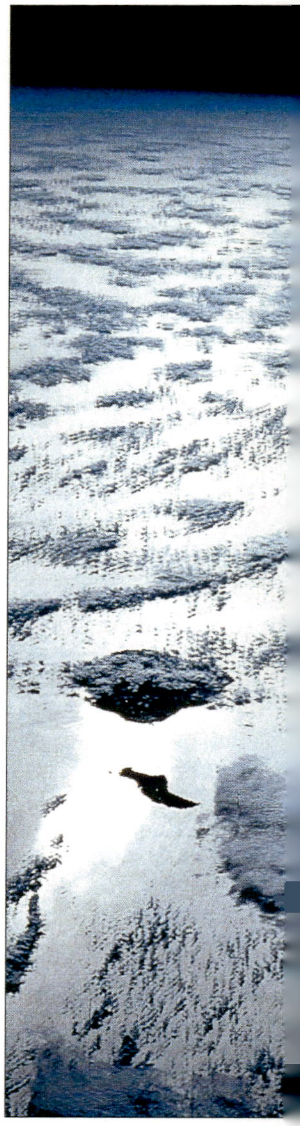

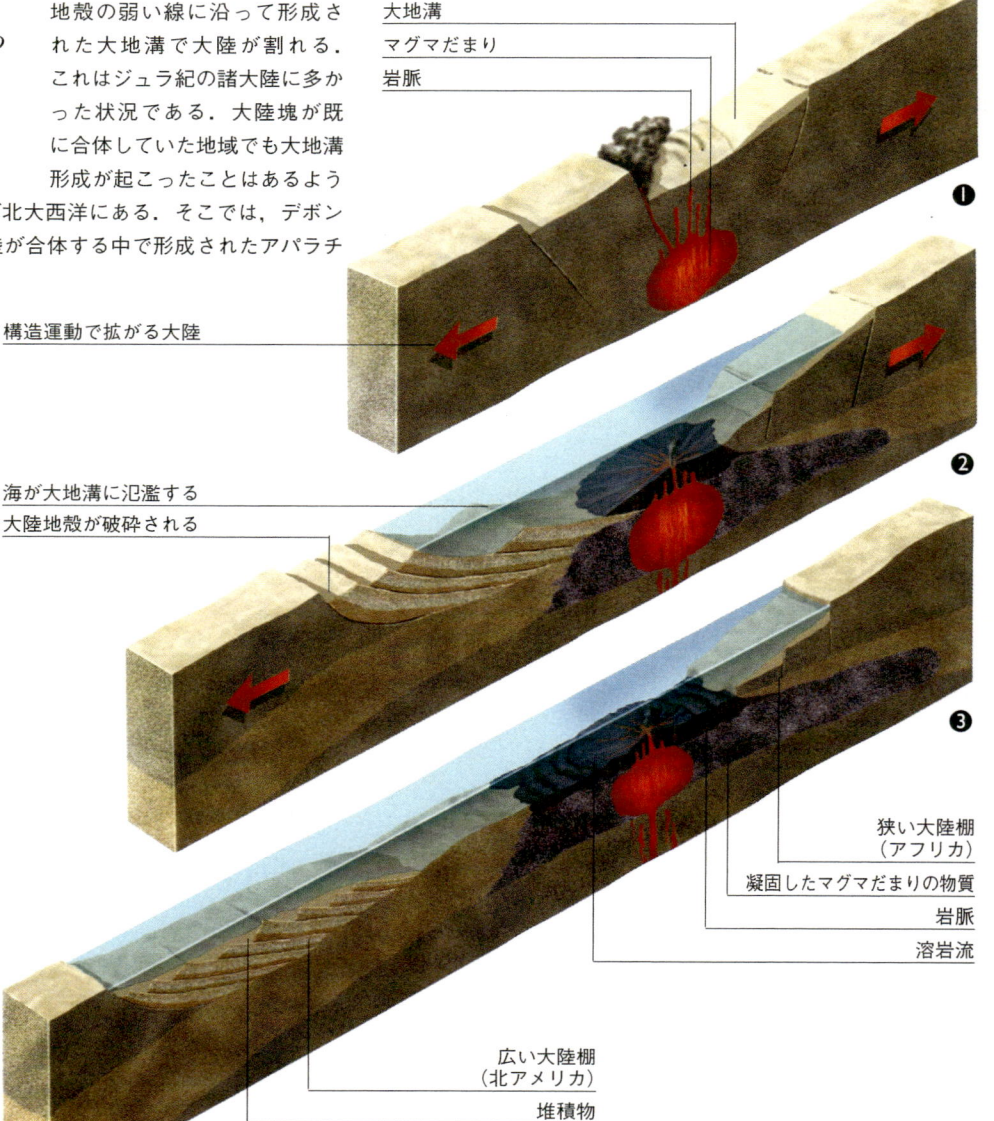

海洋の成長

海洋地殻はマントルから噴出して凝固する新しい物質で形成される．表面の大陸地殻が隆起し，割れて大地溝ができると，溶けた岩石のマグマだまりが下に集まる（1）．このマグマだまりから，溶けた物質が割れ目を通って押し上がる．時にはそこで岩脈として凝固し，時には火山として表面で噴火する．大陸地殻の2つの地域が引き離されると共に，表面では溶岩流から，その下では凝固した岩脈から，そして，深部のマグマだまりの縁では冷えて結晶した岩石から形成された火成物質が両地域の間を埋める．これが海洋地殻の構造である（2）．大陸の縁は沈下し，片側には断層を生み，反対側はゆるやかに下方へたわみ，大陸棚を形成する（3）．

鎖状列島

新しい海洋地殻がそれを生んだ海嶺から移動して離れるにつれ，ホットスポットの上に現れる火山（1）は，できた所から運ばれ去る．この火山は死火山になって浸食され始め，一方，別の活火山がホットスポット上の新しくできた地殻に現れる（2）．その結果，ホットスポットの活火山から離れる方向に伸びる，順により古くなる一連の火山島ができる（3）．

現代のホットスポット

ハワイの主要な8つの島は，太平洋に700 kmに及ぶ列で伸びている．その先では，島々は完全に水没している．さらに東の海底に新しい噴気孔があるが，ハワイ島（右上）だけが目下のところ活動的である．

大地溝
マグマだまり
岩脈

構造運動で拡がる大陸

海が大地溝に氾濫する
大陸地殻が破砕される

狭い大陸棚
（アフリカ）
凝固したマグマだまりの物質
岩脈
溶岩流

広い大陸棚
（北アメリカ）
堆積物

白亜紀

中 生 代

海嶺
ホットスポット
島火山

新しい火山
古い火山

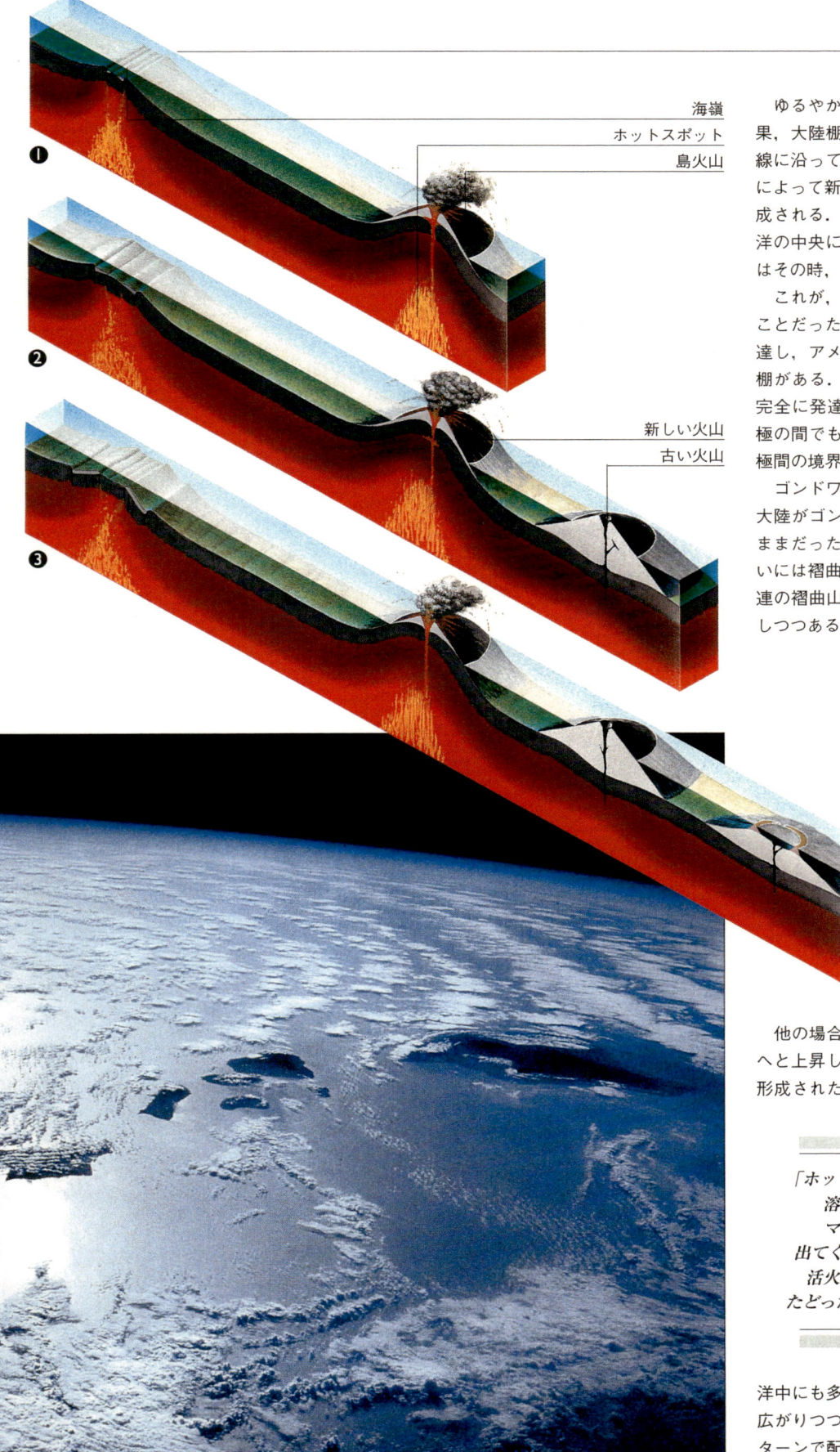

ゆるやかに下方へたわんだ反対側の沈下はより急で，その結果，大陸棚は狭くなり，永続する海嶺が発達する．その海嶺の線に沿って，地球のマントルからたえず上昇してくる火成物質によって新しい海洋地殻物質が据え付けられ，岩脈と火山が形成される．海洋の縁に沈み込み地域が無ければ，この海嶺は海洋の中央に伸び，海洋構造は両側で左右相称になる．その地域はその時，十分に発達した海洋である．

これが，まさに，白亜紀の地球の様々な場所で起こっていたことだった．大西洋はジュラ紀の大地溝から広がって完全に発達し，アメリカ側には広い大陸棚が，アフリカ側には狭い大陸棚がある．同様に，インドとアフリカの間の割れ目は広がり，完全に発達した海洋の段階になり（インド洋），アフリカと南極の間でも同じことが起こった．しかし，オーストラリアと南極間の境界は，まだ大地溝だった．

ゴンドワナの分裂に関連したすべての運動を通して，他の諸大陸がゴンドワナから分離したのに対し，アフリカは動かないままだったらしい．他のすべての大陸は分離し続け，その縁沿いには褶曲山地が存在した．今日でも，アフリカには広大な一連の褶曲山地は無いが，グレートリフトヴァレーは大陸が分裂しつつあることを示している．

他の場合，溶けた物質がマントルから地殻を通って地表の外へと上昇していた．このような「ホットスポット」上に火山が形成された．たえず動いている構造プレートは，活動の中心から火山を移動させ，火山を休火山にした．この活動が続く中で，活動を停止した火山のそばに新しい火山が出現した．その結果が，順により古く，より浸食された一連の火山となって，ホットスポットからプレートの移動方向に伸びた．現代の太平洋にはこのような鎖状の火山が多数あり，白亜紀の海洋中にも多数あった．大西洋が左右相称に開いたということは，広がりつつある海嶺の両側で，このような火山島列が1つのパターンで配置されていたことを意味している．南大西洋のウォルビス海嶺（Walfisch Ridge）とリオグランデ海台（Rio Grande Plateau）は白亜紀に成長した火山島列の遺物で，現代のトリスタン・ダ・クーナ（Tristan da Cunha）はこの両者に共通のホットスポット上に目下位置している活火山である．

「ホットスポット」は溶けた溶岩がマントルから出てくる場所であり，活火山と死火山のたどった軌跡を残した．

白亜紀

PART 4

海洋地殻は比較的単純な構造で，溶岩層の下に垂直方向の岩脈から成る層があり，その下にマグマだまりから結晶した物質の層がある．大陸地殻は極めて複雑である．火成物質の噴出を受けた太古の変成岩から成り，上部は堆積岩で覆われている．大陸中央部の堆積岩は比較的乱されないままでいることもあるが，沈み込み帯に近い大陸の縁では，ねじ曲げられ，剪断され，断層が生じ，割れ，完全にめちゃくちゃにされている．新しい大陸地殻が造られるのは大陸の縁である．

> 大陸地殻は
> 大陸の縁にある
> 沈み込み帯で造られ，
> 海洋地殻より
> 遥かに複雑である．

海洋プレート（oceanic plate）が大陸プレート（continental plate）の下を滑っていくにつれ，海洋プレートが運んだすべての堆積物はかき集められ，大陸縁に堆積されつつある堆積物と混合される．その後，2つのプレート間の動きによって，この混合物が剪断され，断層が生まれる．その結果が大陸縁にある褶曲山地である．この活動は沖で起こることもしばしばで，海岸と平行に走る鎖状の細長い島々を生む．今日，北アメリカ西海岸沖のヴァンクーヴァー島（Vancouver Island）と，南アメリカ南端の西側にあるチリー群島（Chilean Archipelago）で，これを見ることができる．これらの島々はすべて一時的な地形で，最終的には大陸の主要部と一体化する．

海洋プレートがマントル中に下降するにつれて，プレートは溶け始め，溶けた物質は上部の大陸プレートを通って上昇する．そこで，地表下のマグマだまりに集まり，そのマグマだまりから，海岸山脈地帯で火山（volcano）として噴出する．これらのマグマだまりのマグマは，海嶺下のマグマだまりのマグマと

大陸の縁

破壊的なプレートの縁にある褶曲山地は，単に，すべてがもみくしゃになった海洋性堆積物と大陸性岩石でできているわけではない．そうでなくて，沈み込みによって海洋を横切ってもたらされた島々や四散した大陸断片が大陸縁に一体化してできている．このような断片は互いにすべて異なり，山脈中にまったく異なったいく組もの組み合わせの岩石を生んでいる．このような断片は外来性テレーンとして知られる．

1　大陸の方に移動しつつある孤立した大陸塊
2　鎖状の古い火山島（外来性テレーンになる）
3　海洋性堆積物と外来性テレーンを組み込んでいる褶曲山地の島
4　海岸の褶曲山地
5　地殻が溶けてマグマだまりと火山が生じる
6　古いマグマだまりが冷え，浸食され，バソリス（底盤）になる
7　古い外来性テレーン
8　太古の変成した基盤
9　沖積平野

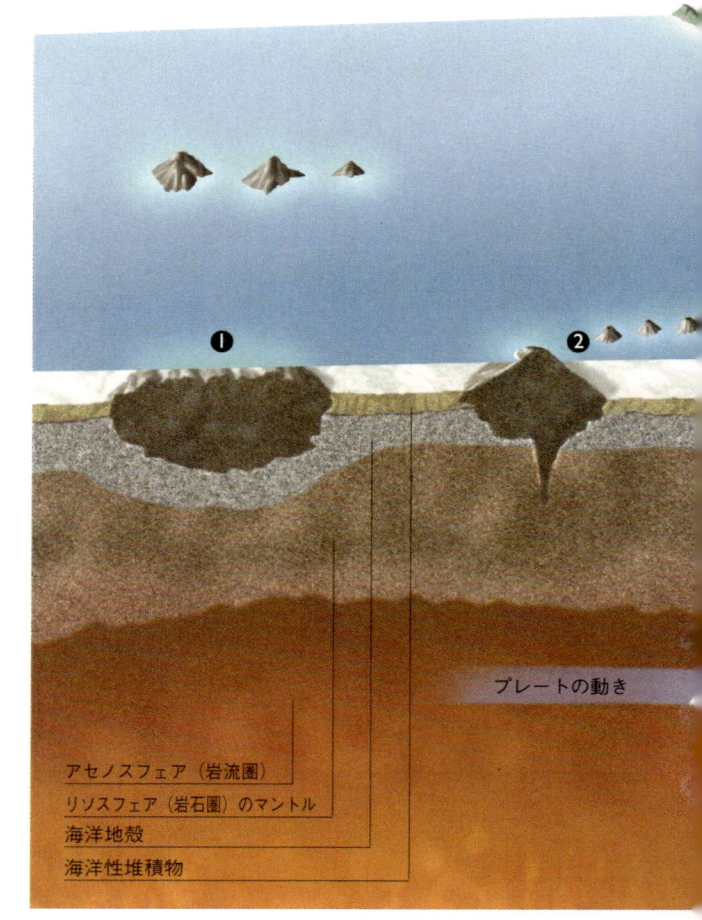

プレートの動き

アセノスフェア（岩流圏）
リソスフェア（岩石圏）のマントル
海洋地殻
海洋性堆積物

は組成が異なっている．溶融物がマントルに比べ，溶けた地殻物質に由来しているからである．セントヘレンズ山（Mount Saint Helens）やコトパクシ山（Mount Cotopaxi）など，これらの地域の火山噴火は，アイスランドやハワイなどの海洋地域のものより激しい．沈み込み帯が大陸からかなり離れている場合は，火山は沈み込み帯を示す海溝近くで，弧状列島として噴火する．

白亜紀には，海洋ばかりでなく，大陸も成長していた．その過程の重要な一部——特に北アメリカの西海岸——が外来性テレーン（exotic terrane）の付加だった．外来性テレーンは「異地性テレーン（allochthonous terrane）」「出所不明のテレーン」「転置されたテレーン」と呼ばれることがあり，「よそ者テレーン」と呼ばれたりもする．これらは大陸にもたらされ，そこで一体化した地殻物質の断片である．これらは古い弧状列島，大陸の断片，また，以前は海洋のどこかにあった海台の断片から成っている．海洋性岩石圏が大陸の方に移動し，沈み込み帯で破壊されるにつれ，これらの塊は大陸の縁に運ばれる．主として二酸化珪素とアルミナの優勢な大陸性の物質からできている外来性テレーンは，それらが載っているマグ

> 外来性テレーンでできている
> 西コルディレラ山系は，
> 北アメリカに広大な
> 西縁部を付加した．
> 付加以前の大陸の縁は
> 現在のネヴァダ州と
> アリゾナ州の所にあった．

白亜紀

中 生 代

外来性テレーン

ロッキー山脈，シエラネヴァダ（Sierra Nevada）山脈およびワシントン州からカリフォルニア州までの様々な海岸山脈から成る西コルディレラ山系は，200以上の外来性テレーンからできており，その多くは小縮尺の地図に示すには小さすぎる．外来性テレーンは地質時代の長期間にわたって蓄積した．活動は新生代に入っても続いたが，集積の大部分はペルム紀と白亜紀の間に起こった．個々の付加は北アメリカの西海岸に加わった．

シエラネヴァダ山脈

シエラネヴァダ山脈（左）はカリフォルニア州北部に約600 kmにわたって伸びている．この非常に高低のある地域は，調査者にとって手ごわい障壁だった．また，その極度な複雑さは，異なった組み合わせの岩石の類縁関係研究を困難にしている．

ネシウムに富む海洋プレートの物質より密度が低く，より浮揚性がある．その結果，沈下するプレートに引きずられるのに抵抗し，大陸の縁でかき落とされる．

北アメリカの西コルディレラ山系は多数の山脈から成る広い地帯で，太平洋岸からロッキー山脈まで伸びている．ほぼ全体が外来性テレーンから成り，個々の外来性テレーンは隣接するものと断層で分離されている．それらのすべてがどこから来たのかはまだ不明だが，特有の岩質はそれぞれが近隣のものとは起源が異なることを示している．地質学者はメキシコからアラスカまでで，これまで約200のテレーンを同定している．小さいものと，長さ数百 kmに及ぶものもある．付加の大部分はペルム紀と白亜紀の間に起こった．古地磁気の証拠によると，そのいくつかは本土到達前に1000〜2000 kmを移動したに違いないことを示している．少なくとも1つのテレーンは古生代に沖の弧状列島として付近で発達し，その後，沈み込みのパターンの変化に伴って大陸と一体化したらしい．より最近の時代では，東太平洋の海嶺が北アメリカ大陸の下に飲み込まれている．このことが西コルディレラ山系の地質をより複雑にしている．

現在，古い弧状列島と大陸の断片は，太平洋の海底に四散状態で存在する．アメリカ大陸の付加が終わったということはありそうもない．

白亜紀から，地球の生物史上で初めて，動物地理学（zoogeography）——動物分布の研究——が陸に生息した動物に適

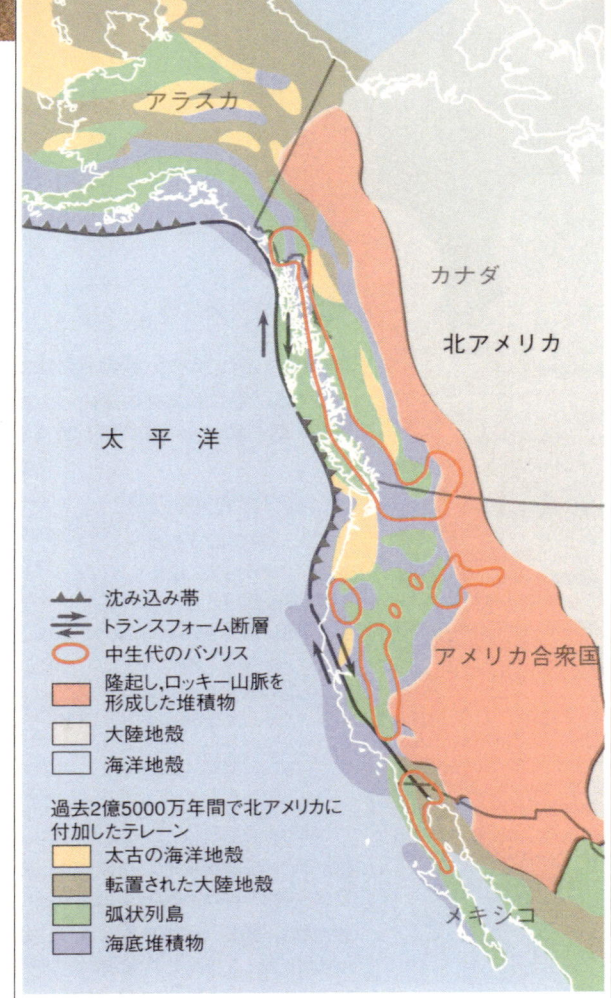

白亜紀

PART 4

化石発見の主要な地域
- ● よろい竜類
- ◉ 角竜類
- ● 鳥脚類
- ● 厚頭竜類
- ● 竜脚類
- ● 剣竜類
- ● 獣脚類
- → ハドロサウルス類の広まり

プロケラトプス（角竜類）

リアレナサウラ（鳥脚類）

イグアノドン（鳥脚類）

ティラノサウルス（獣脚類）

アルゼンチノサウルス（竜脚類）

白亜紀

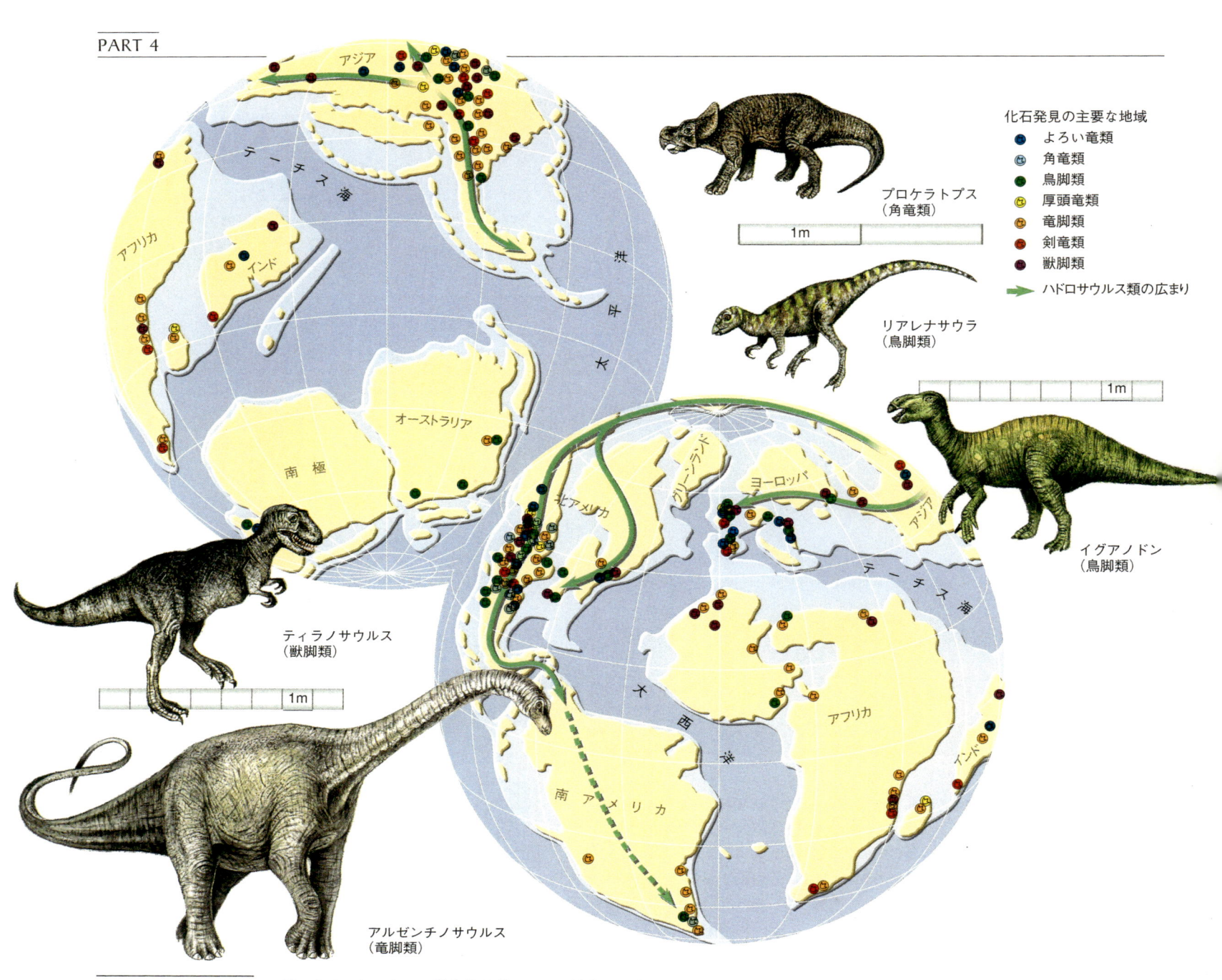

世界をめぐって

現在のベーリング海峡にあった陸橋で繋がっていたアジアと北アメリカの動物相は類似していた．恐竜類が最も多様だったのはここで，すべての主要グループを含んでいた．対照的に，南アメリカとアフリカはアルゼンチノサウルス（*Argentinosaurus*）などの，植物食で巨大な竜脚類の生息地だった．ハドロサウルス類（カモノハシ竜類）はモンゴルで生じ，北半球にコロニーを造った．その「前衛部隊」は南アメリカに達したが，大陸の分離がインド，アフリカまたはオーストラリアへのハドロサウルス類の拡大を止めた．

> 現代の世界は5つの主要な動物地理区に分けられる．白亜紀のこの隔離された広大な土地には，はるかに多くの区があったであろう．

用できるようになる．動物地理学は，ある特定の一連の動物がある特定大陸に生息する理由，および，それが別の大陸の異なった一連の動物と種類の異なる理由を研究する．2つの個体群の間にある障壁，および，2つの個体群が混在しない様々な理由を研究する．白亜紀以前は，パンゲアだった広大な大陸の動物分布はかなり一様だった．植物食のパレイアサウルス類と哺乳類型爬虫類の極めて類似した化石が，南アフリカとロシアのペルム系岩石中で見つかっている．ジュラ紀には，後のタンザニアとコロラド州に同じ恐竜類が生息していた．しかし，白亜紀には，異なる陸生動物が異なる大陸に生息し始めた．今日，隔離されたオーストラリア大陸に独特の種がいるのとまったく同じで，白亜紀には，諸大陸が漂移・分離と共に，各大陸に新しい動物が進化しつつあった．これらの大陸内には，白亜紀末の各地に広がった陸棚海によって分割された孤立した陸塊があり，地方に局限されたより多くの動物地理区（zoogeographic province）をうんだ．

様々な動物個体群を分離した要素と，まさに同じくらい興味深いのが，それらを結合した要素である．現在は，アジア北部と北アメリカが2つの別個の動物地理区（動物が特有な地域）を形成するとみなされている．現代のベーリング海峡がこれら両地区間の障壁になっている．しかし，白亜紀にベーリング海峡は無く，アジア北部と北アメリカの西コルディレラ山系は連続した広大な土地だった．したがって，著しく類似した恐竜化石がこの2つの大陸で発見されることは驚くにあたらない．

特定グループの進化の跡を1つの地域から別の地域へたどることもできる．角竜類（ceratopsians）——角のある恐竜類——はアジア北部で進化した．このグループは発展しながら東へ広がり，成功の絶頂時にはカナダとアメリカ合衆国西部の森林に生息した．ハドロサウルス類（カモノハシ竜類）はヨーロッパ東部のどこかで，イグアノドン類の系列から起こったと思われる．その後，アジアへ，そしてアメリカ北部へと広がり，そこで当時の最も重要な植物食恐竜になった．白亜紀が進むにつれ，世界の大部分で，ハドロサウルス類は長い頸を持つ竜脚類に取って代わった．当時，島大陸だった南アメリカは例外だ

中生代

った．南アメリカは独自の動物地理区で，白亜紀末まで，長い頸を持つ竜脚類が最も重要な植物食恐竜であり続けた．

白亜紀の間，世界中の気候条件がかなり一様だったという事実にもかかわらず，環境条件にはいくらかの違いがあり，これが動物の違いにつながった．はるか北方の北極圏の当時のアラスカは，1年のある期間は一日中暗闇だった．気候は氷結するには温暖すぎた．湿気の多い条件は今日の太平洋北西部と似ていて，植生は横からの陽が当たらない小さい落葉樹から成っていた．恐竜類は季節によって，この地域を渡りで出入りした．

> 季節条件の
> 小さな地方差は，
> 白亜紀生物の
> 顕著な多様性の
> 一因になった．

白亜紀の後の方になるとその全域が氾濫したが，それ以前の白亜紀前期，ヨーロッパ北部にあった広くてじめじめした平野には，トクサ類とシダ類の広大な湿地があり，イグアノドン（*Iguanodon*）の群れが採餌していた．これらの条件は季節的なものではなかったため，渡りの必要はなかったようである．

アジア北部など，最大の大陸中心部は乾燥条件にあった．ゴビ砂漠には砂嵐で突然の死を迎えた，原始的な角竜類プロトケラトプス（*Protoceratops*）の群れの化石がある．争っている間に共に死んだ動物もいた．

当時のオーストラリアは，まだ南極圏内にあった．ここでの気候条件はアラスカに似ており，大型動物は渡りをし，小型動物は季節をしのいだ．大きな目を持つヒプシロフォドン類のリアレナサウラ（*Leaellynasaura*）など，オーストラリア白亜紀前期には独特の生物がいた．大きな目は，おそらく，南極の長い夜への適応であろう．現代の南アメリカに多少似た，マキ類，チリマツ，ナンキョクブナの森林があったにもかかわらず，石炭はわずかしか，あるいはまったく形成されなかった．おそらく泥炭が形成されるには乾燥しすぎていたのであろう．

同じ大陸内でも変異があった．北アメリカにはジュラ紀以来変わりのない，針葉樹類の木立を持つ，開けて乾燥した陸域がまだあり，アラモサウルス（*Alamosaurus*）などの長い頸を持つ竜脚類が生存できた．他の地域には，新しく進化した被子植物，すなわち現代に似た広葉樹の，より密生した森林があった．これらはカモノハシ竜類と装甲を持つアンキロサウルス類の生息地だった．

現在知られている恐竜類の種の半分は白亜紀後期のものである．頷ける理由の1つは，個々の隔離された地域が多数の類型の異なる恐竜類を支えたとするものである．白亜紀の後半に海

最上位の肉食動物

収斂進化は動物地理学における重要な概念で，同形の動物が類似の条件を持つ異なった地域で，独自に発達するように思われる．ティラノサウルス（*Tyrannosaurus*）はかつて陸に生息した最大の肉食動物の1つだった．ティラノサウルス科は北アメリカとアジアに生息した．ギガノトサウルス（*Giganotosaurus*）などのほとんど同じ大きさ，あるいはより大きい肉食動物が新しく孤立した南アメリカ大陸で進化したが，これらは類縁のないテタヌラ類から進化した．両地域の条件が巨大な肉食動物の進化に味方したのである．

PART 4

が上昇すると共に，小さな地域が切り離され，中央ヨーロッパは分散した小さな島々になった．これらの島からは矮小型の恐竜類の化石が発見される．テルマトサウルス（*Telmatosaurus*）はカモノハシ竜類だが，本土に生息する同類の1/3の全長しかなかった．ストルチオサウルス（*Struthiosaurus*）は装甲を持つアンキロサウルス類だが，小型のヒツジ並の大きさしかなかった．こういった矮小型は新生代の哺乳類と現代のシェトランドポニーでも見られる．シェトランドポニーはスコットランド沖の，資源に限りのある一連の隔離された島で産している．

この時まで，中生代の植物相にはマキ類やナンヨウスギ類のような原始的針葉樹類とイチョウ類，木生シダ類，ソテツ類，ソテツ類に似た植物が優位を占めていた．これらはまだ存在したが，白亜紀になるとマツ類やモミ類などのより現代風な針葉樹類や，オーク，アッシュポプラ，スズカケノキ，カエデ，ヤナギ，カバノキを含む顕花植物もあった．モクレン，クスノキ，ガマズミ，モチノキ，ゲッケイジュの茂みもあった．下生えの草本植物はユキノシタ，ユリ，サクラソウ，ヒースだった．ブドウの木とトケイソウ類植物を含む，つる植物がこれらすべてに巻き付き，極めて独特で現代風の植物相を形成した．今では，緑色の背景に混じり，鮮やかな色の花も存在した．

> *顕花植物は白亜紀の景観を変え，現代人に馴染みあるものになった．オーク類，カエデ類やヤナギ類がイチョウ類と混在した．モクレン類，ユリ類やガマズミ類がすべて花をつけた．*

恐竜類の存在は顕花植物の進化に貢献した1つの生態的要素だったかもしれない．中生代のより初期の主要な植物食動物は，長い頸を持つ巨大な植食の竜脚類で，針葉樹類から針状葉をこそぎ取り，巨大な消化器系でそれを処理した．

イグアノドンや，下方に曲がった頸と幅広いくちばしを持つハドロサウルス類などの白亜紀の鳥脚類（ornithopods）は，地表採餌により適応していた．彼らは採餌域のあらゆる下生えを極めて効率良く片付けた．このような条件の中で，進化はすばやく繁殖できる植物――つまり，一歩先んじたスタートを切る上でたっぷりした栄養分を持つ種子と，地表部が傷つき食べられても，地下茎で繁殖する能力を備えた植物に味方した．

いったん顕花植物が進化すると，その進化と恐竜類の進化はおそらく並行して進んだ．多数の異なる顕花植物は，その新種を食べる多数の異なった恐竜類の種の発達につながっただろう．既知のすべての恐竜類の半数は白亜紀最後の2000万年からのものであるという事実の，別の理由はこれだったかもしれない．進化に密接な関係を持つものがもう1つある．新しく登場した種子の非常に栄養価が高いという性質は，恐竜類がそれを分解する上でさほど複雑な消化器系を必要としなかったであろうことを意味している．そのため，より後の時代の植物食恐竜は，概して，それ以前の巨大竜脚類より小さかった．

しかし，いくつかの地域では，古い時代からのソテツ類と針葉樹類が優勢なままだった．角竜類の細いくちばしはソテツ類の葉を摘み取る上で理想的だった．恐竜時代の終わりまで竜脚類が生きることにすがり付いたのは，このような場所だった．

砂漠の恐竜類

白亜紀後期の2頭の恐竜の骨格が，組み合って死んだ状態で横たわっている．生きている最後の際まで，2頭は闘っていた．ヴェロキラプトルはプロトケラトプスの頭部の襟飾りをつかみ，後ろ足の殺すための爪で腹部を切り裂いた．一方，プロトケラトプスは攻撃者の腹部にくちばしを食い込ませた．どちらも戦いには勝たなかった．砂嵐があまりに突然に発生し，両者を埋め，窒息死させたからである．（訳注：この標本のレプリカ骨格が，群馬県神流町恐竜センターと福井県立恐竜博物館に展示されている．）

化石記録はほとんどが海生動物の化石に基づいている．理由は明白である．海底では常に堆積物が集積している．海生生物が死ぬと，この堆積物中に沈む．死体は埋まり，堆積物が岩石になる時，その死体は化石化する．一方，地表は堆積よりはむしろ浸食の場である．陸上の死んだ動物は腐食動物によってばらばらにされ，硬い部分は風化で壊される．通常，陸生動物は河川か湖に沈んだ場合に限って保存される．これが恐竜化石が，魚竜類や長頸竜類など海生爬虫類の化石に比べ

> *多くの恐竜類は1つの断片しか知られていない．完全骨格は非常に稀である．*

白亜紀

中　生　代

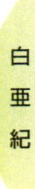

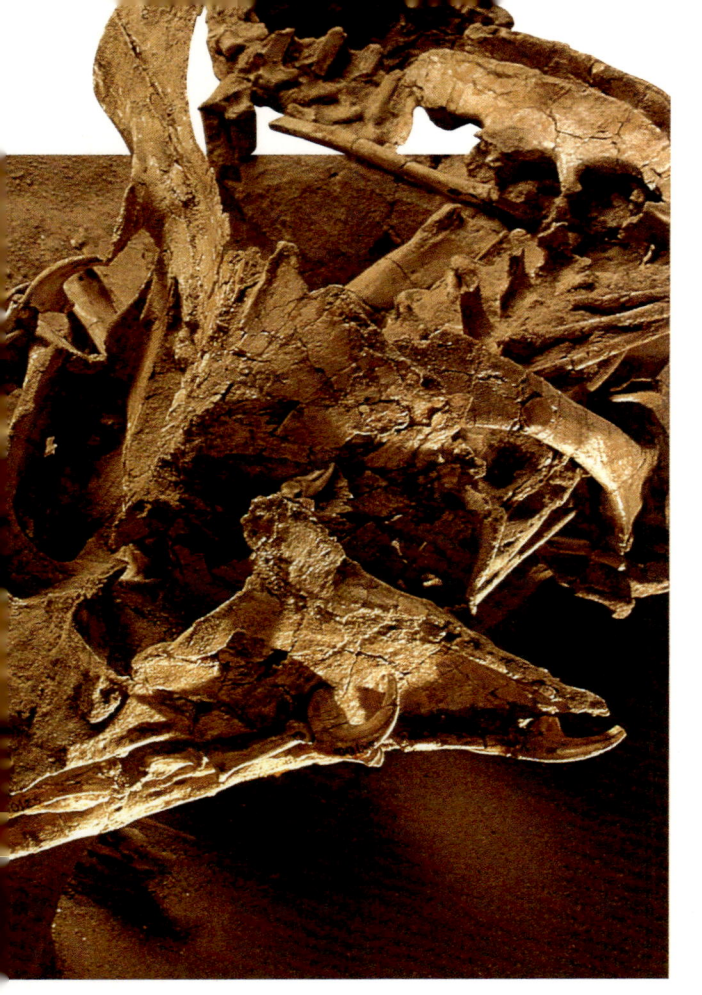

はるかに少ない理由である．これまで，恐竜化石は約3000しか発見されていない．

　もっとも，乾いた陸地で良好に保存された例も多数ある．1820年代以降の恐竜研究史の初期には，科学者たちは断片しか研究対象を持てなかった．化石化した骨と歯の断片が爬虫類起源と考えられたため，最初，恐竜類は巨大な竜のようなトカゲ類に分類された．1879年，ベルギーのベルニサール（Bernissart）の炭鉱で30点以上のイグアノドンの骨格化石が発見されるまで，これが一般的な解釈だった．石炭紀の炭層を掘り進んでいた鉱夫たちが，化石化した骨の集中した岩塊に，突然出会った．これらの化石を含んだ岩塊を取り去るのに2年，その化石の詳細な研究をするには更に30年を要した．

　科学者たちが研究できる完全骨格を持ち，それに結論の基礎を置いたのはこれが最初だった．これらの化石から作られた最初の復元は，カンガルーのように立った動物のものだった．アメリカ産のカモノハシ竜ハドロサウルス（Hadrosaurus）の二足歩行姿勢は約20年前に提唱されていたが，これは部分骨格にしか基づいていなかった．

　完全なイグアノドン骨格は完全に関節でつながっており，小さい頭，長い尾，前肢より長い後肢を持つ動物を示していた．当時のベルギー国王はそれがキリンのように見えると言った．実際，直立姿勢と，若芽を食べる小さい頭と長い頸からすると，イグアノドンは高い木々の頂に容易に届いただろう．しかし，現代の研究では，イグアノドンは大部分の時間を四肢で立って過ごし，地面から採餌したことが示唆されている．

　完全に関節でつながった恐竜化石のもう1つの例はモンゴル産のものである．白亜紀後期，そこには小型の角竜類プロトケラトプスが生息した．この動物は極めて豊富だったため，景観の中ではヒツジのように点在したに違いない．現代の古生物学者たちは，しばしば，砂漠の砂岩中に生きているような姿勢で保存された完全骨格を発見している．このような発見から通常引き出される推論は，動物が突然の砂嵐に巻き込まれ，避難場を見つける前に窒息死したとするものである．今日，このような砂嵐はその地域でよく見られる．このような事件の突発さの証拠になる化石がある．太古の2頭の敵対者——プロトケラトプスと肉食のヴェロキラプトル（Velociraptor）——が互いに組み合った完全な状態で保存された化石で，この2頭は互いの内臓と命をもぎ取っている最中に死んだ．

石炭紀の岩石，
白亜紀の恐竜類

白亜紀前期，英国南部とヨーロッパ北部に，沼沢地の多い広い平野が広がった．北の縁は石炭紀の石灰岩の山脈と夾炭層が境界になっていた．石灰岩は落ち込み穴と洞窟を生む，通常の浸食過程にさらされていたであろう．イグアノドンは沼沢地のシダ類やトクサ類を食べたが，ある地域から別の地域に移動する時は，おそらく，高地沿いに群れで移動した．そこで，不注意な動物が足場を誤って穴に落ちたのかもしれない．1億3500万年後にベルニサールの炭鉱夫が石炭紀の岩石に坑道を掘り進んでいた時，発見されることになった．

白亜紀

PART 4

数千万年以内に，ヨーロッパ北部，ウィールド地方の平野はすべてが浅海の下になり，乾いた陸地として残った所には完全に異なった植生を持つことになるが，白亜紀前半の終わりの日々はこのようだった．池や銀白色の水をたたえた水路を縁取るトクサ類の原野は，地平線にかすんで見える石灰岩の山並みまで伸びていた．ところどころで，多少とも乾いた地面には根付いた針葉樹類，シカデオイデア類，シダ類の木立が目立っていた．水面のすぐ上を緑の中に鮮やかな色のひらめきを見せて，イトトンボの類が水面すれすれに飛んで行った．茎と根の間では，社会性を持つ世界最初の昆虫，シロアリ類のコロニーがざわめいていた．

白亜紀前期，ヨーロッパ北部は高温多湿の沼沢地の広大な広がりだった．間もなく氾濫し，顕花植物にあふれた現代の景観として再出現することになる．

高い空には大型の翼竜オルニトデスムス (*Ornithodesmus*) が旋回し，小型の獲物が現れるのを注意深く待っているが，その翼竜が見た動物たちは捕えるには大きすぎた．平野には，イグアノドンの群れが歩き回り，歩きながらトクサ類を食べていた．彼らの足の間を，より小型の類縁動物ヒプシロフォドン (*Hypsilophodon*) が敏捷に動き回り，大型動物の存在を保護に利用していた．肉食者もいた．流れのそばで，くちばしの長いバリオニクス (*Baryonyx*) がうずくまっていたが，イグアノドンの肉にはまったく関心を見せず，魚が泳いで来るのを待っていた．しかし，群れを追跡していたのは，恐ろしい獣脚類のネオヴェナトル (*Neovenator*) だった．ネオヴェナトルは今すぐの脅威ではなかった．まだ空腹でなかっただけのことである．

1 イグアノドン（鳥脚類）
2 ヒプシロフォドン（鳥脚類）
3 ネオヴェナトル（獣脚類）
4 オルニトデスムス（翼竜類）
5 バリオニクス（獣脚類）
6 アラウカリア（「ナンヨウスギ類」）
7 イチョウ類
8 ウェイクセリア（シダ類）
9 エクイセティテス（トクサ類）
10 ウィリアムソニア（シカデオイデア類）

白亜紀

中生代

白亜紀

PART 4

白亜紀末の大量絶滅は地球史上で最大のものではなかったが，確かに最も有名である．恐竜時代に終わりをもたらしたが，空を飛び，また，泳ぐ爬虫類，ベレムナイト類とアンモナイト類，海にいた特殊化した二枚貝類，そして魚類の多くのグループも絶滅させた．この大量絶滅はしばしば「KT 事件」と呼ばれる．K はドイツ語で白亜紀を意味する Kreide から，T は Tertiary（第三紀）から来ている．KT 事件は約 6500 万年前に起こり，白亜紀だけではなく中生代そのものを終わらせた．体重が約 25 kg を越すあらゆる陸生動物を絶滅させた．そして，地球は生き延びた小型動物の子孫であるまったく異なったグループの再入植のために開かれた．

種の約 75 ％が白亜紀末に絶滅した．

実際に何が起こったかは幾分謎のままだが，学説は「激変派」（catastrophist）と「漸減派」（gradualist）に分けられる．

激変説で最も重要なのは，6500 万年前，地球に隕石あるいは彗星の雨が衝突したとするものである．衝撃波は直下の地域にいたあらゆるものを一掃したであろう．また，そびえ立った海の波は低い陸地を洗い流したであろう．煙と灰と塵は大気中に広がり，日光を遮断して植物の生長を抑制し，酸性雨が世界中に損害を引き起こしたであろう．崩壊した生態系の中では，多くの生物にとり，生き延びることは極めて難しかったようである．

隕石衝突説は，地球の別々の場所で，KT 境界の年代に当たるイリジウム——地表では稀な元素だが，隕石にはよく見られる——の層が発見された 1970 年代に提唱された．この仮説の支持者は「衝撃」石英粒子の存在も証拠にあげている．衝撃石英はこのような衝突による熱と圧力の下でしか形成されない，平行な溶接した破面を示す．その後，巨大な隕石孔に似た，また，KT 境界に年代付けられる深い地下構造がメキシコのユカタン（Yucatán）半島の海岸沖で見つかっている．このクレーターの直径は約 180 km で，これを生むためには直径 10 km の物体が必要である．これによって生じた津波は，メキシコ湾周辺内陸部のあらゆる方向に，数百 km にわたって押し寄せただろう．

激変説の代案は，当時，世界は多くの火山活動を経験していたというものである．よい例となるのはインドのデカントラップ（Deccan Traps）で 50 万 km² を覆っている．このような猛烈な噴火は，隕石の衝突で舞い上がった塵とまったく同じ影響を及ぼしたであろう．また，地球内の深部からもたらされた物質から凝集した，イリジウムの層を生じさえしたであろう．意味深いことに，ペルム紀と三畳紀の間に起こった地球史上で最大の大量絶滅の際も激しい火山活動を伴い，この場合にはシベリアトラップ（Siberian Traps）が生じている．

これらの 2 つの可能性に関する 1 つの興味深い見地がある．メキシコのユカタン半島とインドのデカントラップは，当時，互いから地球上でちょうど 180 度の真裏にあった．したがって，2 つの事件には関連があると提唱されたのである．おそらく，地球に近づきつつあった隕石が重力の潮汐力でばらばらになった．2 つの大きな断片は 12 時間の間隔をおいて地球に衝突し，インドに落ちた 1 つが火山活動を誘発した．別案としては，隕石によるユカタンでの巨大な打撃が地球内部に振動と共振を引き起こしたと思われ，これが地球の反対側で表面に現れ，噴火を引き起こしたとしている．

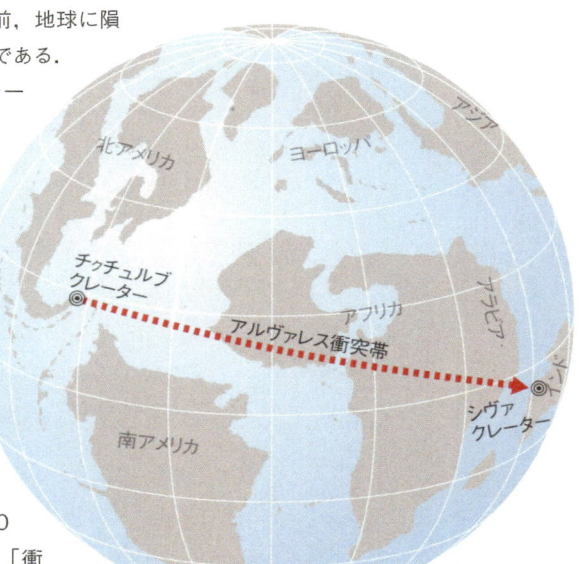

彗星の形跡？

（左）白亜紀末に 2 つの激しい事件があった．メキシコでの隕石衝突とインドでの火山噴火である．一方は他方から地球を 180 度まわった所になる．その衝突がその噴火を刺激したかもしれないという点で，両者は関係していたかもしれない．あるいは，地球は 12 時間間隔で 2 つの隕石に衝突されたのかもしれない．あるいは，その事態は単なる偶然だったかもしれない．この時代の可能性のある隕石孔は，一部はインド亜大陸の縁に，一部はセーシェル群島の縁にある．当時，これらの地域は単一の大陸だった．

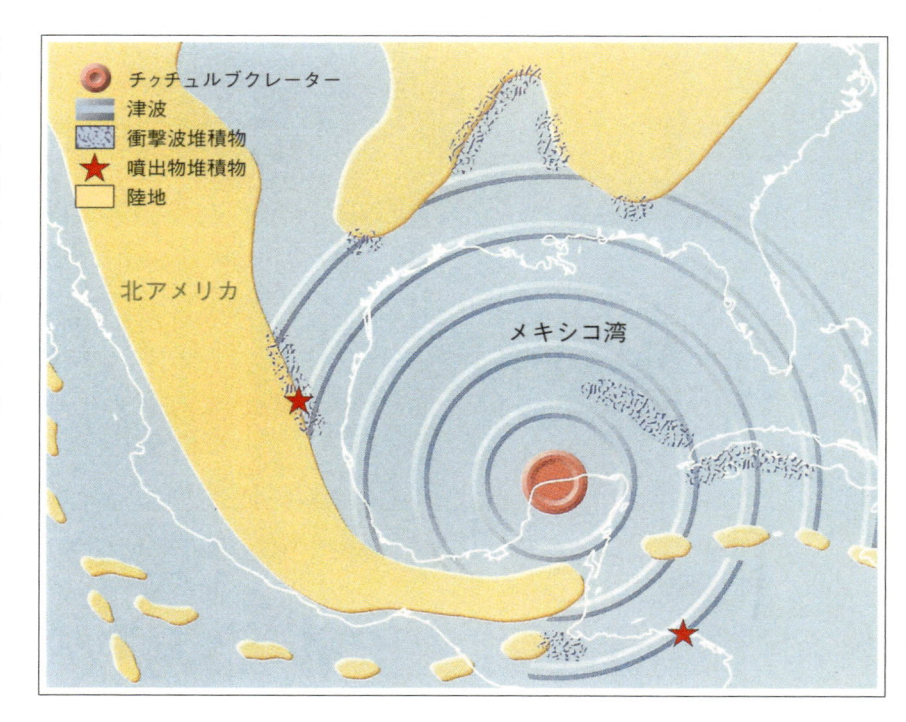

白亜紀

中 生 代

勝者と敗者

白亜紀末に大量絶滅を引き起こしたものが何であれ，その影響は動物の異なる綱で非常に様々だった（右）．恐竜類は完全に一掃され，一方，その子孫である鳥類は種の約4分の3を失った．しかし，恐竜類に近縁であるにもかかわらず，ワニ類は約3分の1しか失われず，後には鳥類と共に十分に回復した．哺乳類も大きな転換を経験し，有袋類の約4分の3がいなくなった．生き残ったものの中には，魚類と大多数の有胎盤哺乳類がいた．古生代後期には優勢だったが，爬虫類によって影の薄くなった両生類だけが，まったく影響されないままだったらしい．

シューメーカー・リーヴィ彗星が木星に衝突

1994年，彗星が木星のそばを通り，引力でばらばらになった．断片は，この図のように，この惑星に一連の衝突を起こした（左）．これが6500万年前の地球に大量絶滅を引き起こしたものだったかもしれない．

絶滅 15% 魚類
0% 両生類
27% カメ類
6% トカゲ類とヘビ類
36% ワニ類
100% 翼竜類，恐竜類，長頸竜類
75% 鳥類
75% 有袋哺乳類
14% 有胎盤哺乳類

衝突の証拠

（左）メキシコ湾のユカタン半島から僅か沖にある，大規模な埋もれた輪のような構造は，白亜紀末，地球に衝突した直径10 kmの隕石と矛盾しない．このクレーターはチチュルブ構造と呼ばれている．近辺の証拠の別例には，津波（押し寄せる巨大な波）によって堆積したとも見られる地層，および，大爆発によって溶け，広域に飛ばされたと思われるガラス質鉱物の層が含まれる．この地域の海成堆積物は大量の陸生植物素材を含み，津波の引き波によって海に流出したのかもしれない．

> 隕石衝突で引き起こされた気候の崩壊は，寒い「衝突による冬」あるいは「温室効果」という結果を生んだかもしれない．片方が他方に続いて起こったかもしれない．どちらにせよ，その結果は破滅的だったであろう．

KT絶滅についての漸減派の説は，はるかに劇的さに欠ける．白亜紀の最末期，長期間極めて高かった海水面が突然下がった．この変化は地球の気候に絶大な影響を及ぼしたであろう．冬がずっと涼しくなる一方，夏はより乾燥し，数千万年の間，一貫して好都合な条件で生存していた恐竜類とその他の大型動物に，耐えられない圧力をかけた．海水面の下降により，陸橋が開いたであろう．そして，大陸間——動物地理区間——が繋がったことや，その結果として個体群が混交したことで，個体が抵抗力を発達させる以前に病気が広がり得たはずである．

より漸進的な絶滅を支持する例証には，絶滅の所要期間が含まれる．白亜紀の最末期の直前の約2000万年間，恐竜類は衰退しつつあったように思われ，北アメリカ西部だけが恐竜類の繁栄する生態群集を支えていた．対照的に，フランスとスペインの間のピレネー山脈では，他のどの場所に比べても，約100万年早く恐竜類が姿を消したらしい．海生軟体動物の多くは，白亜紀末の約600万年前に絶滅したように思われる．

激変説と漸減説は互いに両立しないわけではない．白亜紀最末期，巨大隕石が衝突して引き起こした環境の容赦のない崩壊が，すでに衰退しつつあった非常に様々な動物にとって単なるとどめの一撃だったということはまったくあり得ることである．

満足のいく説明に近づく上での一番の問題は，白亜紀末の陸生動物化石の記録が極めて不完全なことで，当時の動物の良い統計標本を入手することはほとんど不可能なことである．

白亜紀

PART 4

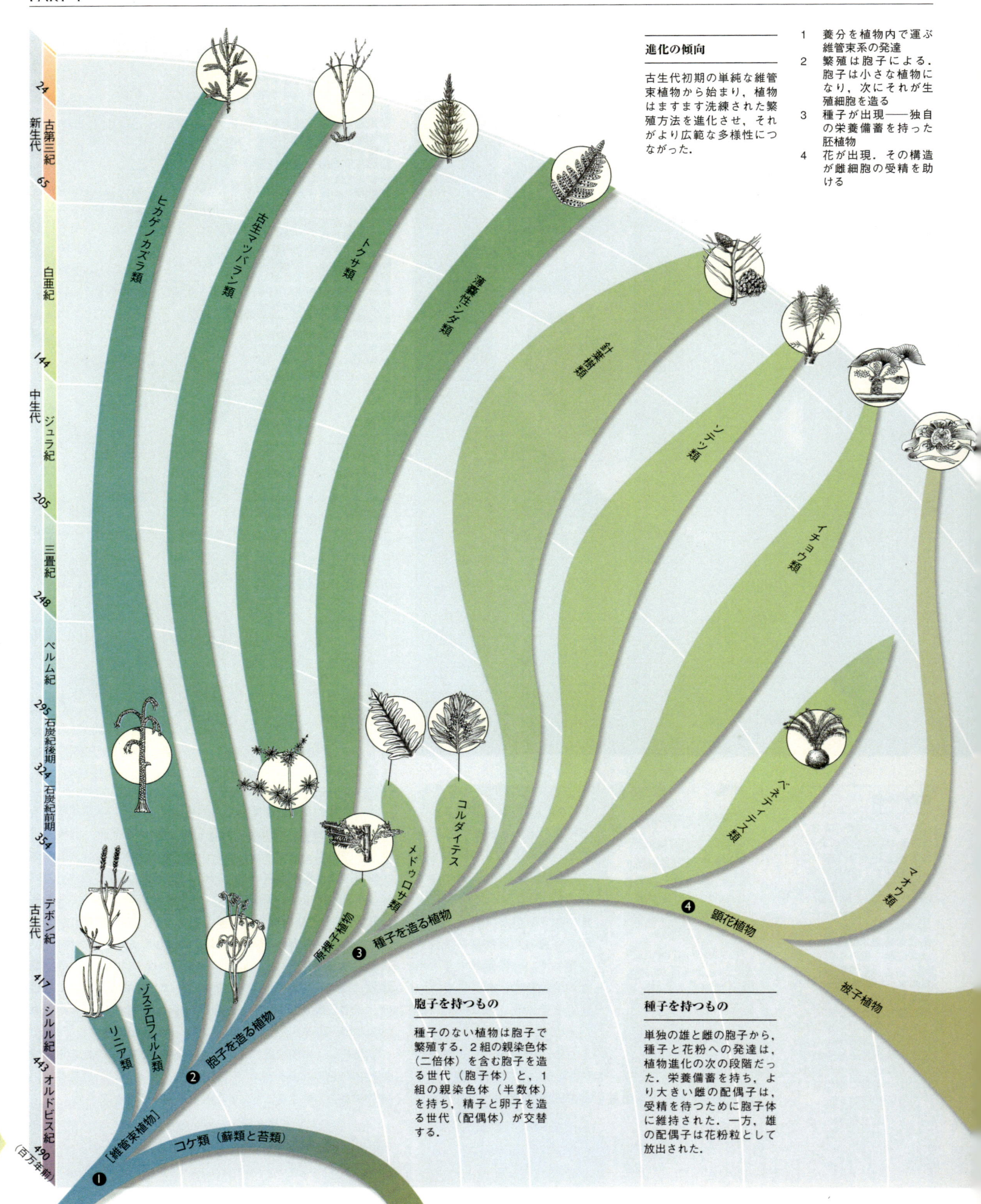

進化の傾向

古生代初期の単純な維管束植物から始まり、植物はますます洗練された繁殖方法を進化させ、それがより広範な多様性につながった。

1 養分を植物内で運ぶ維管束系の発達
2 繁殖は胞子による。胞子は小さな植物になり、次にそれが生殖細胞を造る
3 種子が出現──独自の栄養備蓄を持った胚植物
4 花が出現。その構造が雌細胞の受精を助ける

胞子を持つもの

種子のない植物は胞子で繁殖する。2組の親染色体（二倍体）を含む胞子を造る世代（胞子体）と、1組の親染色体（半数体）を持ち、精子と卵子を造る世代（配偶体）が交替する。

種子を持つもの

単独の雄と雌の胞子から、種子と花粉への発達は、植物進化の次の段階だった。栄養備蓄を持ち、より大きい雌の配偶子は、受精を待つために胞子体に維持された。一方、雄の配偶子は花粉粒として放出された。

地質年代（百万年前）: オルドビス紀 443 / シルル紀 417 / デボン紀 / 石炭紀前期 354 / 石炭紀後期 324 / ペルム紀 295 / 三畳紀 248 / ジュラ紀 205 / 白亜紀 144 / 古第三紀 65 / 新第三紀 24

系統: コケ類（蘚類と苔類）／[維管束植物]／リニア類／ゾステロフィルム類／ヒカゲノカズラ類／古生マツバラン類／トクサ類／シダ類／原裸子植物／種子植物／メドゥロサ類／コルダイテス／針葉樹類／ソテツ類／イチョウ類／グネツム類／顕花植物／被子植物

❶ 維管束植物　❷ 胞子を造る植物　❸ 種子を造る植物　❹ 顕花植物

中生代

顕花植物の進化

被子植物すなわち顕花植物は，現生のすべての緑色の植物の80％を占める．白亜紀の中頃，顕花植物は極めて好都合な気候の中で出現し，急速に地球を占有した．顕花植物が裸子植物から進化したか，種子を持つシダ類から進化したかは不明だが，おそらく，最も初期の標本は1億3000万〜1億2000万年前に存在した木質の低木あるいは木である．花の化石は稀なため，花自体の進化は概略しか分かっていない．

花のすべての部分——萼片，花弁，雄ずい，心皮——は繁殖のために特殊化した葉から進化した．最も初期の花は葉を持つ苗条から発達した．受精能力のある「雌」（胚珠を持つ）の葉は植物の最上部に見られた．この葉が胚珠を包むように進化し，心皮を形成した．心皮は昆虫，乾燥や伝染病から胚珠と種子を保護している．その下の層の葉は繁殖力はあるが雄で，これが雄ずいに変わった．さらにその下では，葉は葉緑素を失い，色を持つ花弁になり，一部のものは蜜（糖分）を分泌し始める．最初の形を留めている唯一の葉は萼片である．牧草も花はあまり目立たないが顕花植物である．

被子植物の「重複受精」は，新しい植物と，種子内にある自分自身のための自給式の食物備蓄を造る．したがって，顕花植物は受精が起こるまでの投資エネルギーがより少なく，また，より速く繁殖できる．このことが顕花植物の急進歩の説明になるかもしれない．もう1つの可能性は，背の高い植物食恐竜類が背の高い裸子植物を採餌することで，植物の進化に影響したことである．裸子植物は低所での植物食動物に対する防備を進化させなかった．これらの恐竜類が地上低くで採餌する恐竜類と入れ替わった時，裸子植物は衰退した．ハチ類やチョウ類を含む昆虫の新しい波が顕花植物の広まりに続いた．

白亜紀の顕花植物

一般的に，モクレン類は顕花植物の最も原始的な現生の科と見られている．その形質的な特色には花弁や雄ずいといった部分の数が多いこと——そのすべてが分離している（互いに癒合していない）——と，それらの部分の螺旋状の配置がある．

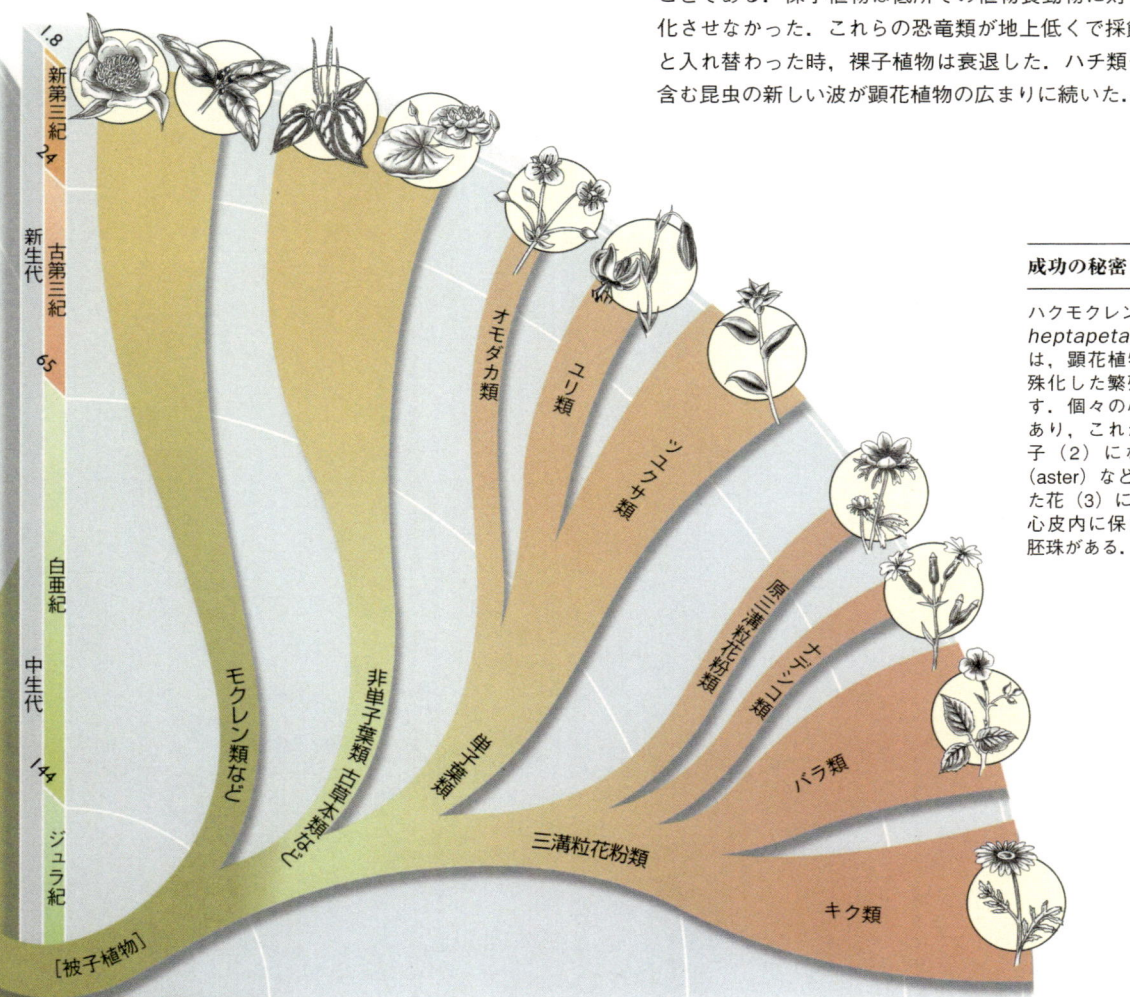

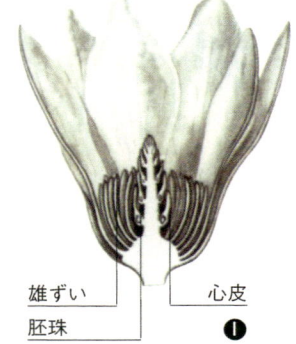

成功の秘密

ハクモクレン（*Magnolia heptapeta*）(1) の断面は，顕花植物の多数の特殊化した繁殖用部分を示す．個々の心皮に胚珠があり，これが受精後に種子 (2) になる．ヨメナ (aster) などのより進化した花 (3) には，癒合した心皮内に保たれた数個の胚珠がある．

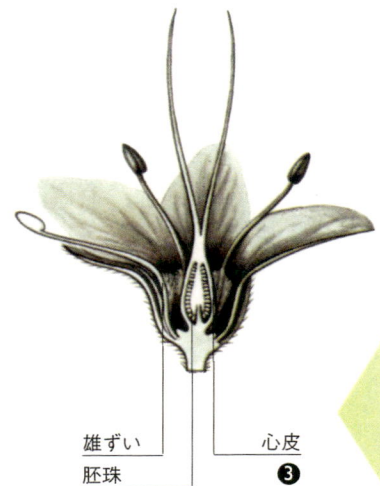

白亜紀

PART 4

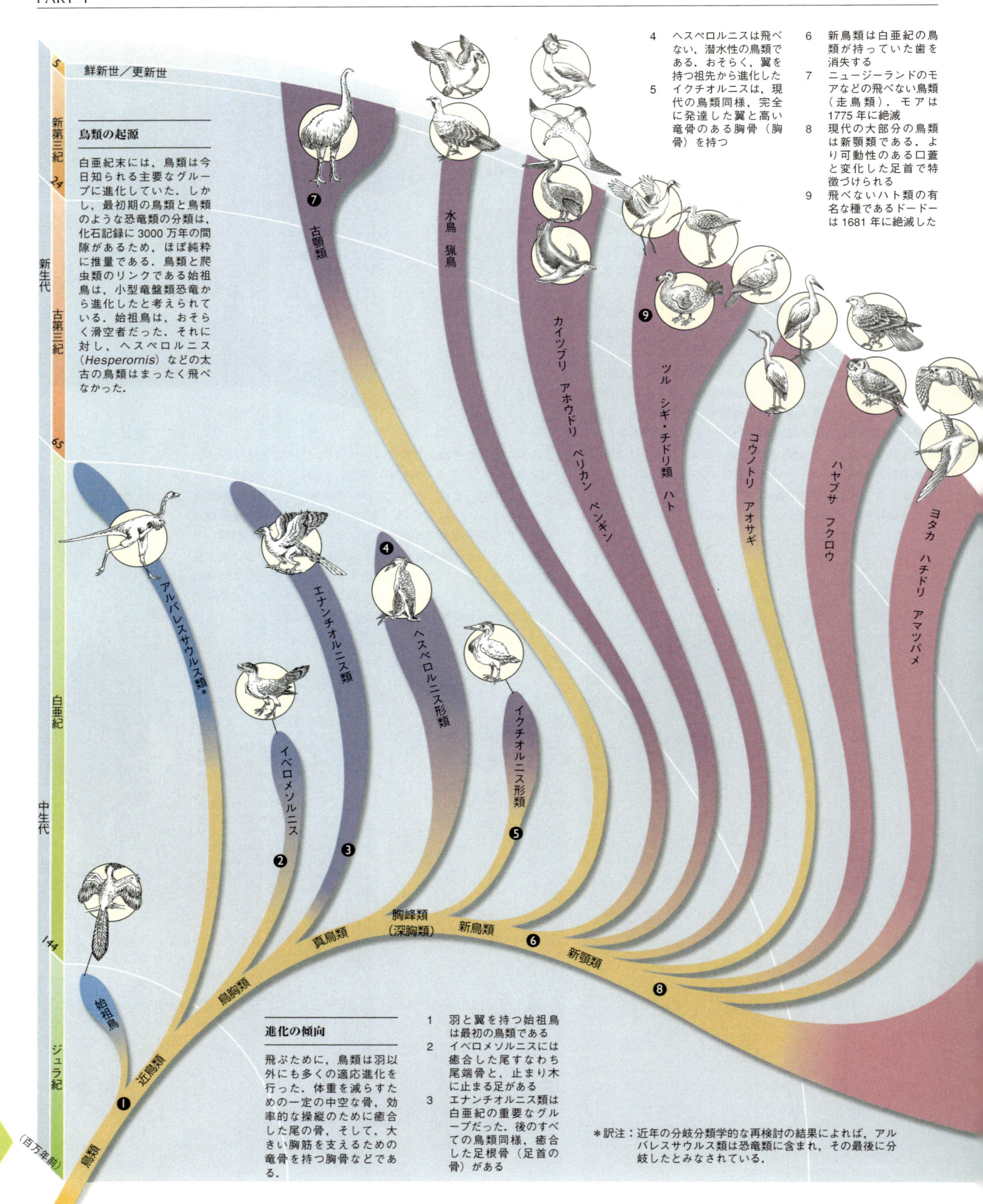

鳥類の起源

白亜紀末には，鳥類は今日知られる主要なグループに進化していた．しかし，最初期の鳥類と鳥類のような恐竜類の分類は，化石記録に3000万年の間隙があるため，ほぼ純粋に推量である．鳥類と爬虫類のリンクである始祖鳥は，小型竜盤類恐竜から進化したと考えられている．始祖鳥は，おそらく滑空者だった．それに対し，ヘスペロルニス（*Hesperornis*）などの太古の鳥類はまったく飛べなかった．

進化の傾向

飛ぶために，鳥類は羽以外にも多くの適応進化を行った．体重を減らすための一定の中空の骨，効率的な操縦のために癒合した尾の骨，そして，大きい胸筋を支えるための竜骨を持つ胸骨などである．

1 羽と翼を持つ始祖鳥は最初の鳥類である
2 イベロメソルニスには癒合した尾すなわち尾端骨と，止まり木に止まる足がある
3 エナンチオルニス類は白亜紀の重要なグループだった．後のすべての鳥類同様，癒合した足根骨（足首の骨）がある
4 ヘスペロルニスは飛べない，潜水性の鳥類である．おそらく，翼を持つ祖先から進化した
5 イクチオルニスは，現代の鳥類同様，完全に発達した翼と高い竜骨のある胸骨（胸骨）を持つ
6 新鳥類は白亜紀の鳥類が持っていた歯を消失する
7 ニュージーランドのモアなどの飛べない鳥類（走鳥類）．モアは1775年に絶滅
8 現代の大部分の鳥類は新顎類である．より可動性のある口蓋と変化した足首で特徴づけられる
9 飛べないハト類の有名な種であるドードーは1681年に絶滅した

＊訳注：近年の分岐分類学的な再検討の結果によれば，アルバレスサウルス類は恐竜類に含まれ，その最後に分岐したとみなされている．

中生代

鳥類の進化

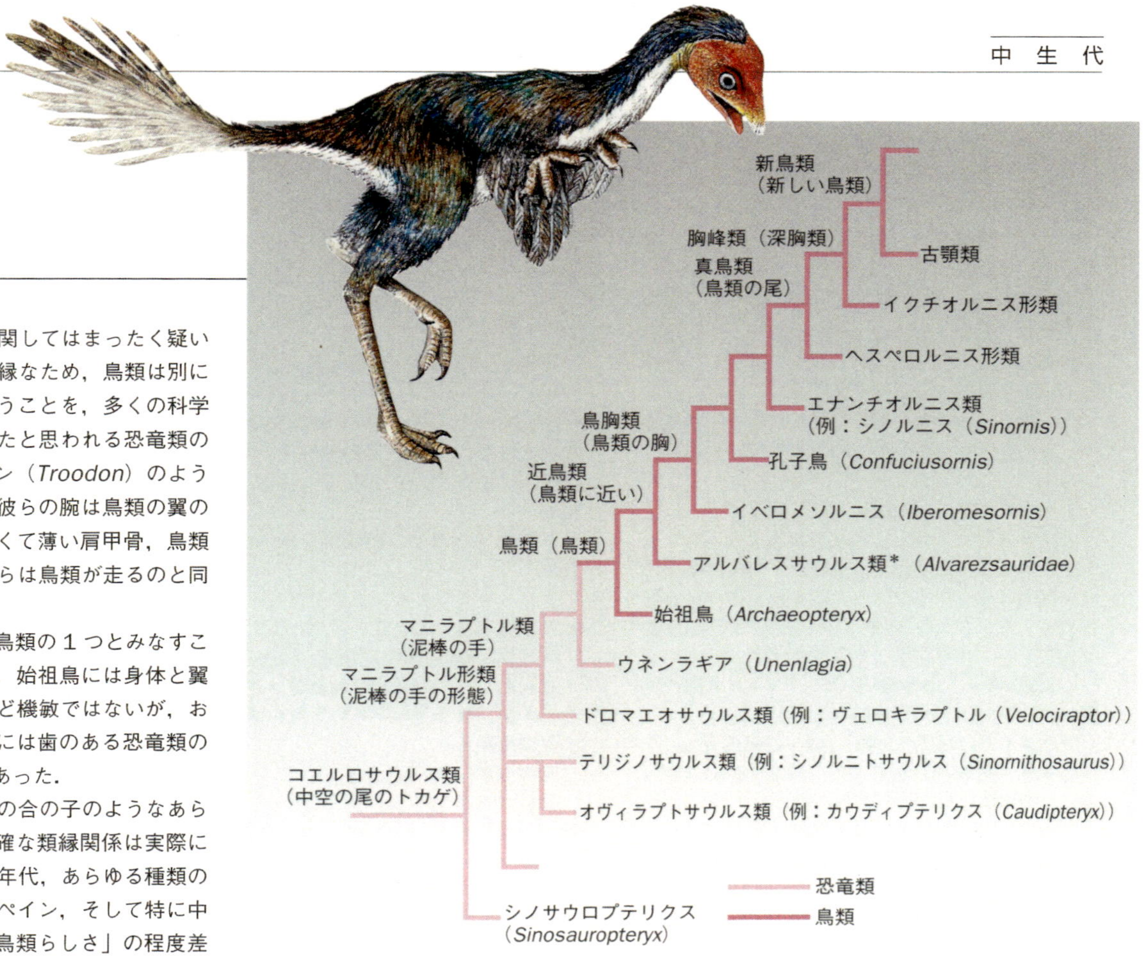

鳥類は恐竜類から進化した——これに関してはまったく疑いは無い．実際，鳥類は恐竜類に極めて近縁なため，鳥類は別に分類されるべきだとか，分類できるということを，多くの科学者は認めていない．鳥類に最も近縁だったと思われる恐竜類のグループはヴェロキラプトルやトロオドン（Troodon）のような俊足の狩猟者を含むグループだった．彼らの腕は鳥類の翼のように関節していた．彼らには叉骨，長くて薄い肩甲骨，鳥類の骨盤のような骨盤があった．また，彼らは鳥類が走るのと同じように後肢で走った．

鳥類はジュラ紀に進化した．始祖鳥は鳥類の1つとみなすことができる既知の最も初期の動物である．始祖鳥には身体と翼に配置された羽毛があり，現代の鳥類ほど機敏ではないが，おそらく上手に飛ぶことができた．始祖鳥には歯のある恐竜類の顎，手の鉤爪，そして爬虫類の長い尾もあった．

つぎの白亜紀を通じて，恐竜類と鳥類の合の子のようなあらゆる種類の動物が存在したが，互いの正確な類縁関係は実際には分かっていない．1980年代と1990年代，あらゆる種類のこういった動物化石が，南アメリカ，スペイン，そして特に中国で発見され始めた．それらはすべて「鳥類らしさ」の程度差と特質差を示しているように思われる．翼が発達したが，飛行に使うには十分に適してはいなかった．ある動物の翼にはかなり長い羽毛があったが，飛行中の動物を支えられるほど長くはなかった．羽毛が飛行に使われなかったとすれば，より大きい羽毛はディスプレーに使われたのかもしれない．そして，このような羽毛は身体の断熱物——小型で活動的な温血動物の必要物——として進化したと見られる小さな綿毛のような羽から進化した．ある動物はトカゲのように長い尾を持ち，また，あるものは羽の房があるより短い尾を持ち，さらに現代の鳥類に似た尾——単なる端切れのような尾端骨と扇形に開いた羽毛——を持つものもいた．飛行用の羽にはかなり単純なものも見られたが，小翼の存在を示すものもあった．小翼は羽毛を持つ一種の親指で，離陸と着地の際の，より洗練された制御を可能にした．（訳注：ある動物には前後肢ともに飛行用の羽毛を持ち，ムササビのように飛んだ．）一部の生物には恐竜のような歯の生えた顎があり，一方，くちばしがあるものもいた．

これらすべての動物を分類する上での問題点は，これらすべての特徴が異なった組み合わせで，異なった時代に，異なった動物に突然生じたことである．これら鳥類に似た恐竜類の一部は極めて大きく，あるものは全長が2mを越え，羽毛で覆われていた．この場合は羽毛は明らかに飛行用ではなく，断熱用だったに違いない．一部の恐竜類が絶滅しなかったというのはもっともらしく思える——その代わり，彼らは羽毛をはやし，そして飛び発った！

新鳥類（新しい鳥類）
胸峰類（深胸類）
真鳥類（鳥類の尾）
古顎類
イクチオルニス形類
ヘスペロルニス形類
鳥胸類（鳥類の胸）
エナンチオルニス類（例：シノルニス（Sinornis））
孔子鳥（Confuciusornis）
近鳥類（鳥類に近い）
イベロメソルニス（Iberomesornis）
鳥類（鳥類）
アルバレスサウルス類*（Alvarezsauridae）
始祖鳥（Archaeopteryx）
マニラプトル類（泥棒の手）
ウネンラギア（Unenlagia）
マニラプトル形類（泥棒の手の形態）
ドロマエオサウルス類（例：ヴェロキラプトル（Velociraptor））
テリジノサウルス類（例：シノルニトサウルス（Sinornithosaurus））
コエルロサウルス類（中空の尾のトカゲ）
オヴィラプトサウルス類（例：カウディプテリクス（Caudipteryx））
シノサウロプテリクス（Sinosauropteryx）

— 恐竜類
— 鳥類

パズルのピース

鳥類の系統樹には議論もあるが，科学者たちは1つのタイプを別のタイプと比較し，共有形質に基づいて両者がどのくらい近縁であるかを判断できる．このような図（分岐図）に，現代の鳥類に向かう進化段階を図化することができる．最近発見されたカウディプテリクス（上図）は中間段階の1つで，原始的な羽毛に覆われていたが飛べなかった．

カワセミ　キツツキ
オオハシ　鳴鳥

飛行への段階

進化しつつある翼には構造上の変異が見られる．そのすべてが飛行に向いているわけではない．羽毛は最初は断熱材として進化したかもしれない．その後，より長い羽毛が腕に発達し，動物がより速く，より巧みに平衡を制御して走ることを可能にしたのかもしれない．飛行のための最初の羽は動物の滑空を可能にしたかもしれない．そして，最終的に，注意深く制御された羽ばたき飛行が可能になったのであろう．

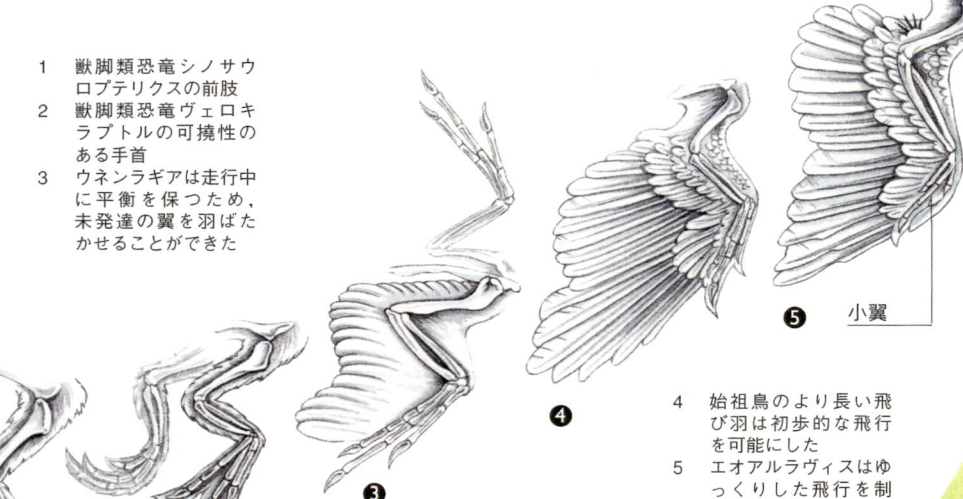

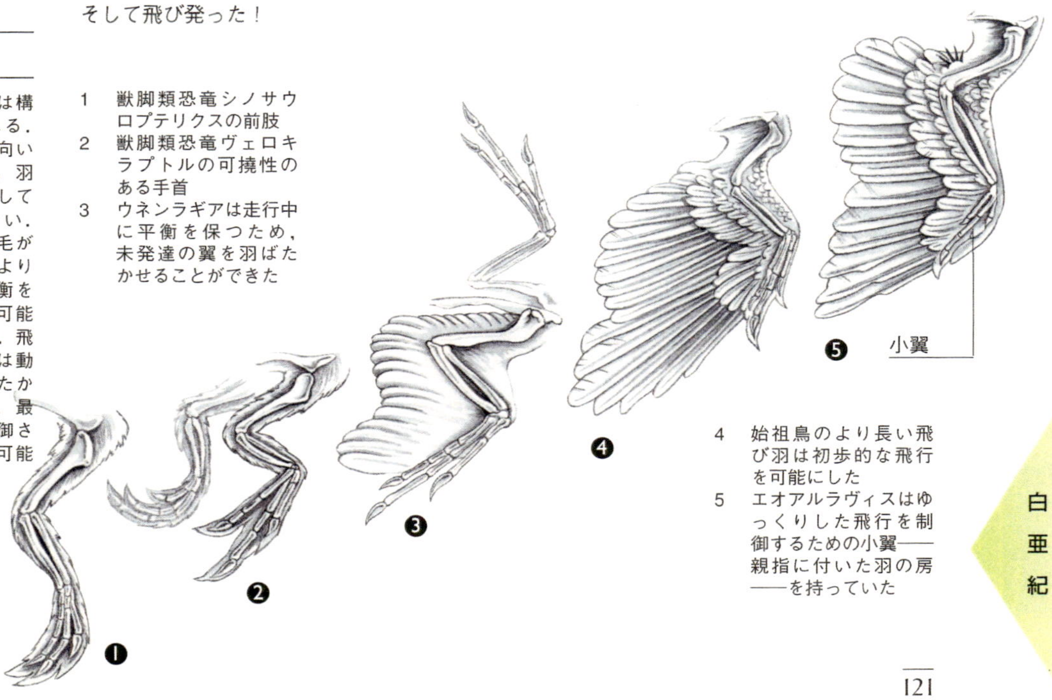

1　獣脚類恐竜シノサウロプテリクスの前肢
2　獣脚類恐竜ヴェロキラプトルの可撓性のある手首
3　ウネンラギアは走行中に平衡を保つため，未発達の翼を羽ばたかせることができた
4　始祖鳥のより長い飛び羽は初歩的な飛行を可能にした
5　エオアルラヴィスはゆっくりした飛行を制御するための小翼——親指に付いた羽の房——を持っていた

❺ 小翼

白亜紀

用語解説

[あ]

アイソスタシー isostasy
密度の違いによって生じる地殻・マントル間の釣り合い．地殻の岩石は下方にあるマントルの岩石の上に「浮いている」という理論に基づく．海洋地殻は高密度の玄武岩でできており，それに対して，上部の大陸地殻は主として低密度の珪長質岩で，その軽さを補整するために深い「根」を持っている．

アヴァロニア Avalonia
古生代初期に合体し，古生代後期にローレンシアとバルティカに結合した大陸．その構成要素には現代のニューファンドランド東部，アヴァロン半島とノヴァスコシア（北アメリカ），アイルランド南部，イングランド，ウェールズおよびヨーロッパ大陸のいくつかの断片——フランス北部の一部，ベルギー，ドイツ北部——が含まれた．

アウストラロピテクス類 australopithecine
鮮新世〜更新世に生息した，解剖学的にはサルとヒトの中間に当たるヒト科のグループの一員．

アカディア造山運動 Acadian orogeny
主にデボン紀にアパラチア山脈北部を形成した造山事件．ヨーロッパではカレドニア造山運動として知られる．

アカントーデス類 acanthodian →棘魚類

アクリーション accretion →付加

アクリターク acritarch
原生代から新生代まで存在したプランクトン性微小藻類で，通常は装飾のある外膜があった．おそらく，大部分のアクリタークは渦鞭毛藻類に類縁だった．

アジア古海洋 Paleoasian Ocean
原生代最後期と古生代初期にシベリアとゴンドワナ東部を隔てていた海洋．

アシュール文化 Acheulean Culture
更新世中期から存在した，荒削りの石刃から成る，石器加工文化．初期のホモ・エレクトゥス（*Homo erectus*）またはホモ・ハビリス（*Homo habilis*）のものとされている．

アステロイド asteroid →小惑星

アセノスフェア asthenosphere →岩流圏

アダピス類 adapiforme
第三紀初期に生息した原始的なキツネザル類の一員．

アノマロカリス類 anomalocaridid
カンブリア紀に生息した捕食性の海生無脊椎動物．大きな頭部の上面に一対の複眼があり，下面には2本の棘状の付属器のある円い口部があった．

アパラチア造山運動 Appalachian orogeny
ローレンシア（北アメリカ），バルティカ（ヨーロッパ北部），ゴンドワナ間の長期にわたる衝突で生じた，古生代後期の継続的な造山事件．アパラチア山脈を形成したタコニック，アカディア，アレガニー各造山運動が含まれる．

アフリカ起源仮説（出アフリカ仮説） Out of Africa hypothesis
人類はアフリカで進化し，それから世界中に広がったとする，広く認められた学説．人類は既に広く行きわたっていた先祖の系統から進化したとする説（ほとんど認められていない「多地域起源仮説」）とは全く異なる．

アミノ酸 amino acid
蛋白質の基礎，したがってすべての生物の基礎をなすアミノ基とカルボキシル基に基づく有機化合物．アミノ酸には約20の異なったタイプがある．

RNA（リボ核酸） ribonucleic acid
RNAは全細胞中に存在する核酸である．DNAが細胞内の蛋白質の合成を支配する仕組みに，数種類の異なったRNAが役割を果たす．

アルケオシアトゥス類 archaeocyath →古杯動物

アルタイ・サヤン褶曲帯 Altay Sayan Fold Belt
シベリア南部とモンゴルがシベリア北部に付加した際に隆起した中央アジアの山系．

アルプス造山運動 Alpine orogeny
主として第三紀に起こったヨーロッパとアフリカの衝突．両者間のテーチス海が閉じ，アルプス山脈が隆起した．

アルベド albedo
天体から反射される光の量ないしは強さの比．特に，地球の異なった地域あるいは月や惑星からのもの．

アレガニー造山運動 Alleghenian orogeny
古生代後期に3つの大陸がローレンシアに突入した時に起こり，太古のアパラチア山脈を形成したアカディア造山運動の続き．この事件のヨーロッパに拡大したものがヘルシニア造山運動として知られている．

アンガラランド Angaraland
ペルム紀にカザフスタニアとシベリアの個々の島が衝突したことにより形成された大陸．ウラル海が閉じると共に，今度はアンガラランドとローラシアが合体した．

アンキロサウルス類 ankylosaur
四足歩行の鳥盤類恐竜の1グループで，背中を覆う装甲があり，尾に骨質の棍棒か，あるいは，尾の両側に防御用の棘が並ぶという特徴がある，よろい竜類あるいは曲竜類．

安山岩 andesite
主に灰曹長石などの長石類から成る灰色で細粒の火成岩．アンデス山脈に特に豊富で，英名andesiteはこれに因んで命名された．

安定地帯 stable zone
地球の地殻のうち，造山運動やその他の変形過程にさらされない地帯．安定地帯が典型的に見られるのは縁部や変動帯から離れた大陸内陸部である．

アントラー造山運動 Antler orogeny
デボン紀後期と石炭紀前期に，北アメリカの現代のネヴァダ州からアルバータ州などに及ぶ地域を生み出した造山事件．

アンモナイト類 ammonite
中生代によく見られたアンモノイド類のグループで，大部分は巻いた殻と非常に複雑な縫合線を持つ．その分布と急速な進化により，理想的な示準化石になっている．

アンモノイド類 ammonoid
ゴニアタイト類，セラタイト類と共にアンモナイト類が属した，頭足類の絶滅グループ．

[い]

イアペトス海 Iapetus Ocean
ローレンシア，アヴァロニアとバルティカが合体してユーラメリカ（Euramerica）を形成する以前に，これらの大陸間に存在した海洋．現在の北アメリカとヨーロッパにあたる陸地の間にあったため，原大西洋として知られることもある．

維管束植物 tracheophyte（vascular plant）
独特な組織と器官，特に養分と水を運ぶ維管束系を発達させた多細胞の陸生植物．蘚類（せんるい）より進歩したすべての植物は維管束植物である．

イグアノドン類 iguanodontid
植物食の鳥脚類恐竜の1グループ．

イシカイメン lithistid demosponge →石質普通海綿

イシサンゴ類 scleractinian
古生代以来，大部分のサンゴ類が属する目（イシサンゴ目）の一員．現代のサンゴ類を含む．

異節類 xenarthran
アルマジロ類，アリクイ類とナマケモノ類を含む哺乳類の目の一員．

遺存種個体群 relict population
より広く分布していたが，現在は限られた地域のみに生き延びる動物または植物の集団．

異地性テレーン exotic terrane（allochthonous terrane）
大陸の縁に結合した「外来の」岩石圏（リソスフェア）の比較的小さい断片．

遺伝子 gene
生物体の形質を支配する遺伝形質の基本的な単位．極めて特有な様式で組織化されたDNAの特定の長さとみなすことができる．遺伝子は突然変異し，再結合し，変異を生む．自然選択は変異に基づいて作用する．

遺伝子プール gene pool
生物体の繁殖個体群内における遺伝物質の混成物．

[う]

ヴィヴェラヴス類 viverravine
食肉類のネコ類の分枝．第三紀初期にミアキス類（広義）から進化した原始的な肉食哺乳類のグループで，この系列からハイエナ類，マングース類，ジャコウネコ類とすべてのネコ科の動物（ネコ類）が進化した．

ウィリストンの法則 Williston's law
歯や脚など，動物で一連の配置を持つ構造は，新しい種が進化すると共に数が減り，新しい機能を持つようになるという進化法則．例えば，哺乳類の肋骨の数は祖先である魚類より少ない．

ウィワクシア類 wiwaxiid
絶滅したコエロスクレリトフォラ類．

ウォレス線 Wallace's line →ワラス線

ウシ類 artiodactyl →偶蹄類

渦鞭毛藻類（うずべんもうそうるい） dinoflagellate
プランクトン性または共生の藻類によく見られるように，膜が境界になった核と長さが異なる2本の鞭毛を持つ，水生または淡水生で単細胞の真

核生物．渦鞭毛藻類はシルル紀に生じた．

ウミグモ類 pycnogonid (sea spider)
デボン紀に登場した，関節でつながった体節を持つ海生無脊椎動物．身体は細く，脚に関節があった．

ウミユリ crinoid (sea lily)
ヒトデ類に類縁の，棘皮動物グループの一員で，通常，茎で海底に固着している．

ウーライト（魚卵岩） oolite
海水から沈殿した方解石の小さい粒子で形成される石灰岩．

ウラル海 Uralian Ocean
古生代初期にシベリアとバルティカを隔てていた海洋．

ヴルパウス類 vulpavine
食肉類のイヌ類の分枝．第三紀初期にミアキス類から進化した原始的な肉食哺乳類のグループで，クマ類，キツネ類，オオカミ類，イタチ類，アザラシとトド類，パンダ類とすべての真のイヌ類（イヌ科の動物）に多様化した．

[え]

永久凍土 permafrost
地球の北極・亜北極地域の永続的に凍った表土と下層土．

栄養網 trophic web
種が鎖状に連続した体系で，個々の鎖環である種は上位の種に消費される．この網が生態系内のエネルギーを転換する．

エスカー esker
氷床の下を流れる流れによって取り残された氷堆石の曲がりくねった尾根．

エディアカラ動物相 Ediacara fauna
オーストラリアのエディアカラ地域から最初に知られた先カンブリア時代後期化石群集で，蠕虫状やウミエラ状の生物体から成る．

塩 salt
酸の水素が金属元素に置換される時に形成されるような，金属元素と塩基から成る化合物．食塩 NaCl は塩酸のナトリウム塩である．

縁海 marginal sea (epicontinental sea)
大陸に付随する島や半島で不完全に区画された海．地溝形成と初期の拡大の間に形成される．

塩基対 base pair
DNA の 2 本鎖と RNA の一部を結合し，水素結合でつながっている対になったヌクレオチド塩基．構成単位はピリミジン塩基（チミン，シトシンあるいはウラシル）とプリン塩基（アデニンまたはグアニン）で，これらは核酸の構成要素である．

[お]

オイルシェール（油頁岩，油母頁岩） oil shale
泥の石化作用で形成された細粒の堆積岩．有機物質に富み，薄い層すなわち薄片に簡単に割れ，可燃性である．

黄鉄鉱 pyrite
黄金色をした硫化鉄の鉱物で，硫黄と鉄の重要な源である．

オウムガイ類 nautiloid
アンモナイト類やゴニアタイト類に類縁の，直錐ないし曲錐から渦巻状の殻を持つ頭足綱の亜綱の一員．古生代前期には豊富だったが，今では，ほとんど絶滅に近い．

オストラコーダ ostracode →貝形虫類

オゾン層 ozone layer
オゾンガスに特に富む気圏の層．太陽からの紫外線を吸収し，地球温暖化や温室効果を防ぐ．大気汚染に弱い．

オナガザル類 cercopithecoid
第三紀後期から存在する原始的な狭鼻猿類の科の一員．

オビク海 Obik Sea
ウラル山脈の東，ロシアの一部に第三紀初期に存在した陸棚海．

オフィオライト ophiolite
大陸衝突と造山運動の間に陸に押し上げられた海洋地殻の遺物を表す岩石の集まり．主として玄武岩，斑れい岩と碧玉．

オモミス類 omomyid
第三紀初期に存在した，原始的なメガネザルの科の一員．

オルドヴァイ峡谷 Olduvai Gorge
タンザニア，東アフリカのグレートリフトヴァレーにある遺跡．1970 年代以来，「ルーシー」を含むヒト科化石の重要な発見が多数なされている．

オルドビス紀の放散 Ordovician radiation
オルドビス紀前期から中期のサンゴ類，コケムシ類，腕足類，三葉虫類，貝形虫類，その他の無脊椎動物と脊索動物の新しいグループの登場，および動物の多様性，生物量，大きさの急増．

オルドワン文化 Oldowan culture
更新世初期にアフリカのオルドヴァイ峡谷（タンザニア）に存在した石器文化．

温室効果 greenhouse effect
気圏下方での気温の漸進的な上昇．二酸化炭素，オゾン，メタン，亜酸化窒素やクロロフルオロカーボンなどのガスの蓄積によると考えられている．これらの気体が地表で吸収され，輻射された太陽放射を捕え，宇宙に漏れ出るのを防ぐので地球の気温が上昇する．

[か]

階 stage
統すなわち年代区分の世に対応する層序区分より小さい層序学上の単位．

貝殻層 shell bed
貝化石から成る炭酸塩またはリン酸塩の層．

貝形虫類（オストラコーダ，貝虫類） ostracode
カンブリア紀に出現し，オルドビス紀以後に繁栄する微小な水生甲殻類．

海溝 ocean trench
海洋の最も深い部分．プレートテクトニクスの過程で，あるプレートが別のプレートの下に滑り込むと共に引きずり下ろされた長く延びた凹地．通常，海溝の縁に沿って弧状列島が形成される．

外骨格 exoskeleton
昆虫類または類似した動物の堅い外皮．

海山 seamount
高さが 1000 m 以上ある，海底の孤立した隆起部．

外翅類 exopterygote
一連の脱皮によって成長するため，幼虫の形態が成体と似ている昆虫類の亜綱の一員．例えば，孵化したばかりのバッタは成体の小型版のようである．→内翅類

海進 transgression
海による陸域への漸進的な侵入．

貝虫類 ostracode →貝形虫類

海綿動物 sponge
原始的で固着性の水生多細胞動物．水路系を持ち，身体は皮層ですっぽり包まれている．海綿動物は原生代最後期に登場した．

外洋性生物（漂泳生物） pelagic organism
外洋に住む生物体を記述する用語で，自由に泳ぐもの（遊泳生物）と受動的に浮遊するもの（浮遊生物）を含む．

海洋地殻 oceanic crust
海洋の下にある，玄武岩質の比較的重い岩石で，平均の厚さは 8 km．主な成分はマグネシウムと長石で，下部層はモホロビチッチ不連続面を境に斑れい岩とかんらん岩質の岩石に取って代わられる．

海洋底拡大 seafloor spreading
新しい地殻が現れると共に，海洋底が成長し，中央海嶺から外側に分離していく過程．1960 年代に行われた海洋底拡大の観察と大陸漂移説が結びつき，プレートテクトニクスの考えが生まれた．

海嶺 ocean ridge →中央海嶺

化学合成 chemosynthesis
エネルギー源として化学的な酸化還元方式を用いる有機物質の生産過程．バクテリアは主要な化学合成生物である．

核（コア，中心核） core
マントルの下にある，地球表面からの最深部で，深度は 2900 km 以上．主として鉄から成り，中心は固体で，まわりを溶けた層が囲んでいると考えられている．

核脚類 tylopod
偶数の蹄を持つ有蹄類のグループの一員で，ラクダ類を含む．

隔壁 septum
骨格内の中空部を室に分離する骨または殻の仕切り板．

角礫岩 breccia
角ばった砕片でできた粗粒堆積岩．

花崗岩 granite
主に石英と長石から成り，雲母または他の有色鉱物をしばしば伴う，硬くて粗粒の火成岩．一部の花崗岩は他の既存岩石の変成によって形成されることもあるが，花崗岩の大部分は溶けたマグマの結晶化に由来する．噴出性の相当物が流紋岩である．

火砕岩 pyroclastic rock
火山物質の砕片から成る堆積岩．

火山弧 volcanic arc →弧状列島

火成岩 igneous rock
溶けたマグマが凝固して形成されたあらゆる岩石．2 つの主要なタイプ——地下で形成された貫入性火成岩と地球の表面で噴出した溶岩から形成された噴出性火成岩——がある．花崗岩などの前者は粗粒で，一方，玄武岩などの後者は細粒である．

火成コア igneous core
極めて高温で形成され，山脈の中央にある，凝固した溶融物質．

化石 fossil
岩石中に保存されて発見された，かつて生きていた生物の遺物．化石は生物の一部であった場合，生物の形が石に変わった場合，足跡や虫の巣穴のように単なる痕跡であった場合さえある．

化石層序学 biostratigraphy →生層序学

顆節類（かせつるい） condylarth
第三紀初期に哺乳類の大部分を形成した，植物食の有胎盤哺乳類の1目．

滑距類（かっきょるい） litoptern
第三紀に生息した南アメリカの絶滅有蹄類の1グループで，一部のものはウマに似ていた．

褐炭 lignite
軟らかく，褐色の石炭の種類．

釜状凹地（氷河釜，ケトル） kettle hole
後退する氷河に取り残された岩屑から成る氷堆石地域に形成される凹地．取り残された氷河の氷塊が最終的に溶け，この構造を残す．

カール cirque (corrie, cwm)
かつては氷河の発生する元となった場所で，氷の重さで広がり深くなった，山腹にある肘掛け椅子状の凹地．

カルクリート calcrete
方解石に富む地下水の蒸発で生じた，土壌の表面上あるいは表面下に形成される石灰岩の層．

カルスト karst
石灰岩地域の景観で，著しい乾燥と深い雨裂（溶解空隙）でひとつひとつの塊に浸食された露出岩石で特徴づけられる．石灰岩中の方解石の化学分解に起因する．

カレドニア造山運動 Caledonian orogeny
デボン紀にバルティカとローレンシアが衝突した際に，スコットランド北部の高地とノルウェーの山脈を形成した造山事件．

岩塩ドーム salt dome
塩から形成されるダイアピル．岩塩の層は圧縮されるにつれ塑性変形し，上にある層を通って上昇し，その層を上方にねじる．

環形動物 annelid worm
筋肉質の袋が相同器官を持つ体節に分かれた，長い体形の無脊椎動物．環形動物はカンブリア紀から存在した．

間欠泉 geyser
地面からの熱水の噴出．地下水が火山作用による熱によって地表下で沸騰し，加熱されて膨張しつつある蒸気が水を噴出口から押し出す．これによって圧力が開放され，水柱の残りの部分が爆発的に沸騰し，再び水が空中高く噴射される．

岩石圏（リソスフェア） lithosphere
地球の外側にある固体層．深さは約100 kmで，地殻およびマントルの最上部から成る．岩石圏はより流動性のある岩流圏（アセノスフェア）の上に浮き，プレートに分裂される．

環太平洋地震・火山帯 ring of fire
日本列島，伊豆・マリアナ，インドネシア，北・中央・南アメリカの西縁は，太平洋の地震的に活発な縁部で，地震の頻度と多数の火山で示される．太平洋プレート，ココスプレートとナスカプレートなどの沈み込みで生じるベニオフ帯に起因する．

間氷期 interglacial
氷河時代には，より穏やかな気候の間氷期と，より寒冷な気候の氷期が，交互にみられる．

カンブリア紀の爆発的進化（カンブリア爆発） Cambrian explosion
カンブリア紀に起こった海生動物の驚異的な放散．カンブリア紀と先カンブリア時代の境界は，ほぼすべての動物門および認められているどの門にも当てはまらない独特な多数の絶滅生物の出現で特徴付けられた．

緩歩多足類 tardipolypod
カンブリア紀に生息した，蠕虫様の海生無脊椎動物で，体節に分かれた身体と伸縮自在の多数の疣脚（いぼあし）を持っていた．

緩歩類（クマムシ類） tardigrade
カンブリア紀に進化した微小な無脊椎動物．堅いクチクラで覆われた4つの体節を持ち，各体節に伸縮自在の1対の疣脚（いぼあし）があった．

岩脈 dike
既存の層を貫く，小さくて薄板状の火成岩の貫入体．割れ目を押し進んできた溶けた物質がそこで凝固して形成される．

岩流圏（アセノスフェア） asthenosphere
地表下約50～250 kmにある地球内層の可動部で，この上を構造プレートが移動する．

[き]

鰭脚類（ききゃくるい） pinniped
アザラシ類とセイウチ類を含む肉食哺乳類のグループの一員．

気圏（大気） atmosphere
地球を取り巻く気体の被いで，生物が生きる上で十分な暖かさを地球に保ち，太陽からの有害な紫外線を取り除く．最も多い気体は窒素（78％）で，生物にとって最も重要なのは酸素（21％）と二酸化炭素（0.03％）である．

キチン chitin
昆虫類の堅い外皮やヒトの指の爪を形成する有機物物質．

キチン質浮遊性微生物 chitinozoan
オルドビス紀～石炭紀に生息し，分類に問題があるプランクトン性微生物で，レトルト状の個体が鎖状になったキチン質の外皮を持つ．海生動物の卵である可能性がある．

奇蹄類 perissodactyl
足指の数が奇数の有蹄類．

希土類元素 rare earth elements
地球の地殻にはほとんど見られないイットリウム，ランタンやランタンドなどの化学的に活性のある金属元素．

揮発性元素 volatile element
気体状態になりやすいすべての元素で，水素，窒素，炭素，酸素，不活性ガス（ヘリウム，アルゴン，ネオン，クリプトン，キセノンなど）を含む．

旧口動物（きゅうこうどうぶつ） protostome
「最初の口」．初期胚に形成された原口の口が成体の口に発達する動物．左右相称の無脊椎動物の大部分を含む．

旧赤色砂岩 Old Red Sandstone
デボン紀に，隆起したばかりのアカディア-カレドニア山脈から堆積した陸成の堆積岩の累重で，厚く，繰り返し現れる砂岩層を形成した．

旧石器時代 Paleolithic age
「初期の石器時代」．最も初期で最も原始的な石器で代表される更新世初期の文化．→オルドワン文化

鋏角類（きょうかくるい） chelicerate
オオサソリ類，クモ類，ダニ類やカブトガニ類などの節足動物．鋏角類はオルドビス紀に出現し，身体は6対の付属肢——最初の対はしっかりつかむ顎のような鋏角——がある頭部端と尾部に分節されていた．

恐角類 dinocerate
第三紀初期に生息したサイのような哺乳類の目の一員．最も目立つものには3対の角と1対の牙があった．

共生者 symbiont
別の生物体と共存して，それに依存する，あるいは相互に利用する生物体．

狭鼻猿類 catarrhine
そこからヒトが系統を引いた，幅が狭い鼻を持つ旧世界サル類のグループ構成員．→広鼻猿類

恐竜類 dinosaur
中生代に存在した大型爬虫類の1グループ．恐竜類は腰の骨の配置が鳥類状（鳥盤類）と爬虫類状（竜盤類）とによって区別され，直立姿勢だった．

極移動 polar wandering
大陸移動とプレートテクトニクスによる，地球の磁極の位置の僅かな変化．

棘魚類（アカントーデス類） acanthodian
シルル紀～石炭紀に栄えた顎のある魚類．頭部は短くて太く，個々の鰭の前に顕著な棘があった．

極性反転 polarity reversal
地球の磁場の反転は，海底の岩石中に磁気を帯びた縞を残す．→古地磁気学

棘皮動物 echinoderm
棘がある殻を持つ新口動物の海生無脊椎動物の1グループ．5つの部分が放射状に相称，石灰質の内骨格または骨格の甲，吸盤を備えた水力推進の「管足」が特徴である．棘皮動物にはヒトデ類，クモヒトデ類，ウニ類，ウミユリ類などが含まれる．

魚卵岩 oolite →ウーライト

魚竜類 ichthyosaur
中生代に生息した，外見がイルカに似た海生爬虫類の1グループ．

偽竜類 nothosaur →ノトサウルス類

菌類 fungus
中隔を有する細い管（菌糸）として胞子を形成し，生活環の間に自発運動能力のある段階を持たない真核生物．菌類は原生代から存在する．

[く]

偶蹄類（ウシ類） artiodactyl
足指の数が偶数で，割れた蹄を持つ，植物食の有蹄類．ブタ，シカやウシなど．→奇蹄類

苦灰岩（ドロマイト） dolomite
炭酸マグネシウムの一種である同名の鉱物から成る堆積岩．

草（草本） grasses
長い小舌片状の葉と地下茎が特徴である，新生代の被子植物グループ．

くさび状砕屑岩層 clastic wedge
近くの隆起で生じた砕屑岩堆積物の広い堆積物．くさび状の層の厚い方の端の堆積物は源により近く，薄い方の端は離れた所にある．

クシクラゲ類　ctenophore　→有櫛動物
鯨鬚（くじらひげ）　baleen
歯の無いクジラ類の口にある角質の櫛状構造．海水から小型動物をろ過するのに使われる．
クジラ類　cetacean
ヒゲクジラ類，イルカ類やネズミイルカ類などを含むクジラ目の哺乳類の一員．
クチクラ　cuticle
昆虫類など多くの無脊椎動物に見られる，硬くて非細胞性の保護表面層．筋肉が付着し，水分損失を減らし，防御機能を提供する外骨格としての役割を果たす．
苦鉄質地殻　mafic crust
海洋の下にある比較的重い岩石物質．主な成分はマグネシウムと長石である．
クビナガリュウ類　plesiosaur　→長頸竜類
クマムシ類　tardigrade　→緩歩類
クラトン　craton
大陸の中心にあり，あまりに歪み圧密されているため，それ以上変形できない太古の変成岩塊．クラトンは大陸の安定した中心部である．
グリーンストーン　greenstone
大気中の酸素が不十分だった先カンブリア時代に，地球の表面で形成された堆積岩．緑色は低酸素条件下で形成する鉱物に由来する．
グレーザー（草を食う動物）　grazer
栄養網の中で，地表沿いの草などを一括して食べる植物食消費者．
グレーワッケ（硬砂岩）　greywacke
あまり淘汰されておらず，暗色の極めて硬い粗粒堆積岩で，角張った粒子を伴う．
グロッソプテリス　Glossopteris
古生代末にゴンドワナ生物地理区の特色となった，種子を持つシダ類の属．
クロロフィル（葉緑素）　chlorophyll
植物の持つ緑色色素．二酸化炭素と水から栄養物として利用する炭水化物を生産する機能を持つ．
クロロフルオロカーボン　chlorofluorocarbon
慣用名はフロン．塩素，フッ素，炭素，時に水素を含む，合成された非毒性の不活性ガス．冷却材に利用され，大気上方に蓄積してオゾンを破壊する．
群集　community　→生態群集

[け]

系　system
地質学上の紀（period）の間に堆積した，または形成されたすべての岩石から成る層序学的単位．
珪砕屑性堆積物　siliciclastic sediments
主に風化しつつある陸地が起源の珪酸塩と鉱物の堆積物．
珪酸塩　silicate
珪素と酸素を伴う金属元素の化合物としての鉱物．
傾斜不整合　angular unconformity
層序学上の上位と下位の地層面で走向・傾斜が異なる不整合の型で，例えば上部の水平な岩層と，下部のより古く，傾きができ，浸食された層が区別される．
珪長質地殻　felsic crust
大陸を形成する，長石と二酸化珪素の含有量が高く，明色で低密度の火成岩．花崗岩は地殻内に豊富な珪長質岩石である．
系統発生　phylogeny
進化の過程で，ある特定の種または他の分類群に生じる一連の変化．
KT境界事件　KT boundary event
約6500万年前の白亜紀・第三紀境界で，他の生物と共に恐竜類が絶滅した大量絶滅で特色づけられる．メキシコ湾に180 kmのクレーターを残した隕石の地球との衝突が原因という説もある．
ケーテテス類　chaetetid
オルドビス紀に初めて登場した，石灰質の硬い骨格を持つ普通海綿類．
頁岩　shale
泥の固結で形成される細粒堆積岩で，簡単に薄層あるいは薄片に割れる．
欠甲類　anaspid
シルル紀とデボン紀に生息した無顎類の目の構成員で，多くの初期魚類が持つ重装甲の頭部を持っていなかった．
欠歯類　tillodont　→裂歯類
ケトル　kittle hole　→釜伏凹地
ケファラスピス類　osteostracan　→骨甲類
ケラトプス類　ceratopsian　→角竜類
ケルゲレン陸塊　Kerguelen Landmass
インド洋南部の水没した大陸性の海台．
原猿類　prosimian
霊長目の主要な一員で，メガネザル，キツネザルなどを含む．
原核生物　prokaryote
遺伝物質が核に限られず，細胞構造中に広がっている極めて単純な細胞．原始的なバクテリアとシアノバクテリアだけが原核生物で，他のすべての生物体は真核生物である．
顕花植物　flowering plant　→被子植物
原鯨類　archaeocete　→古鯨類
懸谷　hanging valley
谷側面の途中から，氷結したU字谷に入る支谷．
原始ウミユリ類　eocrinoid
古生代前期に生息した，茎を持つ固着性の棘皮動物で，ウミユリ類の祖先の可能性がある．
原始鯨類　zeuglodont　→ジュウグロドン類
犬歯類　cynodont
イヌのような歯を持つ，肉食哺乳類型爬虫類の1亜目．
原生生物　protoctist
原生生物界（ProtocristaまたはProtista）の一員．バクテリアでも動物でも植物でもない（一部の科学者によれば，菌類でもない）生物体．つまり，藻類，原生動物と変形菌類（と一部の菌類）．
顕生代　Phanerozoic（Phanerozoic era）
肉眼で比較的容易に同定可能な最初の化石が形成された古生代の初めから，それ以降の地質学上の累代．
原生動物　protozoan
単細胞の生物体で，最も初期の真核動物．
元素　element
より単純な構成要素には分けられず，原子構造が一定の物質．
現存量　biomass　→生物量
玄武岩　basalt
海洋地殻の暗色の火成岩で，主として斜長石，輝石と，ガラス質物質から成る．

[こ]

コア　core　→核
甲殻類　crustacean
甲殻綱の水生で鰓（えら）呼吸をする節足動物の構成員．甲殻類はカンブリア紀に進化し，カニ類，ウミザリガニ類，テッポウエビ類，ワラジムシ類や蔓脚類を含む．分節した身体は通常，頭部，胸部，腹部が明瞭で，炭酸カルシウムで硬化された蛋白質とキチン質でできた外骨格で保護されている．
光合成　photosynthesis
植物が日光のエネルギーを抽出し，これを利用して大気中の水分と二酸化炭素から栄養物を作る過程．
硬骨魚類　osteichthyan
骨格の軟骨が部分的または完全に骨化した，顎のある魚類．硬骨魚類はデボン紀には登場していた．
硬砂岩　greywacke（graywacke）　→グレーワッケ
後生動物　metazoan
細胞が有機的に組織として構成されているすべての多細胞生物体——すなわち，原生動物以外のすべての動物．後生動物は原生代最後期に登場した．
構造プレート　tectonic plate
プレートテクトニクスで単一体として移動する岩石圏の区分．通常，プレートは中央海嶺のある縁部沿いで成長し，海溝の他の縁部沿いで破壊される．
腔腸動物　coelenterate　→刺胞動物
硬皮　sclerite　→骨片
広鼻猿類　platyrrhine
新世界サル類の一員．広い鼻，および，通常，巻尾を持つ特徴がある．広鼻猿類は人類の進化に関係がなかった（→狭鼻猿類）．
鉱物　mineral
特定の化学組成を持つ，自然に形成される無機化学物質．岩石は数種類の異なった鉱物の結晶から成る．
鉱物化骨格　mineralized skeleton
鉱物でできている骨格．主として炭酸塩，リン酸塩と酸化珪素．
広翼類　eurypterid
オルドビス紀からデボン紀に生息した，現代のタイコウチに似た水生の鋏角類．
コエロスクレリトフォラ類　coeloscleritophoran
鱗状あるいは棘状の中空の骨片で体部が覆われた，カンブリア紀の海生動物．環形動物，軟体動物と腕足類の祖先である可能性がある．
古鯨類（原鯨類，ムカシクジラ類）　archaeocete
第三紀前期に生息した初期クジラ類の科の一員．大きさの違う異形の歯を持ち，大部分のものはヘビのように長い身体を持つ．
コケムシ類　bryozoan
総担（ふさかつぎ）にある触手で食物粒子を捕え，コロニーをつくる固着性海生無脊椎動物．
コケ類（蘚苔類）　bryophyte
蘚類（せんるい）や苔類（たいるい）のような，葉

と茎はあるが維管束系を持たない単純な陸生植物．

ココスプレート Cocos plate
太平洋東部にある小さい構造プレートで，ガラパゴス海嶺，東太平洋海膨と中央アメリカ大陸が境界となる．

弧状列島 island arc
海溝の縁で発達する鎖状の火山列島．海溝の縁で，沈み込みつつあるプレート（→沈み込み）が溶けることによって火山が生まれる．

古生代 Paleozoic（Paleozoic era）
5億4500万～2億4800万年前の，地質時代の代．カンブリア紀，オルドビス紀，シルル紀（古生代前期）とデボン紀，石炭紀，ペルム紀（古生代後期）を含む．

古生代動物相 Paleozoic fauna
オルドビス紀の放散とそれに続く多様化で生まれた動物．それらの大部分（三葉虫類，筆石類など）は古生代末までに消滅したが，一部（頭足類，棘皮動物）は現代まで生き残った．

古生マツバラン類 psilophyte
太古の維管束植物に対する古い名称．現在は，異なった起源を持つ多数の原始的な維管束植物に対して使われる．すなわち，リニア類，ゾステロフィルム類とトリメロフィトン類．

古太平洋 Panthalassa Ocean →パンサラッサ

古地磁気学 paleomagnetism
地球磁場の条件およびその地質履歴中の特性の研究．磁場はその当時に形成された岩石に影響を残し，これが歴史上の極や大陸の位置に関する手がかりになる．

固着性生物 sessile organism
海底に住み，移動しない生物体．

個虫 zooid
群体を構成する単位になる個体（1つの基本単位の動物）．

骨甲類（ケファラスピス類） osteostracan
古生代初期に生息した，明確な骨格と，その多くは背鰭と対になった鰭を持つ，初期の無顎類のグループ構成員．

骨片 ① sclerite 硬皮ともいう．骨格の覆い（スクレリトーム）の鱗状または棘状の中空の要素．② spicule 小さく，針状で，石灰質または珪酸質の構造．無脊椎動物の骨格の一部を形成する．

古テーチス海 Paleothetis Ocean
テーチス海の前兆の水域で，古生代中期と後期にパンゲアに入り込む広大な湾として存在し，ローラシアをゴンドワナからほぼ分離していた．

ゴニアタイト類 goniatite
現代のオウムガイ類に似た頭足類グループ（アンモノイド類）のほぼ古生代後半の構成員で，特徴的に大きなぎざぎざ模様の縫合線を持つ．

コヌラリア conulariid →小錐類

コノドント conodont
古生代～中生代に生息した，ウナギ様で，泳ぐ，原始的な海生脊椎動物で，リン酸塩化した円錐形の歯が多数あった．

古杯動物（アルケオシアトゥス類） archaeocyath
カンブリア紀に生息したカップ状の固着性海生動物．普通海綿類の類縁だった可能性がある．

コープの法則 Cope's law
アメリカの古生物学者エドワード・ドリンカー・コープ（Edward Drinker Cope，1840-1897）が著した法則で，時が経つにつれ，すべての生物は身体が大型化する進化傾向を持つとする．

コマチアイト komatiite
始生代に広く行きわたり，地球の地殻の玄武岩岩石に先立ったかんらん石で構成される噴出性の火成岩．

コルディレラ山系 Cordillera
平行に走る一連の褶曲山地の連なり．

混濁流 turbidity current
懸濁した堆積物を含む海水の流れ．周囲の海水より密度が高く，海底沿いの深い所を流れる原因となる．

昆虫類 insect
デボン紀後期に登場した，空気呼吸する節足動物の1グループ．身体は頭部，3対の脚を伴う胸部，腹部と1～2対の翅に再分されている．

ゴンドワナ Gondwana
古生代と中生代に，今日の南方諸大陸——アフリカ，南アメリカ，オーストラリア，南極——および，インド，マダガスカル，ニュージーランドが合体していた超大陸．

[さ]

細菌プランクトン bacterioplankton
細菌類の浮遊生物．

サイクロスフェア psychrosphere
海洋最深部の凍る寸前の海水．冷たい海水が両極で沈み込む対流によって形成される．

サイクロセム cyclothem
周期的に堆積したことを示す堆積岩層の順序．例えば，海で石灰岩が形成され，河川が浸食するにつれて堆積した砂岩が続き，河岸で植物が生長するにつれて石炭が続き，海が再び侵入するにつれて石灰岩が続く．

歳差運動 precession
天文学における，天球の極の見かけ上のゆっくりした動き．主に太陽と月の引力によって引き起こされる地球自転軸の揺れによる．軸は約2万6000年周期で徐々に方角が変化し，これが春分が年々早く起こる理由になる．→ミランコビッチ・サイクル．

砕屑物 clastic
すでに存在していた他の岩石あるいは他の鉱物（石英など）の砕片でできた岩石．

最氷期 glacial maximum
氷河時代において氷河作用が最も広範囲な期間．

砂丘 dune
砂の塚．通常は浜辺か砂漠で見られ，風によって造られ移動する．

砂丘層理 dune bedding
砂漠で砂丘が形成される間の，風の堆積作用による斜交層理．

砂漠化 desertification
気候変化あるいは人為的な過程によって砂漠が造られること．後者には，過放牧，森林帯の破壊，肥料使用または不使用に伴う集中農耕作による土壌疲弊，管理を誤った灌漑による土壌の塩化が含まれる．

サバンナ savannah
散在する木を伴う，熱帯の大草原の景観．地球の赤道付近の熱帯多雨林と熱帯の砂漠帯との間の地域で典型的である．

サブダクション subduction →沈み込み

サンアンドレアス断層 San Andreas Fault
カリフォルニア州の海岸沿いにあり，その地域に多くの地震を起こすトランスフォーム断層．この継続する活動によって，おそらく，今後数百万年の間にカリフォルニア州のその部分は断ち切られ分離し，漂移するだろう．

山間流域盆地 cuvette
堆積岩層が蓄積する山間の内陸流域の範囲．

産業革命 industrial revolution
産業における機械使用の増加で，英国では18世紀後期に始まった．

サンゴ coral
刺胞動物門花虫綱の海生無脊椎動物のグループのすべてと，ヒドロ虫綱（ヒドロ虫）の数種．サンゴは水から抽出した炭酸カルシウムの骨格を分泌する．サンゴは暖かい海の，十分に光の届く適度な水深に生息する．サンゴは藻類と共生（相利）関係で生き，藻類はサンゴから二酸化炭素を入手し，サンゴは藻類から栄養分を得る．カンブリア紀に登場した初期のサンゴ同様，単生のサンゴ類も数種あるが，大部分のサンゴは大きなコロニーを形成する．サンゴの蓄積した骨格は礁や環礁を造る．

三重会合点 triple junction
3つの岩石圏プレートが接する点．海嶺が三重会合点に接していることがしばしばあり，これが大陸縁部の，しばしば，鋭く曲がった性質の説明となる．

酸性雨 acid rain
二酸化硫黄などの溶解物質が存在することで酸性になった雨．火山噴火や現代では産業公害で起こることがある．

三葉虫類 trilobite
古生代に生息し，浅海底で腐食していた海生節足動物．三葉虫類に特有の装甲を持ち体節に分かれた身体にはY字型の多くの脚があり，一見したところ現代のワラジムシに似ていた．ペルム紀末に絶滅したが，化石は古生代の岩石中に豊富にある．

三稜石（ドライカンター） dreikanter
風によって削り磨かれ，3つの面を持った石．

[し]

シアノバクテリア（藍藻類） cyanobacteria（blue-green algae）
構造的にはバクテリアに類似した原始的な単細胞生物体．群体または糸状体になることがある．シアノバクテリアは35億年以上前から存在した，知られる最古の生物の1つで，モネラ界に属する．シアノバクテリアが光合成を発達させ，大気中の酸素増加の一因となったことで地球が変化し，進歩した生物が発達できるようになった．シアノバクテリアは生息域としての水中，岩石や樹木の湿気のある表面や土壌中に広く分布する．名前は葉緑素とフィコシアニン色素によって生じる色に由来する．

四肢動物 tetrapod
魚類でないすべての脊椎動物．名前は「4本足」を意味するが，この分類は祖先がデボン紀に起源

を持つ真の四肢動物だったクジラ類，鳥類，ヘビ類にも当てはまる．

四射サンゴ類 rugosan →四放サンゴ類

示準化石 index fossil
その存在が岩石の年代を示す化石．有用な示準化石になるのは生息期間が短く，広域に分布する種である．筆石類とアンモナイト類が例である．示準化石は示帯化石としても知られる．

地震学 seismology
地震および地球内の振動の伝わり方の研究．

地震波 seismic waves
地震が出す振動．地震波は多数の型をとり，最初の小刻みな揺れであるP波（縦波），次の大きい揺れであるS波（横波），地表を伝わり損害を引き起こすL波を含む．

沈み込み（サブダクション） subduction
ある岩石圏プレートが別の岩石圏プレートの下を滑ってマントルに入り，消滅する際の岩石圏プレートの動き．この過程はプレートテクトニクスに不可欠な部分である．

沈み込み帯 subduction zone
岩石圏の沈み込みが起こる，傾斜のある地帯．

始生代（太古代） Archean（Archean era）
地質時代の最初の累代で，地球の歴史の約45％（45億5000万～25億年前）を含む．（訳注：地球上に直接の記録が残されていない時代（46億～40億年前）を冥王代として区別するのが普通．）

自然選択（自然淘汰） natural selection
チャールズ・ダーウィン（Charles Darwin）によって最初に唱えられた，進化の主たる仕組み．自然選択によって集団の遺伝子頻度が特定の個体を通して変化し，他の個体より多くの子孫を生じる．大部分の環境はゆっくりだが絶えず変化しているため，自然選択は好ましい特質を持つ個体の繁殖の成功を高める．その過程はゆっくりで，突然変異による生物体の遺伝子における偶然な変異および有性生殖中の遺伝子組み換えに依存する．

始祖鳥 Archaeopteryx
ドイツのジュラ系上部の岩石から発見された，知られる最古の鳥類で，祖先に当たる恐竜類の持つ多くの解剖学的特徴を保持していた．

示帯化石 zone fossil →示準化石

シダ種子類 seed ferns
胞子よりもむしろ種子で繁殖した，石炭紀前後の多様な植物の中で，絶滅した裸子植物のグループ．しかし，シダ種子類は専門的には「シダ類」ではなく，外見がシダ類に似ているだけである．

四放サンゴ類（四射サンゴ類，皺皮サンゴ類） tetracoral（rugosan）
オルドビス紀～ペルム紀に生息した絶滅サンゴ類．単体型または分岐した角状の群体型があった．

刺胞動物 cnidarian
触手に刺す細胞（刺胞）がある，クラゲに似た原始的な水生無脊椎動物．刺胞動物は原生代最後期から存在し，ヒドラ類，サンゴ類，イソギンチャク類やクラゲ類を含む．クシクラゲ類を除いた腔腸動物のすべて．

縞状鉄鉱石 banded ironstone
先カンブリア時代の，鉄に富んだ層と鉄の乏しい層が交互になった岩石．

蛇頸竜類 plesiosaur →長頸竜類

斜交層理（斜交成層） cross-bedding（current bedding）
堆積中の強い水流または風で生じた堆積岩の傾斜面．例えば，典型的な三角州では，流れている河川が海の水がより深い所に達し，運んでいた堆積物を降ろす所には，だいたい水平か極めてゆるい勾配の頂置層，傾斜した前置層（三角州の前面），および，ゆるやかに傾斜し三角州の前で平坦な海底と接する底置層がある．水流は下方に傾斜した層の方向に流れる．類似の様式（砂丘層理）は風が砂漠に砂丘を形成する所で発達する．

種 species
分類学上の類別の基礎単位．交配して繁殖力のある子孫を産出できる生物体の集団で，種相互は生殖的に隔離されている．類縁種は共に同属に分類される．

獣脚類 theropod
肉食の竜盤類恐竜のグループの一員．

獣弓類 therapsid
進化した哺乳類型爬虫類のグループの一員．

褶曲 fold
造山によってねじ曲げられた，本来は水平な堆積岩層．褶曲はアルプス山脈やアパラチア山脈の場合のように，圧縮変形によって山塊を形成することがある．

褶曲衝上断層帯 fold-and-thrust belt
褶曲と衝上断層の特徴がある山脈の内陸帯．

褶曲帯 fold belt
激しい変形と褶曲の発達があった，地殻の長く細い地帯．このような地帯は，通常，収束境界に付随する大陸縁部沿いに発達する．褶曲帯は金星でも認められている．

周極流 circumpolar current
地球の極の周りを流れる海流．現在，南極の周りに重要な周極流がある．

ジュウグロドン類（原始鯨類） zeuglodont
初期のクジラ類のように，アーチ状の歯を持っている．

従属栄養生物（有機栄養生物） heterotroph
消費者である生物体．自身は単純な無機物から有機化合物を合成できないため，食物として有機化合物を摂取する生物体．従属栄養生物はバクテリア，菌類，原生動物とすべての動物を含む．独立栄養生物（生産者）である植物は主な例外である．

収束境界 convergent plate margin
岩石圏のプレートが押し集められ，地殻表面域が失われる岩石圏地帯．岩石圏がマントル内に消滅する沈み込み，あるいは，岩石圏の一部分が衝上断層のスライスとして互いに積み重なり，地殻が短縮または厚化することによって生じることもある．

収斂進化 convergent evolution
近い時点に共通祖先を持たない動物が適応を通して類似の形や習性を進化させ，類似の環境で同じ生活様式で生きられるようになる現象．魚竜類（爬虫類），サメ類（魚類）とイルカ類（哺乳類）は類縁ではないが，収斂進化を通して同じ体形を発達させた．

種形成 speciation
新しい種が出現し，時が経つと共に変化する過程．

主竜類 archosaur
ワニ類，恐竜類，翼竜類と鳥類を含む双弓類爬虫類のグループの一員．

礁 reef
サンゴ類などの骨格が集まって形成され，海の重要な生息地を形成する炭酸塩堆積物．裾礁は大陸や島の磯にでき，生きている動物は主に外縁部を占める．堡礁は塩水の礁湖によって岸から幅30 kmも隔てられる．環礁は礁湖を囲み，死火山が沈下した所に形成される．

条鰭類（じょうきるい） actinopterygian
放射状の支持物を伴う鰭のある魚類の亜綱の一員．現生魚類の大部分は条鰭類である．

衝撃石英 shocked quartz
石英や長石などの，間隔が密で微小な層を内部に伴う鉱物．隕石が地球に衝突する時のような，衝突の衝撃による巨大な圧力に起因する．

衝上断層 thrust fault
圧縮で生じた低い角度の断層．造山運動では，衝上地塊（岩石の大きなスライス）が下にある岩石上を長距離にわたって水平に滑ることがある．

小錐類（コヌラリア） conulariid
原生代最後期に生息した固着性の海生動物で，側面が4つあり，細長いピラミッドのような硬化した骨格と，折れ曲がる4つのふた状の折れ襟を持っていた．

蒸発岩（蒸発残留岩） evaporite
湖または海の入江が干上がると共に，水から沈澱した鉱物で形成された堆積岩または単層．

床板サンゴ類 tabulate
古生代初期～後期に存在したサンゴ類の種類．クサリサンゴ，ハチノスサンゴなど群体型．

消費者 consumer
生産者あるいは他の消費者を食べる動物．

小翼 alula
鳥類の翼で親指の位置にある一群の羽根で，飛行中の操縦性に寄与する．

小惑星（アステロイド） asteroid
太陽を回る軌道にある小型の惑星．大部分は火星の軌道と木星の軌道の間にあり，直径は約16～800 km以上までと幅がある．

礁陸側 back reef
礁の陸側で，礁原の背後陸側と礁湖の地域を含む．

植物食動物 herbivore →草食動物

植物プランクトン phytoplankton
藻類のようなプランクトン．植物プランクトンは主に藻類から成り，海洋でのほぼすべての光合成を遂行する．植物プランクトンは食物連鎖の基礎である．

食物網 food web
より複雑な食物連鎖．各段階に数種がいるため，生産者と消費者がそれぞれ複数いる．

食物連鎖 food chain
主に植物である，底部に位置する主要な生産者で始まり，一連の消費者――植物食動物，肉食動物，分解者――までの，ある生態系中の栄養段階を通じてのつながり．

シル sill
堆積岩層の間にほぼ平行に板状に貫入した火成岩の迸入岩体．

真猿類 anthropoid
古第三紀に出現した高度に派生した霊長類の1グループ．無尾または短尾のサル，尾のあるサルとすべてのヒト上科を含む．

進化 evolution

生物体が祖先とは異なってくる生物学的変化の過程．漸進的な進化という考え（創造説とは全く異なる）は19世紀に賛成されたが，多くの伝統的な宗教の信条を否定するため，21世紀に入っても相変わらず議論があった．英国の自然史研究家チャールズ・ダーウィン（Chareles Darwin, 1809-1882）は進化上の変化における重要な役割を自然選択（すなわち，資源を求めての競争内に働く環境圧力）に帰した．最近の進化論（新ダーウィニズム）はダーウィンの理論とグレゴール・メンデル（Gregor Mendel）の遺伝学的な理論およびヒューゴー・ド・フリース（Hugo de Vries）の突然変異の理論を結合させる．進化上の変化は長期間にわたって比較的安定し，時々，急速な変化の期間があったのかもしれない（断続平衡説）．

深海平原 abyssal plain
海面下3〜6 kmで広い平坦地を形成する海洋底．

真核生物 eukaryote
DNAを持ち，核膜で他の細胞構造から分離されて明らかに限定された核と，ミトコンドリアのような特殊化した細胞小器官を伴う，複雑な細胞構造を持つ生物体．真核生物は原核生物であるバクテリアとシノバクテリアを除くすべての生物体を含む．

新口動物（後口動物） deuterostome ("last mouth")
成体で別の口が発達するにつれ，原口が肛門になる動物．棘皮動物，半索動物と脊索動物はすべて新口動物である．

真骨類 teleost
骨質の骨格，小さく円い鱗，左右相称の尾を持つ魚類のグループ．現代の大部分の魚類は真骨類である．

深成岩体 pulton →プルトン

新生代 Cenozoic (Cenozoic era)
6500万年前に始まった，地質時代の中の最も新しい代．第三紀，第四紀を含み，現在も含む．

新世界サル類 new world monkeys →広鼻猿類

新赤色砂岩 New Red Sandstone
ペルム紀と三畳紀にローラシア超大陸に堆積累重した陸源性堆積岩．

新石器時代 Neolithic age
「新しい石器時代」．進歩した石器の使用と農耕の発達が特徴となる，更新世の氷河時代の終わり頃の文化．

親鉄元素 siderophile element
金属相に親和力を持つ化学元素．例えば鉄あるいはニッケル．地球形成中，親鉄元素は核の方に沈んだ．

真反芻類 pecoran
シカ類やキリン類を含む，偶数の足指を持つ有蹄類のグループの一員．

心皮 carpel
そこから果実と種子が育つ，顕花植物の雌の生殖器．

針葉樹（球果植物） conifer
球果で繁殖するモミ類やマツ類などの裸子植物の樹木．

[す]

水圏 hydrosphere
地球の構造で水から成る部分．水圏は海洋，氷冠や気圏のガスを含む．

彗星 comet
主として水，氷と岩石片から成る惑星的な天体．軌道で太陽に接近すると氷からの水が蒸発し，尾を形成する．

水柱状図 water column
海または湖の垂直柱状図で，異なった層準にある水の特性の違いを強調する．

水平ずり断層 strike-slip fault →走向移動断層

水平堆積の原理 principle of original horizontality
すべての層は水平に堆積するという地質学の原理．

スクレリトーム scleritome
孤立した骨片から成る骨格の覆い．

スチリノドン類 taeniodont →紐歯類

ストロマトライト stromatolite
糸状体の藻類の層が堆積物粒子（主に炭酸塩）を捕える時に，静かな水中で形成される薄板状の構造．藻類の別の層がこの堆積物表面上に育ち，別の層を捕え，その結果，ドーム形または円柱になる．ストロマトライト化石はストロマトライトの生長を妨げる他の生物がいなかった先カンブリア時代から知られる．

[せ]

斉一観 uniformitarianism
現代の岩石と地形を形成する自然の法則と過程は時代を通して一様だったとする原理．そのため，太古の地質学上の形成と過程は，現在の世界における類似した形成と過程を観察することで解釈できると考える．この原理は「現在は過去への鍵である」として表現される．しかし，その過程が機能した速度は遠い過去では異なっていたかもしれず，また，その相対的な重要性も変化したであろう．

生痕学 ichnology
足跡や巣穴の化石の研究．

生痕化石 trace fossil
化石化した匍跡，歩行跡，穿孔，巣穴や足跡．古生物の生活の痕跡で，卵や排泄物，他者により破壊された殻なども含む．

生産者 producer
光を変化させること（光合成）や化学物質を改変させること（化学合成）によって有機物を生産する生物体．

生殖体 gamete →配偶子

生層序（位）**学**（化石層序学） biostratigraphy
含有する化石に基づき岩石を層準に分け地域間の対比を行い時代を決める学問．

生態学 ecology
動植物の生態群集間およびその環境との関係の研究．

生態群集（群集） community
限られた地域に生息する，相互関係の実在する生物体の集まり．

生態系 ecosystem
ある地域における生物体と自然環境（生物学的および非生物学的要素）から成る結合した生態学的単位．生態系は大規模なことも小規模なこともあり，地球は1つの生態系で，1つの池も1つの生態系である．生態系中のエネルギーと栄養分の移動が食物連鎖である．

生態的地位（ニッチ） niche
種の生態的位置，つまり，種が適応している全環境要素の組み合わせ．生物学用語では，特定の生物がその生活様式のために占める，特定の環境中の場所と役割．

生物群系 biome →バイオーム

生物圏 biosphere
生物を支える地球の部分で，気圏の下方で始まり，表面（陸と水）を通り，地殻の上部に及ぶ．

生物体量 biomass →生物量

生物多様性 biodiversity
地球に生息する種，種内の遺伝学的な差異，および，これらの種を支える生態系の多様さの程度．

生物地理区 biogeographic province
隣接する動植物相の混入を妨げる地理的な障壁によって生じた，性質の異なる一連の動植物を伴う地域．現代ではオーストラリアにしか生息しない有袋類などの変わった生物の分布によって，地理区が認められることもある．

生物発生説 biogenesis →続生説

生物量（生物体量，現存量） biomass
一定の地域にいる生物体の総量．

セヴィア造山運動 Sevier orogeny
白亜紀，カリフォルニア州北部での火成活動と褶曲衝上活動の事件．

石英 quartz
地球の大陸地殻中で最も広く行きわたった珪酸塩鉱物の1つで，砕屑性の堆積岩の主成分．主として二酸化珪素である．

石化作用 lithification
岩石を形成するまでの堆積物の硬化固結の過程．

脊索 notochord
特定の蠕虫様動物の身体の全長にわたる屈性のある支持材．脊索は脊椎動物の脊柱の原始形である．

脊索動物 chordate
前方に神経索，より高度な脊索動物では脊柱に置き換わる軟骨の棒状器官（脊索），喉部に鰓の細長い孔を持つ新口動物．脊索動物はカンブリア紀から存在する．

石質普通海綿（イシカイメン） lithistid demosponge
硬い骨格を伴う海生の普通海綿類．石質普通海綿はカンブリア紀から存在する．

赤色岩層 redbed
空気にさらされることで酸化し，鉄成分が赤錆色になった陸成堆積岩層．赤色岩層はしばしば砂岩と関連がある．

石炭 coal
主として（50％以上）植物素材の炭素遺物から成る，有機物の堆積変成岩．酸化と腐敗を防ぐために，これは水中に蓄積するか急速に埋まる必要がある．岩層中に石炭が埋まる深度，およびその結果としての圧力により，軟らかく低品質の石炭（泥炭，褐炭）とか硬い高品質の石炭（無煙炭）を生じる．

脊椎動物 vertebrate
背骨を持つすべての動物．約4万1000の脊椎動物の種があり，哺乳類，鳥類，爬虫類，両生類，

魚類を含む．

石油　petroleum
トラップと呼ばれる岩石構造中に凝縮して発見される，腐敗した有機物から形成される原油．産業用原料として採取される．

石灰岩　limestone
主として方解石から成る炭酸塩堆積岩．海水の無機化学的沈殿が由来の場合や，動物の殻の蓄積による場合がある．

舌形動物　pentastome
カンブリア紀に登場した寄生性の甲殻類ないしはクモ類．節足動物門に近縁の独立した一門とする考えもある．環状の柔らかいクチクラで覆われた扁平で軟らかい身体のため，舌虫類としても知られる．

節足動物　arthropod
分節した身体を覆って関節した外骨格を持つ無脊椎動物．分節した体部には対になり関節した一連の付属肢がある．節足動物はカンブリア紀に初めて出現し，現在まで生き続けている．クモ類，ダニ類，甲殻類，ムカデ類，昆虫類などが含まれる．

絶滅　extinction
1つの種または他の生物群が完全に姿を消すこと．繁殖率が死亡率を下回ると起こる．過去の大部分の絶滅は，種が環境中の自然の変化にすばやく適応しきれなかったために起こった．今日では，主として人類の活動のためである．

前縁海溝　foredeep
弧状列島の海側にある深い地域．

前弧海盆　forearc basin
弧状列島と，その背後のくさび形の付加帯との間にある細長い堆積盆地．

扇状地　alluvial fan
浸食された物質が高地地方から流れ下り，谷口を扇頂とする平坦な平原状に堆積した扇形の面状地形．

染色体　chromosome
生物の細胞内にあり，内に遺伝子を含み，糸を撚ったような形のDNAのひも．

蘚苔類（せんたいるい）　bryophyte　→コケ類

［そ］

相（層相）　facies
場所的につながりを持ち，同一の地質学的事件に関連する異なった堆積岩の集まりで，そのためその地方の条件が表される．

層位学　stratigraphy　→層序学

双弓類　diapsid
爬虫類の主要な1亜綱の構成員．双弓類は頭骨の眼窩後方に2つの開口部があることで定義される．トカゲ類，ヘビ類や主竜類は双弓類である．

双牙類　dicynodont　→ディキノドン類

総鰭類（そうきるい）　lobe-finned fish
総鰭亜綱に属する硬骨魚．総鰭類は鰭を支える肉質の葉によって条鰭類と区別される．総鰭類は両生類の祖先で，したがって全陸生脊椎動物の祖先と考えられている．肺魚類と併せて肉鰭類とも呼ぶ．

走向移動断層（横ずれ断層，水平ずり断層）　strike-slip fault
ある岩体が，すぐ隣の岩体に対して垂直方向というよりはむしろ横方向に移動する断層．

造構海面変動　tectonoeustasy
中央海嶺が成長すると共に海水量の絶対的な変化が原因で起こる世界的な海水面変動．

層孔虫類　stromatoporoid
礁を形成した，石灰化した海生海綿動物の絶滅グループの1つ．かつてはヒドロ虫類に近縁と考えられる場合が多かった．

造山運動　orogeny
褶曲山脈や地塊山地ができる運動．プレートの衝突や沈み込みで，断層・褶曲帯をつくる作用．

層序学（地質学，層位学）　stratigraphy
地球の表面または表面付近にある岩層の関係・分類・年代・対比の研究．これらの岩石の順序により，科学者たちは地球の地質学史を確立できる．

草食動物（植物食動物）　herbivore
植物を食べる動物．肉食動物と異なり，この用語は特定グループの動物に限定されない．

槽歯類（そうしるい）　thecodont
三畳紀に生息した，恐竜類の祖先にあたるものを含むワニ状の爬虫類．槽歯類をなしていた動物は，現在ではいくつかの分類群に入れられ，したがって槽歯類という分類群はない．

層相　facies　→相

創造説　creationism
聖書に書かれているように，世界は神によって創造され，それは6000年以上前ということは無く，種は個々の起源を持ち不変であるとする理論．ダーウィンの進化論に対抗して展開されたが，大部分の科学者は事実に基づくとは考えていない．

相同体制　homologous structure
異なった種における類似の体制．共通祖先を示唆はするが，腕と翼のようにそれぞれ異なった機能を果たす．

草本　grasses　→草

層理面　bedding plane
堆積岩の1つの単層を，隣接した単層から分ける面．

藻類　alga（複数形：algae）
植物の最も原始的な型で，1つの細胞あるいは細胞の集団から成り，維管束系は無い．海藻は藻類の一例である．

属　genus
リンネ式生物分類法での6番目の区分で，多数の類似または近縁の種から成る．類似の属は科に分類される．

側系統　paraphyly
複数の祖先から進化したグループ（単系統の逆）．恐竜類は2つの主要なグループ（竜盤類と鳥盤類）が独立に進化したかもしれないため，側系統かもしれない．分岐分類学では，祖先的形態を共有することを指す．

続成作用　diagenesis
埋まった堆積物からの低温での堆積岩の形成．2つの過程が含まれ，最初に堆積物粒子が圧縮され，次いでその粒子が鉱物で固結される．

続生説（生物発生説）　biogenesis
自然発生的に創造されたり，他のものから変容したのではなく，生物は自身のような生物からしか進化しないとする原則．

側方連続の原理　principle of original lateral continuity
渓谷などの浸食地形で分離された類似の岩層は，当初は一緒に堆積したとする地質学の原理．

ソテツ類　cycads
中生代によく見られ，外見がヤシ類に似た，種子植物の多様なグループ．

ソノマ造山運動　Sonoma orogeny
東に移動しつつあった弧状列島が北アメリカの太平洋縁部と衝突した際の，ペルム紀・三畳紀境界の造山事件．

［た］

帯　zone
地質学で用いられる最短の時代を表現する生層序単位．

ダイアピル（褶曲）　diapir
上部層を通り押し上げられた岩石層によって形成されるドーム状の岩石構造．ダイアピルは，その層が圧力下で塑性を持つ岩塩類などの岩石から成っている時にしか生じない．

体管　siphuncle　→連室細管
大気　atmosphere　→気圏
太古代　Archaean　→始生代

第三紀　Tertiary
中生代の白亜紀と新生代の第四紀との間の地質時代の時期．最後の約200万年を除く，地球の歴史の最後の6500万年を含む．

堆積岩　sedimentary rock
破砕物の層が累積して固結することで形成される岩石で，固い塊体を形成する．堆積岩には次の3つの型がある．砂岩などの砕屑岩の破砕物は既存の岩石が起源，石炭などの生物起源の破砕物はかつての生物が起源，岩塩などの化学作用の破砕物は水溶液から沈殿した結晶で形成される．

堆積間隙　non-sequence　→ノンシーケンス

大地溝（リフト）　rift
並行に走る断層系の間での，陸の一地域の下方への動きで形成される，長く延びた凹地．大地溝は地殻が伸びる地域に生じ，そこでは岩石圏プレートが分かれつつあり，大陸が分離しつつある．大地溝は渓谷を形成する傾向がある．

太陽系星雲　solar nebula
ビッグバン後，そこから最終的に太陽系が凝縮した，塵とガスの雲．

大洋中央海嶺　mid-ocean ridge　→中央海嶺

第四紀　Quaternary
更新世と完新世を含む地質時代の時期．したがって，最後の氷河時代と人類の歴史全体を含む．

大陸　continent
比較的浮揚性のある陸の地殻の塊．地球の大陸は平均して海洋底から4.6 km上にあり，厚さは20〜60 kmの範囲内で変化する．これまでに発見された最古の大陸性岩石は約38億年前のものである．個々の大陸の中心にはクラトンまたは楯状地と呼ばれる太古の岩石の塊が1つあるいは複数あり，連続的に時代が新しくなる褶曲山地の変動帯に取り巻かれている．大陸縁部は氾濫し，大陸棚を形成することがある．

大陸移動（説）　continental drift　→大陸漂移（説）

大陸棚　continental shelf
海岸線から大陸斜面の上縁まで伸びる大陸周縁のゆるい勾配で，浅海を形成する．大部分の堆積は海洋底のこの部分で生じる．

大陸漂移(説)(大陸移動説) continental drift
最終的には分裂した単一の超大陸がかつて存在したが，約2億年前に分裂漂移し始め，その構成要素である諸大陸は依然として漂移していると仮定する学説で，通常，ドイツの気象学者アルフレッド・ウェゲナー(Alfred Wegener)が唱えたとされている．現代の研究により，これは地球のマントル内の対流で動く海洋底拡大の結果であることが立証されている．

対流 convection
熱による流体の動き．熱い流体は冷たい流体より密度が低いため，熱い流体は上昇し，冷たい流体は下降する．対流はプレートテクトニクスと同様に世界の風系をも動かしている．

大量絶滅 mass extinction
地球の生物体の，短期間で広域にわたる重大な規模の絶滅．

ダーウィニズム(ダーウィン説) Darwinism
英国の自然科学者チャールズ・ダーウィン(Charles Darwin, 1809-1882)が提唱した進化論に対する一般名．今では自然選択説として知られる彼の主要な主張は，性によって繁殖する個体群の構成員間に存在する変異に関するものだった．ダーウィンによれば，環境により適応した変異を持つ個体が生き延びて繁殖し(適者生存)，その後，その形質を子孫に受け渡す可能性が高くなる．時の経過と共に個体群の遺伝学的構成が変化し，十分に時が経つと新しい種が生じる．したがって，存在する種はより古い種からの進化によって起こる．→創造説

多雨湖 pluvial lake
雨で形成された湖．

多殻類 polyplacophoran →多板類

多丘歯類(たきゅうしるい) multituberculate
中生代と第三紀初期に生息した，齧歯類(げっしるい)に似た原始的な哺乳類の目の一員．多丘歯類は最初の植物食哺乳類だったかもしれない．

タコニック造山運動 Taconic orogeny
アパラチア造山運動の初期段階で，オルドビス紀に弧状列島がローレンシアに付加した際に起こった．

脱ガス過程 degassing
物体あるいは物質からガスが漏れ出る過程．始生代初期，地球は熱せられて溶融し，大量のガスを宇宙に失った．

楯状地 shield
カンブリア紀以前に安定化した大陸地殻の一部に対する別の用語．広大な面積の基盤岩類が低平な陸地として露出．

多板類(多殻類) polyplacophoran (chiton)
左右相称で石灰質の殻板を多数持つ，多殻の海生軟体動物．多板類はカンブリア紀に進化した．

多毛類 polychaete
カンブリア紀に登場した，主に海生の環形動物．各体節に剛毛(刺毛)の束を持つ一対の肉質の疣脚(いぼあし)がある．

単殻類 monoplacophoran →単板類

単弓類 synapsid
爬虫類の主要な1亜綱の構成員で，哺乳類型爬虫類を含む．両側頭部に1つの特別な開口部があり，特徴的な頭骨を持つ．子孫の哺乳類では，開口部がさらに大きくなり，顎のかみ合わせを強化した．→双弓類

単系統 monophyly
単一の共通祖先の子孫すべてを含むグループ．

単孔類 monotreme
卵を産む哺乳類の目の一員．ハリモグラとカモノハシのみが現生単孔類である．

単細胞生物 unicellular organism
身体全体が単一の細胞から成る生物体．

炭酸塩 carbonate
炭酸の塩．炭酸塩は鉱物中によく見られ，石灰岩などの堆積岩の主要構成要素である．最も広く行きわたった炭酸塩鉱物は方解石，霰石，苦灰石である．

炭酸塩補償深度 carbonate compensation depth
炭酸塩の沈殿速度が溶解速度と等しくなる海の深度．

単肢動物 uniramian
分枝していない単純棒状の付属肢を持つ節足動物などをいう．

単層 bed
上下にある層とは性質の異なる堆積岩の層．

断層 fault
1つの岩塊が他の岩塊に対して動いた所に沿う岩体の割れ目．典型的な断層は地殻の伸長に起因し，一組の地溝を形成することがある．断層は衝上——地殻が短くなる所(逆断層)や，接した岩塊が垂直方向には僅かしか動かず，もしくは全く動かずに横方向に動く所(走向移動断層またはトランスフォーム断層)——沿いにも生じる．

断続平衡 punctuated equilibrium
比較的安定した期間に，形態変異の増大と突発的に急激な新種形成が散在する進化の型．個々の期間の存続期間は異なった環境条件下で大きく異なる．

炭素循環 carbon cycle
それによって炭素が生態系内を循環する化学反応の連続．炭素は石灰岩の主要成分で，生物の殻として沈積することがしばしばある．二酸化炭素中の炭素を植物が光合成過程で吸収し，炭水化物を造り，大気中に酸素を放出する．炭水化物は呼吸の際に植物に直接使われ——あるいは植物を食べる動物に使われ——大気中に二酸化炭素として戻される．

蛋白質 protein
アミノ酸から成る複雑な有機化合物で，生物の大部分を形成する．

単板類(単殻類) monoplacophoran
帽子状で左右相称の石灰質の殻を持つ，縁膜が1枚の，初期の海生軟体動物．

[ち]

地衣植物 lichen
菌類とシアノバクテリアすなわち藍藻類から成る共生生物体．現生種しか知られていない．

地殻 crust
マントルの上，地球の岩石圏(リソスフェア)の最も外部．密度の高い海洋地殻，つまり苦鉄質地殻と，より軽い大陸地殻，つまり珪長質地殻の2種類がある．

地球温暖化 global warming
総体的な気温上昇を含む，地球の気候変化．自然な過程での結果であることもあるが，現在では主として温室効果に原因があるとされている．変化は規則的ではなく，永続的な氷冠と世界の他地域のより温暖な条件との間の気温勾配が増大することによって生じた，予測不能な気象条件として現れることがある．国連環境計画(UNEP)の予測では，2005年までに，地球温暖化が原因で世界の平均気温は1.5℃上昇し，極の氷が溶ける結果として海水面は20cm上昇する．

地圏 geosphere
気圏または生物圏とは性質が異なり，地球の固体部分．

地溝 graben
岩石の一部が平行な断層間に下降した地質学上の構造．地表では地溝帯として現れることがある．

地層 strata(単数形：stratum)
堆積岩の複数の単層．

地層学 stratigraphy →層序学

チャート chert
非結晶質の二酸化珪素で形成された岩石．

チャンセロリア類 chancelloriid
古生代前期に生息した固着性のコエロスクレリトフォラ類で，その骨格は袋様の体部を取り巻く，バラの花冠状で棘があり中空の骨片から成る．海綿に類似した動物．

(大洋)中央海嶺 mid-ocean ridge
新しい海嶺が現れる所にある，海洋底の隆起した地勢で，両側で外側に広がる．中央海嶺は火山を伴う長い隆起，熱水，地殻沿いの地溝帯を形成する．このような海嶺は，マントルが岩石圏プレートの砕けやすい縁部を「曲げ」ようとする働きを助けるトランスフォーム断層によって，しばしば隔離される．海嶺はマントルの対流セル上に発達する可能性がある．

紐歯(ちゅうし)類(スチリノドン類) taeniodont
第三紀最初期に生息した原始的な哺乳類グループの一員．

中深外洋性 mesopelagic
水中の中間帯およびそこに住む生物体．

中心核 core →核

中生代 Mesozoic (Mesozoic era)
2億4800万～6500万年前の，地質時代の代．三畳紀，ジュラ紀と白亜紀を含む．

鳥脚類 ornithopod
鳥盤類の系統を引き，ジュラ紀～白亜紀に生息した二足歩行の植物食恐竜の系列．鳥脚類はカンプトサウルス(*Camptosaurus*)，ハドロサウルス(*Hadrosaurus*)とイグアノドン(*Iguanodon*)などを含んでいた．

超苦鉄質地殻 ultramafic crust
苦鉄質地殻同様に重い地殻だが，二酸化珪素の含量はさらに少ない．

長頸竜類(クビナガリュウ類，蛇頸竜類) plesiosaur
中生代に生息した肉食の泳ぐ爬虫類．長頸竜類にはカメのような身体，ひれ状の足と長い頸があった．

超新星 supernova
恒星の構造が崩壊する結果として生じる爆発．

長石 feldspar
アルミノ珪酸塩の造岩鉱物グループのすべて．

超大陸 supercontinent
複数の大陸塊が集まってできた大陸．

鳥盤類 ornithischian

植物食で「鳥類のような骨盤」を持つ，恐竜類の主要な2グループの1つ．しかし，始祖鳥や鳥類が進化した系列ではない．

チョーク chalk
殻で覆われた微小な動物の堆積物から形成された，純粋な種類の石灰岩．

地塁地塊 horst block
地溝とは逆に，2つの断層間で岩石の一区画が隆起している地質学上の構造．地塁地塊の表面の特徴は頂が平坦な丘になることだろう．

[つ]

角竜類（ケラトプス類） ceratopsian
装甲した盾状部があること，および，頭部の角の配置が特色となる四足歩行の鳥盤類恐竜の1グループ．

粒雪（フィルン） firn
部分的に凍っても，氷を形成していない，氷河の上に積った雪．

ツンドラ tundra
冬は雪で覆われ，夏は氾濫する，生長を妨げられた季節的な植生を持つ景観で，永久凍土に起因する．はるか北方の大陸域に典型的である．

[て]

DNA（デオキシリボ核酸） deoxyribonucleic acid
染色体の主要な化学的構成要素．

泥岩 mudstone
泥の圧密によって形成される細粒の堆積岩．頁岩と似ているが，独特な細かい層理を欠く．

ディキノドン類（双牙類） dicyodont
1対の顕著な犬歯を持つ種類が多かった哺乳類型爬虫類の一下目の一員．

底生生物 benthic organism
水底に生息する水生の生物体．

ティタノテリウム類 titanothere →ブロントテリウム類

低地 lowland
集積の過程が破壊にまさる陸部．

底盤 batholith →バソリス

テーチス海 Tethys Seaway (Tethys Ocean)
パンゲア大陸中に広大な湾として存在した海洋域で，ゴンドワナからローラシアをほぼ分離していた．テーチス海はアフリカとインドがヨーロッパとアジアに近づくと共に無くなり，地中海，黒海，カスピ海，アラル海を残した．

適応 adaptation
進化の上で，特定環境で特定の生活様式で生きられるように，生物体の構造あるいは習性の変化すること．水かきを持つアヒルの足など．

適応放散 adaptive radiation
ある系列が異なった型を進化させ，構成員が異なった環境の異なった生活様式に適応することを可能にする過程．

テレーン terrane
地球上で周囲の地殻とは性質が異なる，地殻の比較的小さい塊．

[と]

統 series
世（せい）の間に堆積した，または迸入した岩石から成る層序学の単位．

同位体 isotope
核内の陽子は同数だが，中性子数が異なるために物理的性質の異なる，化学元素の型の1つ．

頭蓋動物 craniate
脊椎動物の別名．この用語は，脊椎は無いが，このグループに特有の頭骨の形質を備えているメクラウナギ類などの動物を含む．

透光帯（有光層） photic zone
そこまで日光が海中に届く領域（海面下約200 m）．光合成が可能な深度（多光帯）は約100mまで．

頭索動物 cephalochordate
ナメクジウオ類．小型で，鱗がなく，魚類のような原始的な脊椎動物で，脊索と神経索はあるが脳は無い．頭索動物はカンブリア紀に現れた．

頭足類 cephalopod
カンブリア紀に進化した，大きな脳と目を持つ，進歩した海生軟体動物．足は発達してジェット推進器官と触手になった．

頭部 cephalon
三葉虫類の頭の部分．

動物地理学 zoogeography
動物の分布，特定地域の動物集団および個別の生物地理界間の障壁の研究．

動物プランクトン zooplankton
プランクトンの動物性構成要素．主に，原生動物，小型甲殻類および軟体動物とその他の無脊椎動物の幼生段階．

トクサ類 Sphenopsid (Equisiophyta)
巨大な維管束植物カラミテス（*Calamites*）などの胞子植物のグループ．古生代後期によく見られた．

独立栄養生物（無機栄養生物） autotroph
栄養分を生産するあらゆる生物体．すなわち植物や細菌．

突然変異 mutation
DNAの交替によって生じる，生物体の遺伝子構造の変化．進化の素材とも言える突然変異はDNA複製（複写）中の誤りの結果として起こる．したがって，有益な誤りだけが自然選択に有利である．

トモティア類（有殻微小化石動物） tommotiid
カンブリア紀に生息した，分類に問題のある海生無脊椎動物で，肋のあるリン酸塩の硬皮で覆われていた．

ドライカンター dreikanter →三稜石

トラップ trap
玄武岩質の継続的な溶岩流で形成される階段状の構造．デカントラップやシベリアトラップで見られるように広域に及ぶ．

ドラムリン drumlin
氷河によって堆積された堆積物から成る，長く伸びた小丘．その長軸は氷河の流れに平行である．

トランスフォーム断層 transform fault
中央海嶺を横切って生じ，近接した構造プレートが滑って互いにすれ違う際に形成される地質学上の断層．この断層には，末端が海嶺またはリフトで終わるもののほかに，島弧－海溝系あるいは弧状山脈で終わるものがある．

ドローの法則 Dollo's law
ベルギーの古生物学者ルイ・ドロー（Louis Dollo, 1857-1931）によって提唱された進化に関する法則で，ある構造がいったん消失または変化すると，その構造は新しい世代で再出現しないとする．

ドロマイト dolomite →苦灰岩

トーンキスト海 Tornquist Sea
古生代初期にバルティカの西部を占めた海．

[な]

内翅類（ないしるい） endopterygote
幼生の形態が成体の形態と極めて異なる昆虫類の亜綱の一員．幼虫がイモムシで成体に翅のあるチョウ類が例である．→外翅類

内陸海 epeiric sea
広大な浅い内海．

ナノプランクトン（微小浮遊生物） nanoplankton
微小なプランクトン．主に藻類，原生動物，菌類．

軟骨魚類 chondrichthyan
顎を持つ魚類で，最初のものはシルル紀から知られる．その骨格はすべてが軟骨から成っている．サメ類が例である．

軟体動物 mollusk
貝やイカなどを含む門に属する無脊椎動物のすべて．軟体動物はカンブリア紀に登場した．

南蹄類 notoungulate
南アメリカの原始的な蹄を持つ絶滅動物．

[に]

肉鰭類（にくきるい） sarcopterygian →総鰭類

肉食動物 carnivore
一般的には肉を食べる動物．専門的には，この用語はネコ類，イヌ類，イタチ類，クマ類やアザラシ類を含む食肉目の哺乳類にしか適用されない．

肉歯類 creodont
第三紀初期に生息した大型肉食哺乳類の目である肉歯目の一員．肉歯目は現生の食肉目の姉妹群である．肉歯類には2つの主要な系列オキシエナ類とヒエノドン類があった．

二足歩行（二足性） bipedalism
2本足で歩く能力．

ニッチ niche →生態的地位

二枚貝 bivalve
石灰質の2枚の殻で覆われ，明瞭な頭部の無い水生軟体動物で，カンブリア紀から存在する．

[ね]

ネアンデルタール人 Neandertal
ホモ・サピエンス・ネアンデルターレンシス（*Homo sapiens neanderthalensis*）亜種の一員．現代の人類（*H. sapiens sapiens*）に近縁で，更新世の大部分にわたって，現代の人類より先行した．発見された場所であるドイツのネアンデル渓谷に因んで命名された．

ネヴァダ造山運動 Nevadan orogeny
ジュラ紀～白亜紀前期の，北アメリカ西海岸沿いの造山事件．西コルディレラ山系形成の一因と

なった．

熱雲 nuee ardente
火山噴火と関連する高温の火山灰，細かい塵，溶けた溶岩片と高温のガスから成る，移動の速い「白熱したなだれ」．

熱水 hydrotherm
海の深い所にある高温（500～4000℃）の鉱水の水源．しばしばブラックスモーカーの現場．

年層 varve →氷縞粘土

粘土 clay
極めて細粒の堆積物の構成粒子で，通常は塑性を持つ．

[の]

農業革命 agricultural revolution
18世紀後期から19世紀初頭にかけての，ヨーロッパでの農業慣習の変化．科学的な実践が広域の農村に応用され始め，食糧生産量が劇的に増大した．

ノトサウルス類（偽竜類） nothosaur
三畳紀に存在した，泳ぐ爬虫類のグループの一員で，陸上を動き回ることもできた．長頸竜類の先駆者．

ノンコンフォーミティー（無整合） nonconformity
岩層を下位の結晶片岩などから分離する層序上の不整合の型．

ノンシーケンス（ダイアステム，堆積間隙） non-sequence
特定の時代の堆積物が一度も堆積しなかったため，あるいは，堆積物がその後完全に浸食されたために生じた層序学的連続の間隙．間隙の存在は他の古生物学的証拠で証明される．

[は]

バイオーム（生物群系） biome
植生と気候の共通様式で具体化した動植物の広い生物群集．草原，砂漠，ツンドラや多雨林が例である．

配偶子（配子，生殖体） gamete
有性生殖の間に，別の生物体の生殖細胞と癒合する，生物体の生殖細胞．

背弧海盆 back arc basin
地球のプレートが別のプレート上に乗り上げる際の火山活動で形成された弧状列島の背後にある海．

配子 gamete →配偶子

胚珠 ovule
いったん受精すると種子に発達する，種子植物の生殖構造．

ハオリムシ類 vestimentiferan
シルル紀に登場した蠕虫様の海生無脊椎動物．

ハクジラ類 odontocete
歯のあるクジラ類．

バクテリア bacterium
菌類に類縁の，単細胞原核生物の微生物の1グループ．バクテリアは38～35億年前に出現し，地球で最も成功している生物の1つである．

薄嚢シダ類 leptosporangiate ferns
「真」のシダ類．「シダ類」という一般用語には，単系統起源ではない，外見の似たいくつかのグループが含まれる．

バージェス頁岩 Burgess Shale
カンブリア紀のラーゲルシュテッテンの最も有名なもので，カナダ西部のカンブリア紀中期の岩石中にある．

バソリス（底盤） batholith
露出面積が100 km²以上の，広く，典型的には不規則な形を持ち，しばしば花崗岩化した火成岩の貫入体．

爬虫類 reptile
脊椎動物爬虫綱の全構成員で，ヘビ類，カメ類，アリゲーター類やクロコダイル類を含む．爬虫類は石炭紀に両生類から進化した．長頸竜類や魚竜類などの太古の一部の種類は海に生息した．現代の爬虫類は陸に生息する．爬虫類は冷血動物で主に硬殻卵で繁殖する．硬殻卵は爬虫類が陸にコロニーをつくることを可能にした工夫である．

パックアイス pack ice
互いに密集して固体状の海表を形成する浮氷の塊．

発散境界 divergent plate margin
2つのプレートが離れつつある所にある岩石圏プレートの境界．マントル起源の物質が噴出し，新しい地殻を造る．中央海嶺，その中央の深い谷である中軸谷，活発な海底火山活動などと関連がある．

ハドロサウルス類 hadrosaur
白亜紀に生息した鳥脚類恐竜グループの一員で，幅の広いアヒルのような嘴が特徴である．

バーブ varve →氷縞粘土

パラテーチス海 Paratethys
第三紀後期に黒海とカスピ海の地域にあった浅海．

ハルキエリア類 halkieriid →鱗甲類

バルティカ Baltica
古生代と中生代に存在した大陸で，バルト海を取り囲むヨーロッパ東部と北部を含んでいた．

パレイアサウルス類 pareiasaur
ペルム紀に生息した植物食爬虫類のグループの一員．パレイアサウルス類は大型で重量級の動物で，カメ類の祖先に近縁だったかもしれない．

パンゲア Pangea
すべての主要な大陸塊から成り立った，古生代後期～中生代初期の超大陸．

半索動物 hemichordate
脊索を持つ，原始的で蠕虫状の海生新口動物．身体は頭甲，襟，鰓の切れ込みで穴のあいた体幹に区分される．半索動物はカンブリア紀に登場した．

パンサラッサ（古太平洋） Panthalassa Ocean
古生代と中生代初期に北半球を覆った単一の海洋．パンサラッサは太平洋の前身だった．

板歯類 placodont
三畳紀に生息した海生爬虫類の1グループ．主に，動きの鈍い貝類食者で，一部のものにはカメのような甲があった．

反芻動物 ruminant
食い戻しを噛む，ウシなどの動物．

板皮類（ばんぴるい） placoderm
シルル紀～デボン紀に生息し，石炭紀前期には絶滅した，硬い骨質の装甲で覆われた頭を持ち，顎のある軟骨魚類．

盤竜類 pelycosaur
最も原始的な哺乳類型爬虫類のグループ構成員で，その多くのものに背中の帆があった．

斑れい岩 gabbro
組成は玄武岩に似ているが，地球の表面下で形成した，粗粒の火成岩．長石を含む．

[ひ]

ヒオリテス類 hyolith
古生代に生息した，2つの弁を持つ海生無脊椎動物．二枚貝類の類縁である可能性がある．

ヒカゲノカズラ類（小葉植物類） clubmoss (lycopod/lycopsid)
シダ類に類縁の原始的な維管束植物．今日では小さく取るに足らないが，古生代後期には高さ100 mの木として生えていた．

尾索動物（尾索類） urochordate
ホヤ類など．主に固着性で袋状の海生脊索動物．成体では索と脊索の両方を欠く場合が多い．尾索動物は石炭紀に初めて登場した．

被子植物 angiosperm
顕花植物に対する専門用語．莢や果実などの保護ケース内に種子を持つ植物．

微小浮遊生物 nanoplankton →ナノプランクトン

ビッグバン big bang
約150億年前に非常に高温で密度が高い物体が爆発した際に，森羅万象全体（宇宙，物質，エネルギー，時間や物理法則を含む）が始まったとする理論．爆発で生じた破壊物の破片は発生源から放射状に拡がり離れ，冷え，最終的に銀河と恒星を形成した．

ヒト科 Hominid
直立歩行（二足歩行）の特徴を持つ後期のヒト上科の一員で，約500万～400万年前，そこから現代人類が進化した．

ヒト上科 Hominoid
小型類人猿（ギボンやフクロテナガザル），大型類人猿（オランウータン，ゴリラやチンパンジー）と人類などの霊長類．

ヒト属（ホモ） Homo
人類が属する属．ホモ・サピエンス（*Homo sapiens*）の他に2種が認められている．最初に石器を作ったホモ・ハビリス（*Homo habilis*）と，初めてアフリカから世界中に広がったホモ・エレクトゥス（*Homo erectus*）である．

尾板 pygidium
三葉虫類の尾部．

ヒプシロフォドン類 hypsilophodont
速く走ることに向いた造りを持つ，小型鳥脚類恐竜の1グループ．

漂泳生物 pelagic organism →外洋性生物

氷河 glacier
ふもとの方へゆっくり移動し，100年に及んで1年中存続する，厚い氷の塊と圧縮された雪．

表海水層生物（表層水生物） epipelagic organism
水柱の上方（透光）帯に住む生物体．

氷河釜 kettle hole →釜状凹地

氷河時代 ice age
氷河と氷冠の表面積が増加し，寒冷気候の長期にわたる期間．地球の歴史にはいくつかの氷河時代があり，最も最近では180万～約1万2000年前の更新世に起こった．

氷河性海面変動　glacioeustasy
氷冠の成長または溶解と共に海水量が変化して起きる世界的な海水面の変動.

氷縞粘土（バーブ，年層）　varve
氷河湖に堆積した堆積物の薄い層．氷河は季節によって異なった速度で溶け，氷河の溶けた水は異なった量の氷成堆積物を運ぶ．氷縞粘土は粗い物質（夏縞）と細かい物質（冬縞）の年周期として蓄積し，地質学者たちは氷河作用を受けた地域を研究するためにこれを利用できる.

氷床　ice sheet
山からの下り坂というよりは，極めて寒冷な地域から広がり出る大陸性氷河．南極とグリーンランドは氷床で覆われている.

氷成堆積物（氷礫土）　till
氷堆石の，氷河によって堆積された粘土と大礫の淘汰されていない混合物.

表層水生物　epipelagic organism　→表海水層生物

氷堆石（モレーン）　moraine
氷河に拾い上げられ，運ばれ，他の場所で堆積した岩屑.

氷礫岩　tillite
氷成堆積物の石化作用で形成される岩石.

氷礫土　till　→氷成堆積物

ヒルナンティアン氷河時代　Hirnantian ice age
顕生累代で最初の氷河作用で，オルドビス紀の最末期（ヒルナンティアン）に起こった.

貧歯類　edentate
アリクイ類，ナマケモノ類，アルマジロ類を含む，哺乳類の目の一員．貧歯類には歯が無い.

[ふ]

ファマティナ造山運動　Fammatinian orogeny
オルドビス紀中期の南アメリカにおける造山運動の一段階．アンデス地域のプレコルディレラ山系がゴンドワナへ付加した後に続く.

ファラロンプレート　Farallon plate
第三紀に北アメリカプレートの下に沈み込んだ太平洋東部の構造プレート.

フアン・デ・フカ海嶺　Juan de Fuca Ridge
カナダ西海岸沖の海嶺で，現在，北アメリカプレートの下に沈み込みつつある東太平洋海膨の孤立物.

フィルン　firn　→粒雪

風化作用　weathering
露出した岩石が雨，霜，風，その他の天候の要素によって分解される化学的または物理的過程．風化作用は浸食の始まりである.

付加（アクリーション）　accretion
プレートテクトニクスで，海溝・トラフに海洋プレートが沈みこむ時，海洋底の堆積物がはぎ取られて陸側へ押しつけられて付け加わっていくこと．海溝の陸側に沿い大陸岩石圏が成長するとする説があり，この場合，火山性弧状列島が陸塊の縁に結合し，大陸を造り上げること.

付加帯　accretionary belt
付加により陸棚斜面の先端に加えられた堆積体が付加体（accretionary wedge）で，多くの逆断層により積み重なっておりプリズム状の断面をもつ．この付加体がつくられている地帯を付加帯という．弧状列島，テレーン，海面上に出た海洋地殻の断片が付加することで形成された大陸の一部.

腹足類　gastropod
巻貝．よく発達した頭と足を持つ単殻の軟体動物で，殻と内部器官は非相称に発達する．腹足類はカンブリア紀に登場した.

腐食動物　scavenger
死んだ動物の肉を餌にする動物.

フズリナ類　fusulinids　→紡錘虫類

不整合　unconformity
堆積岩の堆積層序中の不連続．一連の岩石が海面上に隆起して浸食され，その後水没した結果，堆積が再開する時に形成される.

普通海綿類　demosponge
カンブリア紀から存在する海綿類の綱．骨格は海綿質（ケラチンに似た屈性のある蛋白質），珪質の骨片や堅い炭酸カルシウム，またはこれらの組み合わせで造られる.

浮泥食者　detritus feeder
有機物を食べるために堆積物を摂取する消費者．圧倒的にバクテリアが多い.

筆石類　graptolite
カンブリア紀から石炭紀に生息した，ろ過摂食動物で群体をなす半索動物．筆石類は現代のプランクトンのように海面付近に生息し，単純な外骨格化石から知られる．大部分はシルル紀末に絶滅した.

浮遊生物　plankton　→プランクトン

ブラックスモーカー　black smoker
地溝が形成された海洋底の孔から上昇する，鉱物を含んだ熱水の噴出．色は鉄，亜鉛，マンガン，銅の溶融硫化物による.

プラヤ　playa
砂漠にある，囲まれた平坦な盆地．通常，1つあるいは複数の短命な（季節的な）湖が一部を占めている．プラヤが干上がると蒸発岩堆積物が形成される.

プランクトン（浮遊生物）　plankton
水中を浮遊し，より大型の動物の重要な食物源である小さい，しばしば微小な浮遊性の生物体．植物プランクトンと動物プランクトンを含む.

プリオサウルス類　pliosaur
中生代に生息した，頭が大きく頸の短い，泳ぐ爬虫類の1グループ.

フリッシュ　flysch
隆起したばかりの山脈から浸食された砂岩と頁岩の厚い堆積物．この用語はアルプス山脈の北と南にある堆積物に限定されることがある.

プルトン（深成岩体）　pluton
地表下で形成された貫入性火成岩の塊.

プルーム　plume　→マントルプルーム

プレコルディレラ山系　Precordillera
カンブリア紀にローレンシアのアパラチア山脈周縁部（北アメリカ）から分離した南アメリカのテレーン．後に，そこにアンデス山脈が形成された.

プレートテクトニクス　plate tectonics
大陸漂移，海洋底拡大，火山活動，地震，造山運動に対する説明として，岩石圏プレートの動きと相互作用を引き合いに出す理論.

プロブレマティカ　problematic fossil
現在のいずれの門とも類縁が無いように見られる生物体の化石．プロブレマティカはカンブリア紀の地層で特に多い.

ブロントテリウム類　brontothere
サイに似た有蹄類のグループの一員で第三紀初期に生息した．一部のものは極めて大型であった.

分化　differentiation（biology）
[生物学]発達中の組織や器官の細胞がますます異なって特殊化し，特定の機能を持つより複雑な構造を生じる過程.

分化　differentiation（geology）
[地学]同一マグマからの，性質の異なる火成岩の形成．鉱物は異なる温度と圧力で結晶し，一部は他のものよりも先に蓄積する結果，異なる組成の岩石を生む．同質の溶けた岩石の塊から，核を伴う層状の惑星に至るまで，すべての惑星の主な分化は類似の方法で生じた.

分岐進化　divergent evolution
近縁種の異なる方向への進化．異なった生活様式の結果であることがしばしばで，最終的には，2つの極めて異なった進化系列の出現につながる.

分岐図　cladogram
共通に持つ形質の数を比較することにより，生物体あるいは生物体のグループの進化上の類縁関係を示す図.

分岐論　cladistics
共有形質の程度を評価することによって，生物体を分類群に当てはめる分類法．→分類学

噴出岩　extrusive rock
噴火の産物である火成岩で，地球内で形成されるのとは対照的に，地球の表面で出現する.

分類学　taxonomy
生物体のグループ（タクサ）への分類の研究．分類の基本的な単位は種で，上位分類には属・科・目・綱・門・界の順で進む．分類の諸特徴の取り扱いの違いから主に3学派（進化分類学，数量分類学，分岐分類学）がある.

分裂　fragmentation
大地溝が生じ，その後広がる間に，大陸がより小さい断片に割れる過程.

[へ]

碧玉　jasper
主として珪質の深海堆積物で形成される変成岩.

ヘッケルの法則　Haeckel's law
現在では修正されている進化上の原理で，種の幼体はその祖先の成体に似る（個体発生は系統発生を繰り返す）としている.

ベニオフ帯　Benioff zone
海溝から岩流圏（アセノスフェア）に向かって下方に伸びる，急勾配で傾斜した地震活動地帯．これらの地帯は破壊的なプレート縁部で沈み込む構造プレートの進路を示す．地震の震源は沈み込まないプレートに対してより深くなり，深度600km以上に達する．深発地震帯ないしは和達ベニオフ帯ともいう.

ベーリング陸橋　Bering land-bridge
ベーリング海峡を横切って断続的に露出する陸橋で，北アメリカとアジアを結合する.

ヘルシニア造山運動　Hercynian orogeny
現在ヨーロッパ西部で見られる花崗岩塊の多くを据え付けた，古生代後期の造山事件．北アメリカではアレガニー造山運動に相当する.

ペレット・コンベアー　pellet conveyor

カンブリア紀に進化した自然の浄水体系で，海表から海底までの間で，微小な動物プランクトンが他の動物の有機排泄物を除去し始めた．海底では浮泥食者が有機排泄物を利用した．

ベレムナイト belemnite
中生代に生息した，イカに似た頭足類の1グループ．

変異 variation
同じ種の個体間の違い．遺伝的要素または環境的要素または両者の組み合わせによるため，有性生殖するすべての個体群に見られる．

片岩 schist
温度と圧力の上昇によって層に分かれ，珪長質の成分と苦鉄質の成分が分離する傾向を持つ変成岩（雲母片岩など）．これにより，変成岩は珪長質の結晶の層と苦鉄質の結晶の層が交互になった帯状の外見を生じる．

変成岩 metamorphic rock
通常は堆積岩起源で，熱または圧力にさらされ，固体の状態のままで新しい鉱物に再結晶した岩石．どこかの時点で溶けた場合，その結果は火成岩である．

変成帯 metamorphic belt
太古の褶曲山脈のコアで露出した，変成岩が長く延びた地域．

変動帯 mobile belt
プレート縁部沿いにある，地質学上の活動が激しい地域．変動帯は火山活動，地震活動や造山活動などで特徴づけられる．

片麻岩 gneiss
暗色と明色の物質が縞状になった粗粒の変成岩．このような岩石は地球内部にある変動帯内の深部で形成される．花崗片麻岩は大陸地殻の花崗岩と関連することがしばしばある．

鞭毛虫類 flagellate
鞭毛で動く単細胞生物体の集合的な名称．

[ほ]

貿易風 trade winds
赤道付近へ吹く卓越風で，熱帯の熱い空気が上昇し，北と南からより涼しい空気を呼び込むことに起因する．貿易風は南東と北東から吹き，地球の自転によるコリオリ効果でこれらの方向に偏向する．

方解石 calcite
炭酸カルシウム（$CaCO_3$）から成る鉱物．

胞群 rhabdosome
筆石類の個虫の全部のコロニーを保護するおおい．

胞子 spore
植物の生殖体で，主に，染色体の生存能力のある半数を持つ細胞から成る．胞子は植物に生長する前に別の胞子と結合する必要がある．

胞子嚢 sporangium
植物の胞子を保つ構造．

放射性炭素年代測定法 radiocarbon dating
炭素^{14}Cを利用する放射年代測定法．^{14}Cは半減期が極めて短く，比較的新しい岩石（約7万年前まで）の年代決定に利用できる．

放射性崩壊 radioactive decay
放射性元素が中性子を放出して原子番号が変わり，その結果，全く異なった物質になる過程．

放射年代測定 radiometric dating
岩石が形成されて以来，その放射性物質がどのくらい崩壊したかを計算することによって，岩石または鉱物の年代を推測するために使われる技術．

紡錘虫類（フズリナ類） fusulinids
石灰質で渦巻状の有孔虫類のグループで，石炭紀とペルム紀に豊富だった．紡錘虫類の多くは紡錘形だった．

捕食者 predator
他の動物を殺して食べる動物．

ホットスポット hot spot
マントルプルームが地殻の基部へ高温のマグマを上昇させ，地表で高温の熱流と火山活動を生む場所．アイスランドとハワイ諸島はホットスポット上にある．

哺乳類 mammal
脊椎動物哺乳綱のすべての構成員で，約4000の種を含む．最も特徴的な特質は雌の乳腺である．有胎盤類，有袋類，単孔類の3つの目がある．有胎盤類が最もよく見られ，単孔類は最も少ない．

ホモ *Homo* →ヒト類

ボロファグス類 borophagine
ハイエナドッグのこと．第三紀に生息した肉食のヴルパウス類から進化し，古第三紀後期にイヌ類（真のイヌ）から分岐したグループの一員．

盆地 basin
周囲のより高い陸地から堆積物を集め，したがって一連の地層の積み重なりを造り上げる傾向を持つ地理的な低地域．

[ま]

マイクロプレート microplate
小型の岩石圏プレートで，通常，主に珪長質岩石で構成されている．

迷子石 erratic boulder
氷河に運ばれて堆積し，その結果，周囲の岩石とは岩質の違う巨礫．

マグマ magma
地表の下方の地殻またはマントルで形成される溶けた岩石物質．凝固すると火成岩，地表に噴出して溶岩として知られる．

マニコーガン事件 Manicouagan Event
三畳紀末に起こった，カナダのケベックでの隕石の衝突．

蔓脚類（まんきゃくるい） barnacle
多くの石灰質板状の殻を持つ，固着性で濾過摂食の海生甲殻類．蔓脚類はシルル紀に生じ，三畳紀に広まった．

マントル mantle
薄い外側の地殻と核の間にある，地球の構造部分．厚さはほぼ2900 kmで，マントルは地球の容積の最大部分を構成する．他の地球型惑星のマントル同様，鉄とマグネシウムの高密な珪酸塩から成る．それに対し，小惑星帯より外側を運行する気体の惑星のマントルは主として水素であると考えられている．

マントルプルーム mantle plume
地球のマントル内から上昇する高温で部分的に溶けた物質の噴出する柱または噴出口．プルームはハワイなどの大陸プレートの縁部から離れた所に火山島を生じさせると考えられている．

[み]

ミアキス類 miacid
第三紀初期に生息した原始的な肉食哺乳類のグループの一員．ミアキス類はヴルパウス類とヴィヴェラヴス類——イヌ類とネコ類の分枝——に多様化した．

ミトコンドリア mitochondria
原核生物の生きている細胞内にあり，細胞が働くためのエネルギーを供給する微小構造．ミトコンドリアはより大きいバクテリア内に閉じ込められた小さいバクテリアの子孫かもしれない．

ミトコンドリア・イブ Mitochondrial Eve
今日の人類のすべてのミトコンドリアDNAの源だったと仮定される女性の祖先に対するニックネーム．

ミトコンドリアDNA mitochondrial DNA (mtDNA)
ミトコンドリア内に見られるDNA．核（普通の）DNAより急速に進化するため，個体群の分岐をたどるために利用できる．また，母系列でのみ代々伝えられる（→ミトコンドリア・イブ）．人類に見られるミトコンドリアの小さな変異は，人類起源のアフリカ起源仮説を支持している．

ミランコビッチ・サイクル Milankovitch cycle
地球の動きにおける変化（軌道の離心率，自転軸の歳差運動，黄道傾斜）のサイクル．氷河時代に対する説明として18世紀後期に初めて引きあいに出され，ミルチン・ミランコビッチ（Milutin Milankovitch）によって再提起された．

[む]

無顎類 jawless fish (agnathan)
顎，体幹の骨，および多くの場合，対になった鰭を持たない魚類のような頭蓋動物．無顎類はオルドビス紀に登場した．

ムカシクジラ類 archaeocete →古鯨類

無機栄養生物 autotroph →独立栄養生物

無弓類 anapsid
頭骨の眼窩の後ろに開口部が無いことで定義される，爬虫類の主要な亜綱の一員．無弓類は爬虫類グループの中で最も原始的なものと見られている．（訳注：分岐分類学が進むにつれ，あまり使われなくなってきた．）

無酸素 anoxia
水の酸素含有量が水1リットル当たり0.1ミリリットル未満の状態．この値より下になると動物が有意な減少を示す．

無整合 nonconformity →ノンコンフォーミティー

無脊椎動物 invertebrate
背骨の無い動物．動物全種の95％を占める．

無板類 aplacophoran
殻も足も持たない蠕虫様の海生軟体動物．現代の種のみが知られる．

[め]

メガロニクス類 megalonychid
第三紀後期～第四紀に生息し，絶滅した，巨大な地上生ナマケモノのグループの一員．

メキシコ湾流 Gulf Stream
メキシコ湾から北大西洋——そこで北大西洋海流になる——を横切って北東に流れる海流で，ヨーロッパ西海岸に温暖な状況をもたらす．

メソニクス類 mesonychid
第三紀初期に生息した原始的で雑食の無肉歯類哺乳類のグループの一員．メソニクス類はオオカミ大のメソニクス(*Mesonyx*)や巨大なアンドリューサルクス(*Andrewsarchus*)を含む．

メッシナ危機 Messinian Crisis
中新世末の海水面低下で起こった生物学的混乱．南極大陸の氷床が拡大し，地中海が干上がった．

[も]

目（もく） order
生物分類学の階級．1つの綱がいくつかの目を含み，1つの目がいくつかの科を含むことがある．霊長類は哺乳綱内の1つの目で，オモミス科やヒト科などのいくつかの科を含む．

モホロビチッチ不連続面（モホ面） Mohorovicic discontinuity(Moho)
地球の地殻とマントルの境界．そこで地震波の速度が急に速くなる．モホロビチッチ不連続面の深度は，海洋底の下約10 kmから，大陸の下35 kmと山脈の下70 kmまで幅がある．

モラッセ molasse
急速に浸食されつつある新しい山脈によって形成され，通常，粗粒の非海成堆積岩の集まり．

モレーン moraine →氷堆石

門（もん） phylum
1つまたは複数の，類似または近縁の綱から成る生物体のカテゴリー．類縁のある門は共に界に分類される．脊索動物門と軟体動物門は門の2例．

[ゆ]

遊泳生物 nekton
浮遊とは対照的に，水中で活動的に泳ぐ生物体．

有殻微小化石動物 tommotiid →トモティア類

有機栄養生物 heterotroph →従属栄養生物

有機物質 organic substances
炭酸塩と炭素の酸化物以外の炭素を含むあらゆるもの．したがって，有機物質はすべての生物とその生成物を含む．

有光層 photic zone →透光帯

有孔虫類 foraminiferan
単細胞原生動物の目．大部分は海生で，通常，被甲（殻）は炭酸カルシウムでできており，細孔があり，鉱物で強化されている．有孔虫類はカンブリア紀に進化した．

有腔腸動物 coelenterate →刺胞動物

湧昇 upwelling
深海水の動き．通常は大陸岸の沖にあり，プランクトンや他の生物が採餌する栄養分を海表近くにもたらす．

有櫛（ゆうそう）動物（クシクラゲ類） ctenophore
前方に進むための櫂状の櫛板（有櫛動物という一般名の由来）を持ち，放射状に対称な海生無脊椎動物．有櫛動物はカンブリア紀に登場した．

有爪動物 onychophoran
俗名カギムシ類．堅くて，伸縮自在の多数の脚を持つ，体節に分かれた陸生無脊椎動物．有爪動物は石炭紀に登場した．

有胎盤類 placental
出産前に子宮内で胎児を養育する哺乳類の目の一員．有胎盤類には有袋類および卵を産む単孔類以外の現代のすべての哺乳類が含まれる．

有袋類 marsupial
未発達の幼体を袋の中で養育する哺乳類の目の一員．カンガルーとウォムバットは現代の数少ない有袋類に含まれるが，第三紀にはこのグループは広く行きわたっていた．

有蹄類 ungulate
4本足で蹄を持つすべての哺乳類．

U字谷 U-shaped valley
氷河の重さによって下方と側方に摩滅されたため，平坦な底と垂直な側面を持つ渓谷．

油母頁岩 oil shale →オイルシェール

[よ]

溶岩 lava
火山噴火の場合のように，地球の内部から上昇した，溶けた岩石物質．玄武岩は典型的な溶岩である．

羊群岩 roche moutonnée →羊背岩

葉状植物 thallophyte
体部（葉状体）が根，茎，葉や，より進歩した植物に付随する他の特徴のいずれにも分かれていない，海藻などの原始的な植物．

羊背岩（羊群岩） roche moutonnée
その上を氷河が通過したことにより，片側は研磨され，反対側はもぎ取っていかれた，露出した岩石．

葉緑素 chlorophyll →クロロフィル

葉緑体 chloroplast
クロロフィルを含む植物細胞の構造．

翼鰓類（よくさいるい） pterobranch
カンブリア紀に生息した，主に群体の，樹木状で固着性の半索動物．

横ずれ断層 strike-slip fault →走向移動断層

[ら]

ラーゲルシュテッテン Lagerstätten
通常よりはるかに良い状態で保存された化石を含む産地．

裸子植物 gymnosperm
果実内に囲われ保護されていない種子を持つ植物に対する名称．針葉樹類やイチョウ類が例である．

ラディオキアス radiocyath
カンブリア紀前期に生息した，多数の放射条のある頭を持ったレセプタクリテス類．古盃動物の1つと見なされていたこともある．

ラマルキズム（ラマルク説） Lamarckism
フランスの生物学者ジャン・バプティスト・デ・ラマルク(Jean-Baptiste de Lamarck, 1744-1829)が提唱した進化論で，生時に個体が獲得した特性は子孫に代々伝えられ得るとする．この説はチャールズ・ダーウィン(Charles Darwin)の研究によって，正しくないことが示された．

ララミー造山運動 Laramide orogeny
白亜紀後期に北アメリカ西部で起こり，ロッキー山脈形成の一因となった造山事件．

藍藻類（らんそうるい） blue-green algae →シアノバクテリア

[り]

陸源性堆積物 terrigenous deposits
陸塊からの浸食物質で形成された堆積物．

陸棚海 shelf sea
大陸棚を覆う，真の海洋よりはるかに浅い海．北海が例である．

離心率 eccentricity
惑星または月のような物体の軌道が円軌道から離れる度合．

リソスフェア lithosphere →岩石圏

リボ核酸 ribonucleic acid →RNA

隆起海浜層 raised beach
海水面より上方にある平坦な棚から成る沿岸の地形で，過去のどこかの時点での海水面の位置を示す．隆起海浜層は氷河作用と氷の重さの産物である．

竜脚類 sauropod
長い頸が特徴の植物食竜盤類恐竜のグループの一員．

竜盤類 saurischian
「トカゲのような骨盤」の恐竜類．すべての鳥類は（名称にもかかわらず）竜盤類の系統を引いた．竜盤類は肉食の獣脚類と頸の長い植物食の竜脚形類の両方を含んでいた．

両生類 amphibian
四肢動物の最も原始的な型態で，幼生段階は水中で過ごし，成体段階は通常は陸上で過ごす．カエル類やイモリ類が例である．

リン灰土 phosphorite
糞化石，貝殻，バクテリアなどの堆積物としてのリン酸塩鉱物から成る堆積岩．

鱗甲類（ハルキエリア類） halkieriid
2つの殻，ナメクジ様の足，棘状で鱗様の骨片で覆われた上面を持つ，古生代前期のコエロスクレリトフォラ類．

[る]

累層 formation
基本的な層序学的単位．特有の地質学的な特色を持ち，地図に記せる岩体．

ルーシー "Lucy"
人類の初期の祖先アウストラロピテクス・アファレンシス(*Australopithecus afarensis*)の知られる最初の骨格化石．アウストラロピテクスの雌の成体で，1974年，エチオピアで発見された．

[れ]

霊長類 primate
キツネザル，有尾のサル，無尾または短尾のサル，ヒトを含む，高度に派生した哺乳類の目の一員．

レーイック海 Rheic Ocean
古生代初期にアヴァロニアとゴンドワナを隔てた海洋．

冷湧水海域 cold seep
岩石の細孔や割れ目を通り，冷たい鉱水がしみ

出る海洋底域.

礫岩 conglomerate
先在する岩石が一緒に固まった，まるい礫から成る堆積岩．本質的には石化した礫浜．

レセプタクリテス類 receptaculitid
古生代に生息した，分類上の所属不明の，固着性で石灰質の海生生物．中心軸の周りに渦巻状に配置された要素でできた卵形の骨格を持つ．海綿類似動物．

裂歯類（欠歯類） tillodont
第三紀初期に生息した原始的な植物食哺乳類のグループの一員で，おそらく紐歯類（ちゅうしるい）に近縁だった．

裂肉歯によるせん断 carnassial shear
イヌ類やネコ類などの肉食動物に見られる，特殊化した，刃状の臼歯または小臼歯のはさみに似た動き．肉を切る効率が増した進化上の発達．

連室細管（体管） siphuncle
オウムガイ類やアンモナイト類の殻のすべての室にわたって伸びる管．空気圧を調節して浮力に作用する．

［ろ］

ろ過摂食動物（ろ過摂食者） filter-feeder
周囲の水から有機物粒子または溶けた有機物質を濾し摂る消費者．

六放サンゴ類 hexacoral
触手で採餌するサンゴ類の1グループで，六方に相称という特徴があり，中生代に古生代の四放サンゴ類に取って代わった．六放サンゴ類は今日もまだ生息している．

ロディニア Rodinia
アフリカ以外の現代の全体陸の部分から成っていた先カンブリア時代の超大陸．

ローラシア Laurasia
パンゲア北部に相当した超大陸で，現在の北アメリカ，ヨーロッパ，アジア北部を構成する陸塊から成っていた．

ローレンシア Laurentia
分裂し，北アメリカおよびヨーロッパの一部を形成した超大陸．

［わ］

ワラス線（ウォレス線） Wallace's line
オーストラリアの生物地理区・東南アジアの生物地理区間の境界線で，バリ島とロンボク島の間にある海峡を通る．

腕足類 brachiopod
環状の器官にある触手（総担）で食物粒子を捕える，単生で，2枚の殻を持つ固着性海生動物．腕足類は真の軟体動物以前に，カンブリア紀初期に進化した．

参考文献

第Ⅰ巻

Cairns-Smith, A.G. *Seven Clues to the Origin of Life.* Cambridge, England: Cambridge University Press, 1985.
Cone, J. *Fire Under the Sea.* New York: William Morrow & Co, 1991.
Conway Morris, S. *The Crucible of Creation: The Burgess Shale and the Rise of Animals.* Oxford; New York; Melbourne: Oxford University Press. 1998.
Darwin, C. *On the Origin of Species by Natural Selection.* London: John Murray, 1859.
Decker, R. and Decker, B. *Mountains of Fire.* Cambridge, England: Cambridge University Press, 1991.
Dixon, B. *Power Unseen: How Microbes Rule the World.* New York: WH Freeman and Company, 1994.
Fortey, R. *The Hidden Landscape: A Journey into the Geological Past.* London: Pimlico, 1993.
Glaessner, M. F. *The Dawn of Animal Life.* Cambridge: Cambridge University Press, 1984.
Gould, S. J. *Wonderful Life: The Burgess Shale and the Nature of History.* New York: Norton, 1989.
Gross, M. Grant. *Oceanography: A View of the Earth.* Englewood Cliffs, NJ: Prentice-Hall, 1982.
Hsu, K.J. *Physical Principles of Sedimentology: A Readable Textbook for Beginners and Experts.* New York: Springer Verlag, 1989.
McMenamin, M. A. S. and D. L. S. McMenamin. *The Emergence of Animals. The Cambrian Breakthrough.* New York: Columbia University Press, 1990.
Margulis, L. and Schwartz, K. 1998. *Five Kingdoms: An Illustrated Guide to the Phyla of Life on Earth.* (3rd ed.) New York: WH Freeman and Company.
Norman, D. *Prehistoric Life.* London: Boxtree, 1994.
Sagan, D. and Margulis, L. *Garden of Microbial Delights: A Practical Guide to the Subdivisible World.* Dubuque, IA: Kendall-Hunt, 1993.
Schopf, J.W. *Major Events in the History of Life.* Boston: Jones and Bartlett, 1992.
Stewart, W. N. and G. W. Rothwell. *Palaeobotany and the Evolution of Plants* (2nd edition). Cambridge: Cambridge University Press, 1993.
Rodgers, J.J.W. *A History of the Earth.* Cambridge, England: Cambridge University Press, 1993.
Whittington, H. B. *The Burgess Shale.* New Haven: Yale University Press, 1985.
Wood, R. *Reef Evolution.* New York: Oxford University Press, 1999.

第Ⅱ巻

Alvarez, W. *T. Rex and the Crater of Doom.* Princeton, NJ: Princeton University Press, 1997.
Bakker, R.T. *The Dinosaur Heresies.* New York: William Morrow & Co, 1986.
Brusca, R.C. and Brusca, G.J. *Invertebrates.* Sunderland, Mass.: Sinauer Associates, 1990.
Currie, P.J. and Padian, K. *Encyclopedia of Dinosaurs.* San Diego: Academic Press, 1996.
Dingus, L. and Rowe, T. *The Mistaken Extinction: Dinosaur Evolution and the Origin of Birds.* New York: W.H. Freeman and Company, 1997.
Erwin, D.H. *The Great Paleozoic Crisis: Life and Death in the Permian.* New York: Columbia University Press, 1993.
Feduccia, A. *The Origin and Evolution of Birds.* New Haven: Yale University Press, 1996.
Fraser, N.C. and Sues, H–D. *In the Shadow of the Dinosaurs: Early Mesozoic Tetrapods.* Cambridge, England: Cambridge University Press, 1994.
Kenrick, P. and Crane, P. *The Origin and Early Diversification of Land Plants.* Washington, DC: Smithsonian Institution Press, 1997.
Lambert, D. *Dinosaur Data Book.* New York: Facts on File, 1988.
Lessem, D. *Dinosaur Worlds.* Hondsale, Pennsylvania: Boyd's Mill Press, 1996.
Long, J.A. *The Rise of Fishes.* Baltimore, MD and London: The Johns Hopkins University Press, 1995.
Savage, R.J.G. and Long, M.R. *Mammalian Evolution: An Illustrated Guide.* London: British Museum of Natural History, 1987.
Thomas, B.A. and Spicer, R.A. *The Evolution and Paleobiology of Land Plants.* London: Croon Helm, 1987.

第Ⅲ巻

Alexander, David. *Natural Disasters.* London: University College Press, 1993.
Andel, T. van. *New Views of an Old Planet.* Cambridge, England: Cambridge University Press, 1994.
Goudie, A. *Environmental Change.* London: Clarendon Press, 1992.
Hsu, K.J. *The Mediterranean Was a Desert.* Princeton, NJ: Princeton UP, 1983.
Johanson, D.C. and Edey, M.A. *Lucy: The Beginnings of Humankind.* New York: Simon and Schuster, 1981.
Lamb, H.H. *Cimate, History and the Modern World.* London: Routledge, 1995.
Lewin, R. *The Origin of Modern Humans.* New York: Scientific American Library, 1993.
McFadden, B.J. *Fossil Horses.* Cambridge, England: Cambridge Univesity Press, 1992.
Pielou, E.C. *After The Ice Age: The Return of Life to Glaciated North America.* Chicago: University of Chicago Press, 1991.
Prothero, D.R. *The Eocene-Oligocene Transition: Paradise Lost.* New York: Columbia University Press, 1994.
Stanley, S.M. *Children of the Ice Age: How a Global Catastrophe Allowed Humans to Evolve.* New York: W.H. Freeman and Company, 1998.
Tattersall, Ian. 1993. *The Human Odyssey: Four Million Years of Human Evolution.*
Tudge, C. *The Variety of Life: A survey and a celebration of all the creatures that have ever Lived.* Oxford, England: Oxford University Press, 2000.
Young, J.Z. *The Life of Vertebrates* (2nd ed.) Oxford, England: Oxford University Press, 1962.

謝 辞

AL　Ardea London
BCC　Bruce Coleman Collection
C　Corbis
NHM　Natural History Museum, London
NHPA　Natural History Photographic Agency
OSF　www.osf.uk.com
PEP　Planet Earth Pictures
SPL　Science Photo Library

第Ⅰ巻

2 © Kevin Schafer/C; **3** Andrey Zhuravlev; **4** Image Quest 3-D/NHPA; **10–11 & 12–13** Royal Observatory, Edinburgh/AATB/SPL; **16** NASA/SPL; **18t** Bernhard Edmaier/SPL; **20-21** © NASA/Roger Ressmeyer/C; **23** Dr. Ken Macdonald/SPL; **26–27** © Buddy Mays/C; **28** SPL; **30** Sinclair Stammers/SPL; **32** E.A. Janes/NHPA; **33** M.I. Walker/NHPA; **35** © W. Perry Conway/C; **36** CNRI/SPL; **37** Volker Steger/SPL; **38** © Stuart Westmorland/C; **39** © Manuel Bellver/C; **40** Bruce Coleman Inc.; **42** Manfred Kage/SPL; **45** © C; **47t** A.N.T./NHPA; **47b** RADARSAT International Inc.; **48** © Kevin Schafer/C; **50–51** © Ralph White/C; **51** SPL; **54** Sinclair Stammers/SPL; **55** Martin Bond/SPL; **59** © James L. Amos/C; **60** Image Quest 3-D/NHPA; **61** © Kevin Schafer/C; **65** © Stuart Westmorland/C; **66–67 & 68–69** Paul Kay/OSF; **71** Andrey Zhuravlev; **74** P.D. Kruse; **77** Digital image © 1996 C: Original image courtesy of NASA/C; **78** Andrey Zhuravlev; **80t** S. Conway Morris, University of Cambridge; **81** © Raymond Gehman/C; **85** Andrew Syred/SPL; **87** © Raymond Gehman/C; **90t** © David Muench/C; **90b** Breck P. Kent/OSF; **92–93** Rick Price/Survival Anglia/OSF; **94 & 96** Sinclair Stammers/SPL; **99t** P.D. Kruse; **99c** Andrey Zhuravlev; **102** © James L. Amos/C; **106** Laurie Campbell/NHPA; **108** © Ralph White/C; **110** Jens Rydell/BCC; **112** Sinclair Stammers/SPL; **115** Breck P. Kent/Animals Animals/OSF; **116** Sinclair Stammers/SPL; **120** Norbert Wu/NHPA.

第Ⅱ巻

2 © Scott T. Smith/C; **3** © James L. Amos/C; **4** Richard Packwood/OSF; **10–11 & 12–13** Alfred Pasieka/SPL; **18** Jane Gifford/NHPA; **20** Jon Wilson/SPL; **20–21** © Jonathan Blair/C; **23t** NHM; **23b & 27** James L. Amos/C; **32** Oxford University Museum of Natural History; **32–33** © Patrick Ward/C; **35** Trustees of The National Museums of Scotland; **37** Richard Packwood/OSF; **43** © David Muench/C; **45** Tony Craddock/SPL; **50** George Bernard/SPL; **56** Tony Waltham/Geophotos; **57b** NHM; **58** Brenda Kirkland George, University of Texas at Austin; **59** © Buddy Mays/C; **60** Hjalmar R. Bardarson/OSF; **65** © Jonathan Blair/C; **66–67 & 68–69** François Gohier/AL; **75t** © Scott T. Smith/C; **75b** NHM; **76** © David Muench/C; **77t** Jane Burton/BCC; **77b** © Kevin Schafer/C; **81** C. Munoz-Yague/Eurelios/SPL; **87t** © C; **88** Jane Burton/BCC; **89** NHM; **90** François Gohier/AL; **92** © James L. Amos/C; **98** Ken Lucas/PEP; **100** © Michael S. Yamashita/C; **104** Ron Lilley/BCC; **106–107** U.S. Geological Survey/SPL; **108** Martin Bond/SPL; **111 & 112** François Gohier/AL; **112–113** Louie Psihoyos/Colorific; **116–117** © C; **119** SPL.

第Ⅲ巻

2 © Michael S. Yamashita/C; **3** NHM; **4** Anup Shah/PEP; **10–11 & 12–13** Jeff Foott/BCC; **16** John Mason/AL; **18** Digital image © 1996 C: Original image courtesy of NASA/C; **20** Patrick Fagot/NHPA; **22** © Douglas Peebles/C; **24–25** Dr. Eckart Pott/BCC; **26** Tony Waltham/Geophotos; **27** NHM; **28t** S. Roberts/AL; **29t** John Sibbick; **29b** NHM; **30** Bruce Coleman Inc.; **32** © Jonathan Blair/C; **36** AL; **39** Anup Shah/PEP; **42** CNES, 1986 Distribution Spot Image/SPL; **46–47** © Michael S. Yamashita/C; **48–49** © Liz Hymans/C; **49** Digital image © 1996 C: Original image courtesy of NASA/C; **50** François Gohier/AL; **51** B & C Alexander/PEP; **53b** BCC; **56** Ferrero-Labat/AL; **56–57** NHM; **58–59** © Sally A. Morgan; Ecoscene/C; **59t & 59b** NHM; **63** G.I. Bernard/NHPA; **64** Nigel J. Dennis/NHPA; **65** Andy Rouse/NHPA; **66–67 & 68–69** F. Jalain/Robert Harding Picture Library; **74** Peter Steyn/AL; **76–77** Simon Fraser/SPL; **78** Wardene Weisser/AL; **79** David Woodfall/NHPA; **80–81** M. Moisnard/Explorer; **82** François Gohier/AL; **84** Kevin Schafer/NHPA; **85** NHM; **86l** NASA/SPL; **86r** inset Jane Gifford/NHPA; **87** Chris Collins, Sedgwick Museum, University of Cambridge; **88l** Volker Steger/Nordstar-4 Million Years of Man/SPL; **89** NHM; **90** J.M. Adovasio/Mercyhurst Archaeological Institute; **91** © Gianni Dagli Orti/C; **94** © Peter Johnson/C; **97** Sheila Terry/SPL; **98** inset © Charles & Josette Lenars/C; **100** NASA/SPL; **102** Matthew Wright/Been There Done That Photo Library; **104–105** © Galen Rowell/C; **106–107** Tom Bean; **107** Luiz Claudio Marigo/BCC; **108–109** A.N.T./NHPA; **109** Felix Labhardt/BCC; **110t** © Mike Zens/C; **110b** Adrian Warren/AL; **111t** © Robert Pickett/C; **111b** © Eric Crichton/C; **112c** Steven C. Kaufman/BCC; **112b** © Clem Haagner; Gallo Images/C; **112–113** Gunter Ziesler/BCC; **115** Jeff Foott/BCC; **116** Erich Lessing/Archiv für Kunst und Geschichte; **116–117** © Yann Arthus-Bertrand/C; **118** David Woodfall/NHPA; **118–119** D. Parer & E. Parer-Cook/AL; **120** Mark Conlin/PEP.

GENERAL ACKNOWLEDGMENTS
We would like to thank Dr. Robin Allaby of the University of Manchester Institute of Science and Technology (UMIST) and Dr. Angela Milner of the Natural History Museum, London for their specialist help, and John Clark, Neil Curtis, and Sarah Hudson for editorial assistance.

監訳者あとがき

　自然史 (Natural History) は，地球上に天然に実在するか，かつて存在した，動物・植物・化石・鉱物・岩石・地質など自然物の特徴や存在様式を理学的に攻究する自然科学である．そして，自然史は広く世界の知識人の思想的根底にはかり知れないほどの大きな影響を与えてきた．その例としてダーウィン (Ch. R. Darwin) の進化論を挙げるまでもないであろう．

　伝統的な自然史研究に対するネガティブなイメージ，すなわち博物学という言葉が醸し出す独特の雰囲気とは全く異質な本——今日の地球科学で重要な概念であるプレートテクトニクスとプルームテクトニクスで整理された地質学的証拠が，今日の進んだ生物科学や分岐分類学の洗礼を受けた古生物学的資料と合わせてまとめられた情報を，一般市民にわかりやすいイラストを多く含んだ形で提供することができないものかと私はかねがね考えていた．今日では，本来の意味での総合的な「自然史」研究の条件が整い，成果が出てきているからである．しかし，それは必ずしも容易なことではないと思っていた．

　ところが2001年6月下旬のことであったろうか．関西の大学での数年にわたる教職生活を退いて帰京してからほぼ1年ほどがすぎていた．電話連絡があったのち，祖師ヶ谷大蔵駅近くの喫茶店で，朝倉書店編集部の方から見せられたアトラスの3冊は，その直観通り，みごとな出来栄えの本であった．地球や生命が誕生してから現代までの歴史の物語と，未来への洞察を示唆するものであった．

　自然史は純粋に知的な意味でアトラクティブな学問である．幼少の頃その魅力にとりつかれて，そのまま大人になって自然史の研究者になってしまった人たちがいることも事実である．しかし，強調すべき点は次のような事柄ではないだろうか．自然史の体系は，自然科学と歴史科学の接点にあるもので，生命科学の各領域と地球科学とがどのように関連しているかを示唆するであろう．また生命と地球との関連を総合的にとらえる視点に立ち，私たちの世界観や社会観の基礎となる自然観を示唆するであろう．

　上述の諸科学が今日ほど細分化・専門化した時代であればあるほど，学際的研究の必要性が述べられれば述べられるほど，また先端化した科学の倫理性や公害・自然保護の接点が要請されればされるほど，さらに自然災害への対策が要請されればされるほど，人間存在との関連で自然史の重要性が強調されねばならない．

　日本の教育界で，自然史教育の重要性が提起されてからすでに久しい．にもかかわらず教育現場からは自然史はますます影が薄くなりつつあるというのが，いつわりのない現状であろう．たとえば高校の学習指導要領でも「進化」が「生物Ⅰ」からはずされてしまった．「進化」概念なしでは用語の羅列で単なる個別項目の興味にとどまりかねない．1859年のダーウィンによる『種の起源』の発刊以前の博物学の時代に逆戻りするのではないかという危惧さえ感じるむきもあるようである．このような時であるからこそ，本書のように，きれいなイラストに富んだわかりやすい3巻を，全国の図書館や博物館に完備して，学校教育における自然史教育の衰退を補うための一助としてほしいと願っている．

　本原書は，イギリスのブリストル大学のマイケル・J.ベントン教授監修のもとに，キングストン大学のリチャード・T.ムーディ教授，ロシアのモスクワ古生物学研究所のアンドレイ・Yu.ジュラヴリョフ博士，ブリストル大学のイアン・ジェンキンス博士に，有名な古生物ライターのドゥーガル・ディクソン氏が主著者となって，アートやデザイン，イラストほか専門家約30名の協力を得て完成された3巻であって，豊富な絵・写真・イラスト・地図・古地理図・復元図を含んでいる．各地質時代の初めに，見開きの下側を使って放射年代，統・階名，地質学的事件，当時の気候，海水準，主要動植物がカラーの対照表として示されたり，時代ごとの大きな古地理図も記載するなど，巻末の用語解説と併せて辞典的な特徴を備えているので便利である．さらに，原著の巻ごとの引用文献と謝辞については，本訳書においても原著の通りに掲載した．これは，本文記述の出典をさかのぼって知りたい読者にとっては特に有益である．その意味では，本書の読者対象は一般市民のみならず，専門家や勉学中の学生諸君までを含む幅広い範囲を視野に入れたものである．

　さて，訳者が決まり，出版社側の諸手続を終えて，翻訳作業が開始されたが，私は訳者の方々の訳文と全英文との対照を行いつつ朱を入れていく作業を行った．さらに校正時においては日本文として無理がないかどうかに特に注意し，問題点については原著英文にさかのぼって検討した．邦訳が成立するまでの経緯は以上の通りである．

　邦訳作業を通じて，原著の若干の不備を補う必要を感じたので，わずかながら訳注をつけた．学問は日ごとに進んでいくので，最近の重要な進歩を付記したり，原著の誤りの訂正や記事の追加も行ったが，なかには原図の改訂を行った箇所もある．また，日本の読者のために，近年の成果をふまえた参考図書で入手可能と思われるものを，巻末の「日本語参考図書」にまとめてみた．したがって，本訳書は原著に勝るとも劣らぬ内容を備え得たと自負している．

　本書の刊行に当たっては，池田比佐子（第Ⅰ巻），舟木嘉浩，舟木秋子（第Ⅱ巻，用語解説），加藤　珪（第Ⅲ巻PART5，シリーズの序，地質年代図），永峯涼子（第Ⅲ巻PART6）の各氏からなる翻訳チームの努力を多としたい．また朝倉書店編集部の方々にはたいへんお世話になった．これらの方々に心から感謝申し上げる次第である．

2003年5月

小　畠　郁　生

日本語参考図書

本書をお読みになって，さらに興味を抱かれた方々のために，近年の成果をふまえた参考となる解説書を列挙しておく（順序不同）．

◉先カンブリア時代から現代にいたるまでの通史的なもの
・丸山茂徳著，1993．地球を丸ごと考える2「46億年地球は何をしてきたか？」134pp.，岩波書店，東京．
・丸山茂徳・磯﨑行雄著，1998．「生命と地球の歴史」275pp.，岩波書店，東京．
・NHK取材班，1994〜95．「生命40億年はるかな旅」1〜5，日本放送出版協会，東京．
・NHK「地球大進化」プロジェクト編，2004．「NHKスペシャル 地球大進化 46億年・人類への旅」1〜6，日本放送出版協会，東京．
・ダグラス・パルマー著，五十嵐友子訳，小畠郁生監訳，2000．「生物30億年の進化史」222pp.，ニュートンプレス，東京．
・リチャード・フォーティ著，渡辺政隆訳，2003．「生命40億年全史」493pp.，草思社，東京．

◉時代や古生物の焦点をしぼって細かく解説したもの
・サイモン・コンウェイ・モリス著，松井孝典監訳，1997．「カンブリア紀の怪物たち―進化はなぜ大爆発したか―」301pp.，講談社，東京．
・J. ウィリアム・ショップ著，阿部勝巳訳，松井孝典監修，1998．「失われた化石記録―光合成の謎を解く―」342pp.，講談社，東京．
・ジェニファ・クラック著，池田比佐子訳，松井孝典監修，2000．「手足を持った魚たち―脊椎動物の上陸戦略―」295pp.，講談社，東京．
・フィリップ・カリー著，小畠郁生訳，1994．「恐竜ルネサンス」326pp.，講談社，東京．
・冨田幸光著，1999．「恐竜たちの地球」224pp.，岩波書店，東京．
・冨田幸光（文），伊藤丙雄・岡本泰子（イラスト），2002．「絶滅哺乳類図鑑」222pp.，丸善，東京．
・金子隆一著，1998．「哺乳類型爬虫類―ヒトの知られざる祖先」303pp.，朝日新聞社，東京．
・ガブリエル・ウォーカー著，川上紳一監修，渡会圭子訳，2004．「スノーボール・アース―生命大進化をもたらした全地球凍結―」293pp.，早川書房，東京．
・大森昌衛著，2000．「進化の大爆発―動物のルーツを探る―」179pp.，新日本出版社，東京．
・スティーヴン・ジェイ・グールド著，渡辺政隆訳，1993．「ワンダフル・ライフ―バージェス頁岩と生物進化の物語―」，524pp.，早川書房，東京．
・リチャード・フォーティ著，垂水雄二訳，2002．「三葉虫の謎―進化の目撃者の驚くべき生態―」342pp.，早川書房，東京．
・小畠郁生著，1993．「白亜紀の自然史」200pp.＋xv，東京大学出版会，東京．
・柴谷篤弘・長野 敬・養老孟司編，1991．講座 進化③「古生物学から見た進化」195pp.，東京大学出版会，東京．
・重田康成著，国立科学博物館編，2001．「アンモナイト学―絶滅生物の知・形・美―」155pp.，東海大学出版会，東京．
・J. O. ファーロウ・M. K. ブレット-サーマン編，小畠郁生監訳，2001．「恐竜大百科事典」631pp.，朝倉書店，東京．
・速水 格・森 啓編，1998．古生物の科学1「古生物の総説・分類」254pp.，朝倉書店，東京．
・棚部一成・森 啓編，1999．古生物の科学2「古生物の形態と解析」220pp.，朝倉書店，東京．
・池谷仙之・棚部一成編，2001．古生物の科学3「古生物の生活史」278pp.，朝倉書店，東京．
・ディヴィッド・M. ラウプ・スティーヴン・M. スタンレー著，花井哲郎・小西健二・速水 格・鎮西清高訳，1985．「古生物の基礎」425pp.，どうぶつ社，東京．
・平野弘道著，1993．地球を丸ごと考える7「繰り返す大量絶滅」137＋4pp.，岩波書店，東京．
・松井孝典著，1998．「地球大異変 恐竜絶滅のメッセージ（改訂版）」229pp.，ワック，東京．
・カール・ジンマー著，渡辺政隆訳，2000．「水辺で起きた大進化」394pp.，早川書房，東京．
・D. E. G. ブリッグス他著，大野照文監訳，2003．「バージェス頁岩化石図譜」248pp.，朝倉書店，東京．

訳者一覧

池田比佐子	第Ⅰ巻
舟木嘉浩	第Ⅱ巻，用語解説
舟木秋子	第Ⅱ巻，用語解説
加藤 珪	第Ⅲ巻 PART5，シリーズの序，地質年代図
永峯涼子	第Ⅲ巻 PART6

索　引 ローマ数字は巻数を示す.

[あ]

アイスレイ，ローレン　Ⅲ72
アイヒヴァルト，エトヴァルト　Ⅰ99
アヴァロニア　Ⅰ69, 70, 72, 88, 89, 105, 106
アウストラロピテクス類　Ⅲ88
アウストラロピテクス属　Ⅲ13
アウストラロピテクス・アナメンシス　Ⅲ59, 94, 103
アウストラロピテクス・アファレンシス　Ⅲ59, 94
アウストラロピテクス・アフリカヌス　Ⅲ58, 94
アウストラロピテクス・ロブストゥス　Ⅲ59
アガシー，ルイ　Ⅰ39, Ⅲ68, 71
赤潮　Ⅰ76
アカディア-カレドニア山脈（山系）　Ⅱ15, 18, 30
アカディア造山運動　Ⅱ42
アカントステガ　Ⅱ23, 36
アクチノセラス類　Ⅰ98
握斧　Ⅲ89
アクリターク　Ⅰ54, 59, 60
アジア古海洋　Ⅰ69, 73
足跡化石　Ⅱ75
アジアプレート　Ⅲ15
アシュール文化　Ⅲ88, 89, 103
アスコセラス類　Ⅰ98
アストラスピス類　Ⅰ114
アセノスフェア　Ⅰ19
アダピス類　Ⅲ64
アデニン　Ⅰ37
アデロバシレウス　Ⅲ36
アトラス山脈　Ⅱ43, Ⅲ24
アネウロフィトン　Ⅱ24
アノマロカリス類　Ⅰ71, 80, 83
アパラチア山脈　Ⅰ88, Ⅱ16, 42
アフトロブラッティナ　Ⅱ50
アフリカ大地溝系　Ⅲ102
アフリカプレート　Ⅲ16
網状生痕　Ⅰ77
網状流路　Ⅱ79
アミノ酸　Ⅰ35
アミノドントプシス　Ⅲ27
アユシェアイア　Ⅰ83
アラモサウルス　Ⅱ111
アラル海　Ⅲ49
アランダスピス類　Ⅰ114
アリスタルコス　Ⅰ12
アリストテレス　Ⅰ41
RNA　Ⅰ34, 37
アルカエオプテリス　Ⅱ24
アルキバクテリア　Ⅰ34, 36, 42, 64
アルクトキオン類　Ⅲ36
アルコンタ類　Ⅲ36
アルシノイテリウム　Ⅲ29
アルティアトラシウス　Ⅲ64
アルティカメルス　Ⅲ63
アルディピテクス　Ⅲ59
アルディピテクス・ラミダス　Ⅲ94
アルファドン　Ⅲ36
アルプス山脈　Ⅲ24

アルプス造山運動　Ⅲ25
アルベルティ，フリードリッヒ・アウグスト・フォン　Ⅱ52, 70
アルミニヘリンギア　Ⅲ38
アレガニー造山運動　Ⅱ42, 43, 54
アロデスムス　Ⅲ50
アンガラランド　Ⅱ40
アンキロサウルス類　Ⅱ111
安山岩　Ⅲ105
安定盾状地　Ⅰ59
アンデス山脈　Ⅲ16, 42, 84
アントラコテリウム類　Ⅲ63
アントラー造山運動　Ⅱ16, 21, 30
アンドリュウサルクス　Ⅲ34, 38
アンブロケトゥス　Ⅲ30
アンモナイト類　Ⅰ105, Ⅱ22, 70, 71, 82, 83, 88, 97, 98

[い]

イアペトス海　Ⅰ69, 73, 86, 88, 91, Ⅱ15, 16, 40
イアペトス構造　Ⅰ106
イアペトス縫合境界線　Ⅱ19
イウレメデン海盆　Ⅱ105
イカロサウルス　Ⅱ77
維管束植物　Ⅰ116, Ⅱ13
イグアノドン　Ⅱ111, 113
イクチオステガ　Ⅱ23, 36
異甲類　Ⅰ114
イシサンゴ類　Ⅱ112, Ⅲ18
イスアン期　Ⅰ44
異節類　Ⅲ55
一次生産者　Ⅰ77
異地性テレーン　Ⅱ19, 84
イチョウ類　Ⅱ58, 68, 83, 112
遺伝子　Ⅰ37
遺伝子プール　Ⅰ36, 64, 75
遺伝の法則　Ⅰ37
イトトンボ　Ⅱ114
イヌ上科　Ⅲ38
イベリアマイクロプレート　Ⅲ44
イマゴタリア　Ⅲ51
陰生代　Ⅰ68
隕石　Ⅰ17, 19
インドクラトン　Ⅲ46
インドケトゥス　Ⅲ30
インドプレート　Ⅲ15
インド洋　Ⅱ107
インドリコテリウム　Ⅲ29

[う]

ヴィヴェラヴス類　Ⅲ38
ウィスコンシン氷期　Ⅲ81
ウィリストンの法則　Ⅰ40
ウィルソン，エドワード・オズボーン　Ⅲ120
ウィワクシア類　Ⅰ83
ウインタテリウム　Ⅲ27
ウインタ盆地　Ⅲ25
ウェゲナー，アルフレッド　Ⅱ57
ヴェルヌーイ，エドゥアール・ド　Ⅱ53
ヴェンド生物　Ⅰ62, 64
ウェンロック礁群集　Ⅰ112
ウォルコット，チャールズ　Ⅰ80

ウォルビス海嶺　Ⅱ107
渦鞭毛藻類　Ⅰ54, 60
ウマ類　Ⅲ55
ウミエラ　Ⅰ112
ウミツボミ類　Ⅱ61
ウミユリ（類）　Ⅱ32, 61, 88, 95
ウーライト　Ⅱ82
ウラル海　Ⅰ108, Ⅱ54
ヴルパヴス（類）　Ⅲ34, 38

[え]

栄養分割　Ⅲ28
栄養網　Ⅰ76, 77, 78
エウシカリヌス類　Ⅱ50
エウパルケリア　Ⅱ81
エウリジゴマ　Ⅲ53
エウリノデルフィス　Ⅲ50
エウロタマンドゥア　Ⅲ33
エオシミアス・シネンシス　Ⅲ65
エオマニス　Ⅲ33
エダフォサウルス　Ⅱ64
エディアカラ　Ⅰ60, 64
エディアカラ動物相　Ⅰ61, 62
エナリアルクトス　Ⅲ50, 51
エピガウルス　Ⅲ60
エミュー・ベイ頁岩　Ⅰ80
エルデケエオン・ロルフェイ　Ⅲ35
塩基対　Ⅰ36
エンテロドン類　Ⅲ63
エントセラス類　Ⅰ98
エンボロテリウム　Ⅲ34

[お]

オアチタ湾　Ⅰ90
オイラー極　Ⅰ22
オーウェン，デイヴィッド・デール　Ⅱ29
オーウェン，リチャード　Ⅲ21
横臥褶曲　Ⅰ26
オウムガイ類　Ⅰ92, 98, Ⅱ60, 98
大型海生爬虫類　Ⅱ68
オオツノシカ　Ⅲ83, Ⅲ86
オキシエナ　Ⅲ27
雄型　Ⅰ30
オステオボルス　Ⅲ60
オーストラリア界　Ⅲ108
オゾン層　Ⅰ20
オットイア　Ⅰ83
オッペル，アルバート　Ⅰ105
オドントグリフス　Ⅰ83
オビ海盆　Ⅱ94
オビク海　Ⅲ44
オフィオライト　Ⅰ74, 91, Ⅲ23, 46
オモミス類　Ⅲ64
オリクテロケトゥス　Ⅲ50
オルソセラス類　Ⅰ98
オルドビス紀　Ⅰ77, 86
　　　――の礁　Ⅰ94
オルドワイ石器　Ⅲ103
オルドワンツール　Ⅲ88
オルニトデスムス　Ⅱ114
オレオドン類　Ⅲ63
オンコセラス類　Ⅰ98
温室効果　Ⅰ86, 93, Ⅲ100, 118
温暖化　Ⅱ61

[か]

界　Ⅰ42
外核　Ⅰ16, 18, 19, 23
貝形虫類　Ⅰ85, 117
海溝　Ⅱ30, 69, 72
海山　Ⅰ51, Ⅲ22
外翅類　Ⅱ51
海水準　Ⅰ92
　　　――の変化　Ⅰ76
海生ワニ類　Ⅱ88
海底火山山脈　Ⅰ51
海底磁気異常　Ⅰ23
海綿動物（海綿類）　Ⅰ64, 65, 78, 93, 112, Ⅱ21, 58, 92
海洋地殻　Ⅰ50, Ⅱ106, 108
海洋底拡大　Ⅱ83
海洋プレート　Ⅱ108
外来性テレーン　Ⅱ108, 109
海嶺　Ⅱ69, 94, 107
外惑星　Ⅰ16
カウディプテリクス　Ⅱ121
化学循環　Ⅰ32
カギムシ類　Ⅱ50
カキ類　Ⅱ89
核脚類　Ⅲ63
カザフスタニア　Ⅱ16
カザフスタン　Ⅰ88
火山　Ⅱ88, 108
火獣類　Ⅲ55
過剰殺戮仮説　Ⅲ91
カスカス海　Ⅱ30
カスケード山脈　Ⅲ42
火成活動　Ⅰ59
火成岩　Ⅰ24
化石　Ⅰ23, 30
顆節類　Ⅲ27
河川堆積物　Ⅱ46
花虫類　Ⅰ65
滑距類　Ⅲ55
褐炭　Ⅰ45, 103
甲青魚　Ⅱ22
カナダ盾状地　Ⅰ57
ガニスター　Ⅱ46
カブトガニ類　Ⅱ93
カモノハシ竜（類）　Ⅱ69, 111
カラミテス　Ⅱ47
カラモフィトン　Ⅱ24
カリーチ　Ⅱ90
カリブ海　Ⅲ106
カリブプレート　Ⅲ105, 106
ガリレオ・ガリレイ　Ⅰ12
カール　Ⅲ78
カルクリート　Ⅱ20
カルスト　Ⅱ32, 33
カルー地方　Ⅱ79
カルパチア山脈　Ⅲ24
カルー盆地　Ⅱ71
ガレアスピス類　Ⅰ114
カレドニア造山運動　Ⅰ104, Ⅱ19, 42
岩塩ドーム　Ⅱ87
環形動物　Ⅰ65, 117
環礁　Ⅱ32
完新世　Ⅲ96
岩石圏　Ⅰ19, 22, 24, Ⅲ24

索引

環太平洋火山帯　II 69
貫入岩　I 25
カンブリア紀　I 68, 69, 70, 77
　——の爆発的進化　I 35, 70, 76
緩歩多足類　I 79
緩歩類　I 85
岩流圏　I 19, 22

[き]

ギガノトサウルス　II 111
気圏の構造　I 21
気孔　II 76
気候変動　III 96
疑似的反芻動物　III 63
輝獣類　III 55
寄生者　I 77
北アメリカクラトン　II 21
北大西洋　II 94
キモレステス　III 28, 38
逆磁極　I 29
逆断層　I 26
キュヴィエ，ジョルジュ　I 41, III 12, 21
旧世界ザル　III 13
旧赤色砂岩　II 14, 19, 20, 27
旧赤色砂岩大陸　II 16, 18, 20, 24, 30, 40
旧北界　III 108
鋏角類　I 84, 85
狭鼻猿類　III 57, 65
恐竜類　II 68, 69, 70, 79, 82, 90, 93, 100, 102, 112
棘魚類　I 120, II 23
棘皮動物　I 65, 78
裾礁　II 32
魚竜類　II 77, 89, 89
魚類　I 13, 37, 71, 89, 117
　——の時代　I 18, 27
キロテリウム　II 74
キンバーライト　I 49
キンバーライトパイプ　I 18
菌類　I 43

[く]

グアニン　I 37
空椎類　II 37
苦灰岩　I 71, II 59
苦灰統　II 52, 53
クジラ類　III 14, 18
クモ類　II 23, 49
クラウディナ　I 64, 65
クラゲ類　II 93
クラトン　I 25, 45, 46, 47, 49, 53, II 16, 18, 73
クラトン性楯状地　II 12
グランドキャニオン　I 26
グリパニア　I 54, 64
グリプトドン類　III 55
グリーンストーン　I 47
グリーンストーン帯　I 48
グリーンリバー累層　III 25
グレゴリー，ジョン・ウォルター　III 102
グレーザー　I 77

クレード　I 41
グレートバリアリーフ　III 118
グレートリフトヴァレー　II 87, III 103
クレフト，ジェラード　III 53
グレーンストーン　I 113
グロッソプテリス　II 57, 58
クロル，ジェームス　III 76
クンカー　II 20

[け]

形質転換　I 39
傾斜不整合　I 26
ケイゼリング，アレクサンドル　II 53
珪藻類　I 54
ケサイ　III 83
欠脚類　II 35
欠甲類　I 114, 115, 118
KT事件　II 116
KT絶滅　II 117
ケーテテス類　I 111
ケナガマンモス　III 83
ケープベルプルーム　II 86
ケプラー，ヨハネス　I 12
ケルゲレン海台　II 106
原猿類　III 64
原核細胞　I 61
原核生物　I 36, 57
顕花植物　II 102, 112, 119
懸谷　III 78
原始海洋　I 21
原始スープ　I 35
原始太陽　I 14
原始大陸　I 44, 46
剣歯ネコ　III 85
犬歯類　II 64, 76, III 28
減数分裂　I 36
原生生物　I 42, 64
原生代　I 21, 29, 44, 56, 68
顕生代　I 68
ケントリオドン　III 50
原有蹄類　III 63

[こ]

コイパー泥灰岩　II 70
甲殻類　I 85, 117
広弓類　II 81
光合成バクテリア　I 64
硬骨魚類　I 120, II 27
向斜　I 26
更新世　III 70
後生動物　I 65
構造海面変動　I 75
紅藻類　I 54
後退堆石　III 79
甲虫　II 50
広鼻猿類　III 57, 65
広翼類　I 118, II 22, 34, 35
コエロサウラヴス　II 77
コエロドンタ・アンティクイタティス　III 83
五界体系　I 42
コケムシ類　I 92, 93, 95, 117, II 58, 61

ココスプレート　III 104, 106
古細菌　I 42
弧状列島　II 72
古生代　I 68
五大湖　III 81
古第三紀　III 14
古大西洋　II 40
古太平洋　II 30, 40, 69, 72, 94
古地磁気　I 72
骨格　I 71
骨甲類　I 114, 118
コッコリス　I 54
古テーチス海　I 106
古ドリュアス期　III 74
ゴニアタイト類　II 60
コニビア，ウィリアム　II 28, 82, 102
コノドント　I 91, 114
古杯動物　I 65, 74, 78, 79
コープ，エドワード・ドリンカー　II 91
コープの法則　I 40
コペルニクス，ニコラス　I 12
固有種　I 108
コリフォドン　III 27
古竜脚類　II 77, 79
コルダイテス　II 47, 62
コルダボク類　II 58
コロニー　I 109, 111, II 29
昆虫類　I 85, II 13, 28, 38, 49, 50
ゴンドワナ　I 59, 69, 72, 88–90, 106, 107, II 16, 18, 29, 38–40, 42–44, 56–58, 72, 73, 79, 83, 84, 94, 107
ゴンドワナ植物相　II 74

[さ]

サイクロスフェア　III 12, 18, 41
サイクロセム　II 46
最古の大気　I 44
最初の石灰岩　I 45
最初の陸上群集　I 104
最大氷期　III 74
ザイラッハー，アドルフ　I 62
サウロクトヌス　II 62
砂丘　II 74, 75
砂丘層理　II 74
サソリ　II 23, 34, 35, 49, 50
サッココマ　II 92, 93
擦痕　III 78
砂漠　II 72, 74, 75, 79
砂漠性　II 62, 75
サムフラウ山脈　II 30
サムフラウ造山運動帯　II 31
サメ類　II 23, 88, III 15
砂紋　II 75
サルカストドン　III 34, 38
サーレマー海盆　I 118
サロペラ　I 116
サンアンドレアス（トランスフォーム）断層　I 22, III 83, 84
三角州　II 20, 46, 47
山河氷河　III 72
山間流域盆地　II 20
漸減派　II 117
サンゴ　I 64, 95, 113, II 21, 32, 61, 83, 92

三重会合点　II 85, 86, III 102
三畳紀　II 68, 70
酸性雨　III 118
山西大地溝系　III 47
酸素　I 20
酸素含有量　II 29
サンダンス海　II 91
三葉虫類　I 80, 83, 85, 92, 95, 96, 97, II 60
　——の進化　I 102
山稜石　II 74

[し]

シアノバクテリア　I 34, 48, 53, 54, 57, 61, 64, 68, 74
シアノバクテリア礁　I 93
シアル　I 19
塩　II 59, 87
シカデオイデア類　II 114
シギラリア　II 47
シーケンス　I 26
シーケンス層序学　I 28
ジゴマタウルス　III 53
四肢動物　II 37
地震波　I 18
沈み込み帯　II 94, III 22
始生代　I 29, 44, 68
　——の風景　I 53
始祖鳥（アルカエオプテリクス）　II 83, 92, 93, 120, 121
示帯化石　II 83
シダ種子類　II 58
シダ類　II 47, 62, 79, 83, 97, 114
シトシン　I 37
シドネイア　I 80, 83
磁場逆転　I 23
シベリア　I 69, 72, 86, 88, 89, II 16
シベリア植物相　II 74
四放サンゴ類　I 112
刺胞動物　I 61, 65, 78
シマ　I 19
縞状鉄鉱石　I 20, 45, 48, 59
縞模様　I 23
シミ　II 51
シャジクモ類　I 54
斜層理　II 20
ジャワ海溝　II 16
周寒帯　III 109
獣脚類　II 97
重脚類　III 29
獣弓類　II 64
周極海流　III 18, 45
褶曲山地　II 12
褶曲衝上帯　III 25
種形成　I 39
従属栄養生物　I 42
収束境界　I 23
終堆石　III 79
皺皮サンゴ類　I 112
収斂進化　I 39, II 111
ジューグロドン歯　III 31
ジューグロドン類　III 30
種子植物　II 29, 83
出アフリカ仮説　III 89
種の起源　I 38, 68
種分化　I 75

索引

ジュラ紀　II 82
主竜類　II 80
礁　I 113, II 21, 59
条鰭類　II 23, 27
礁湖　I 113, II 32, 58, 59
衝上断層　I 26
衝突帯　III 25
鍾乳石　II 33
蒸発岩層　II 87
床板サンゴ類　I 112, 117, II 21
消費者（有機物の）　I 77
初期の大気　I 44
燭炭　II 45
植物　I 43, II 71
植物相　II 29
植物プランクトン　II 83
食物網　I 85, II 88, 89
食物連鎖　II 88
シリウス・パセット　I 80, 84
シルル紀　I 104, II 13
　――の風景　I 117
シレジアン　II 39
シロアリ類　II 114
真猿類　III 65
進化　I 35, 54, 85, 102, III 36, 38, 90
深海平原　I 50, 51, II 94
真核細胞　I 64
真核生物　I 36, 42, 57, 61, 64
人工衛星　I 23
新口動物　I 120
真骨類　II 88
浸食作用　I 25
真正細菌　I 42
新世界ザル　III 13
新赤色砂岩　II 14, 52, 53, 54
新第三紀　III 40
シンテトケラス　III 60
新ドリュアス期　III 74
新熱帯界　III 108
新北界　III 108, 109
針葉樹類　II 68, 69, 70, 83, 97, 112, 114
森林　II 14
　――の伐採　III 97

[す]

彗星　I 19
スクトサウルス　II 62
スクルートン, コリン　II 23
スコット, ロバート（キャプテン・スコット）　II 23
スコレコドント　I 117
スティグマリア　II 47
スティリノドン　III 27
ステゴサウルス　II 97
ステノ, ニコラウス　I 29, III 15
ストルチオサウルス　II 112
ストロマトライト　I 51, 53, 58, 60, 64, 79, 117
スミス, ウィリアム　I 29, II 82, 102
スミロデクテス　III 64
スワジアン期　I 44

[せ]

斉一観　I 25
星雲　I 14
生痕化石　I 30, 77
正磁極　I 29
生態的地位　I 40, III 14
正断層　I 26
生物群系　III 100
生物多様性　I 75
生物地理界　III 108
生物地理区　II 94
生命の起源　I 34
セヴィア造山運動　II 104
脊索動物　I 65, 120
石質普通海綿　I 94
石筍　II 33
赤色岩層　I 56, II 58, 79
赤色砂岩　II 13, 72
石炭　I 39, 44-46
石炭紀　II 13
石炭紀後期　II 38
石炭紀前期　II 28, 34
脊椎動物　I 65, 120
赤底統　II 52, 53
石油　I 21, 45
石油堆積物　II 103
石油トラップ　II 59
セジウィック, アダム　I 70, 86, II 14
石灰海綿　I 111
石灰岩　I 45, 71, II 29, 32, 33, 59
　――の時代　II 29
石灰シアノバクテリア　I 78, 93, 94
石灰藻類　I 54
石膏　II 59
節足動物　I 65, 83, 85, II 50
　――の進化　I 85
絶滅　I 39, 40, 41, II 100, III 120
　――の原因　II 61
先カンブリア時代　I 44, 68, II 12
扇鰭類　II 23
前弧海盆　III 22, 25
前礁　I 113
扇状堆積層　II 91
扇状地　II 19, 62, 74
染色体　I 37
鮮新世　III 71

[そ]

ソアニティド類　I 93, 94
双弓亜綱（双弓類）　II 80, 81, 100
総鰭類　II 13, 22, 23, 27, 36
走向移動断層　I 27
層孔虫類　I 93, 111, 118, II 21
層孔虫類礁　I 104
造山運動　I 56, 57, II 94
造礁　I 95
造礁サンゴ類　II 68
相対年代測定法　I 29
相同　I 38
草本植物　II 112
総鱗類　I 120
藻類の進化　I 54
続成作用　I 48
側生動物　I 64, 65
側堆石　III 79
ゾステロフィルム類　I 116
ソテツ類　II 58, 68, 69, 83, 112
ソノマ造山活動　II 54
ゾルンホーフェン（石灰岩）　II 93, 95

[た]

ダイアピル　II 87
大イオニア海　II 30
大気　I 44
大グレン断層　II 19
第三紀　III 12
大西洋　II 12, 86, 94, 107
　――の拡大　III 98
　――の循環　III 77
大西洋中央海嶺　I 22, III 16
大西洋プレート　III 106
堆積岩　I 24
大石炭湿原　II 29
大地溝　I 109, II 73, 106
大地溝形成　III 102
大地溝帯　II 72, 84, 86, 87, 88, 94, III 21
太平洋プレート　III 83
ダイヤモンド　I 49
大陸盾状地　I 46
大陸地殻　I 50, II 106, 108
大陸の古位置　I 72
大陸漂移　I 22
大陸氷河　I 56, II 78
大陸プレート　II 108
対流セル　I 22
大量絶滅　I 41, 76, 92, II 102, 116
タウイア　I 64
ダーウィン, チャールズ　I 38, 41, 68, II 57, 58, III 41
タエニオラビス類　III 28
多丘歯類　III 28
タコニック造山運動　II 86, 88, 91, II 42
タコ類　II 93
多細胞生物　I 61, 64
タスマニアデビル　III 38
タスマン帯　II 16
多足類　II 50, 51
多地域的な進化説　III 90
盾状地　I 45, 47, 49, II 30
ダート, レイモンド　III 58
タニストロフェウス　II 77
谷氷河　III 78
ダニ類　II 23
多板類　I 97
タラソレオン　III 51
ダロワ, ドマリウス　II 28, 102
単弓類　II 81
単系統（一元的）群　I 41
単細胞　I 57
単細胞生物　I 61
炭酸塩の礁　I 78
炭酸塩補償深度　I 93
単肢動物　I 85, II 51
炭素14（^{14}C）年代測定　III 96
炭素取り込み効果　III 15
炭田　II 44
単板類　I 97
炭竜類　II 35

[ち]

地衣植物　I 115
チェンジャン　I 80, 84
チェンジャン動物相　I 114
地殻　I 16, 18, 19
地殻均衡　III 72
チクチュルブ構造　II 117
地溝　II 84, 87, III 21
地溝帯　II 86
地上性ナマケモノ　III 55
地層累重の法則　I 29
チーター　III 113
地中海　III 16
地中海湖　III 49
チミン　I 37
チャート　I 20, 48
中央海嶺　I 22, 23, 50, 108
中国　I 88
柱状図　I 29
紐歯類　III 27
中生代　II 68
中堆石　III 79
鳥脚類　II 112
長頸竜類　II 88
超新星爆発　I 14
超大陸ゴンドワナ　II 30
鳥盤類　III 101
鳥類　II 68, 100, 117
　――の系統　II 121
チョーク　II 103
チョーク堆積物　II 104

[つ]

角竜　II 69
角竜類　II 111, 112
ツンドラ　III 71

[て]

ディアコデクシス　III 63
DNA　I 34, 37, 57
泥岩　I 113
ティキノスクス　II 74
ディキノドン類　II 64, 65
ディクロイディウム　II 76
ティコ・ブラーエ　I 12
ティタノテリウム類　III 26
泥炭　II 45
ディナンシアン　II 39
底盤　III 105
ディプロトドン　III 53
ディメトロドン　II 64, III 28
テイラー, フランク　III 80
ティラコレオ　III 53
ティラノサウルス　II 111
デオキシリボ核酸　I 34, 37
デカン・トラップ　I 23
適応放散　I 39
デスモスチルス類　III 52
テーチス海　II 40, 55, 70, 72, 77, 84, 88, 89, 94, III 16, 42
テーチス区　II 94
鉄　II 45
Tetracanthella arctica　III 110

索引

デボン紀　II 13, 14
デラウェア海盆　II 54, 58
テラトルニス　III 93
テルマトサウルス　II 112
テレーン　I 74, 75
テロダス類　I 114, 115, 118
テンダグル　II 97
天皇・ハワイ海山列　III 22

[と]

ドゥギウーリトス・シルグエイ　II 81
頭足類　I 97, II 59, 61, 98
動物界　I 43
動物相更新の法則　II 82
動物地理区　II 110
トカゲ類　II 93
トクサ類　II 47, 49, 58, 62, 79, 114
独立栄養生物　I 42
ドッガー　II 83
突然変異　I 36, 64
トビムシ　II 50, III 110
トモティア類　I 70
トラップ　II 60
トラップ玄武岩　III 103
トランスサハラ海路　II 105
トランステンション盆地　III 44
ドリコリヌス　III 27
トリチロドン　III 28
トロオドン　II 121
トロゴスス　III 28
ドロップストーン　I 90, II 56, III 79
ドローの法則　I 40
トーンキスト海　I 69
トンボ類　II 93

[な]

ナイアガラ瀑布　III 82
内核　I 16, 18, 19
内翅類　II 51
内部共生　I 57
内陸海　I 75
内陸海路　II 104
内陸湖　II 72
内惑星　I 16
流れの痕跡　II 20
ナスカ海洋プレート　III 104
南極プレート　III 104
軟甲類　I 85
軟骨魚類　I 120
軟体動物　I 65
南蹄類　III 55
ナンヨウスギ類　II 77

[に]

肉鰭類　II 23
肉食動物　I 77
肉食哺乳類　III 38
肉歯類　III 26, 27
二酸化炭素　I 19, 20, II 22
二酸化炭素濃度　I 91
二酸化炭素レベル　II 76
二重らせん構造　I 37

二枚貝類　II 32, 61, 70
ニュートン, アイザック　I 12

[ね]

ネアンデルタール人　III 91, 95
ネヴァダ造山運動　II 84
ネオヴェナトル　II 114
ネオヘロス　III 53
ネコ上科　III 38
熱水生態系　I 109
熱水噴出孔　I 50, 51, 108
熱流量　III 23
ネマトフィテス類　I 116
年輪年代学　III 97

[の]

ノトサウルス類　II 77
ノルウェーヨモギ　III 111
ノンコンフォーミティー　I 26

[は]

バイオーム　III 100, 109
バイカル大地溝系　III 47
配偶体　II 118
背弧縁辺海盆　III 23
背弧海盆　III 23
背弧拡大　III 23
胚細胞分裂　I 64
背斜　I 26
ハイデルベルク人　III 91, 95
ハイランド境界断層　II 19
バウンドストーン　I 113
破壊境界　I 22
パキエナ　III 27, 38
パキケトゥス　III 31
破局説　II 116
白亜紀　II 102
バクテリア　I 48, 57, 64, 115
バク類　III 63
バージェス頁岩　I 80, 81
バージェス頁岩動物相　I 81
バシロサウルス　III 31
バソリス　III 105
鉢虫類　I 65
爬虫類　II 13, 28, 35, 37, 38, 49, 70, 71, 77, 81, 83
バックアイス　III 76
ハッチャー, ジョン・ベル　III 26
ハットン, ジェイムズ　I 12, II 18
八放サンゴ類　I 112
ハデアン期　I 44
パトリオフェリス　III 27
パナマ地峡　III 86
パナマ陸橋　III 42
バーバートングリーンストーン帯　I 34
ハパロプス　III 55
パーベック　II 83
パラキノヒエノドン　III 34, 38
パラテーチス海　III 42
バラネル・ペトン　II 35
バランド, ジョアキム　I 70, 86
パラントロプス　III 59
パラントロプス・エチオピクス　III 94

パラントロプス・ボイセイ　III 59, 94
パラントロプス・ロブストス　III 94
バリオニクス　II 114
ハルキエリア・エバンゲリスタ　I 79
ハルキゲニア　I 79, 80, 83
バルティカ　I 69, 72, 74, 86, 88, 89, 105, 106, II 12, 15, 16, 18, 42, 44
ハルパゴレステス　III 34
パレイアサウルス類　II 62
パレオストロプス　II 47
パレオパラドキシア　III 52
パロルケステス　III 53
パンゲア　II 12, 38–40, 52, 54, 58, 68, 69, 72–74, 83, 84, 86, 94
半減期　I 29
半索動物　I 65
パンサラッサ（海）　I 69, 88, 107, II 30, 40, 42, 69, 72, 94
板歯類　II 77
汎歯類　III 27
汎存種　III 108
パンダー, クリスティアン・ハインリッヒ　I 99
ハンドアックス　III 89
板皮類　I 120, II 23, 27
反復進化　I 39
ハンモッキー地形　III 81
盤竜類　II 64

[ひ]

ヒオプソドゥス類　III 27
ヒオリテス類　I 78, 83
ピカイア　I 83
ヒカゲノカズラ類　II 34, 47, 58, 62, 76
東太平洋海膨　III 22, 85
ヒゲクジラ類　III 18
被子植物　II 119
非整合　I 26
ピタゴラス　I 12
ビッグバン　I 14, 15, 35
ヒッパリオン　III 56
ヒト上科　III 57
ヒトデ類　II 88
ヒネルペトン　II 23
ヒプシロフォドン　II 114
ヒマラヤ山脈　II 104, III 24, 45, 46
ヒマラヤユキヒョウ　III 113
ビュフォン, コント・ド　I 38
ヒューロニアン階　I 56
氷河　II 40, 56, 57
氷河サイクル　III 77
氷河擦痕　II 56
氷河作用　I 58, 59, 91, III 71, 72, 78, 80
氷河時代　I 56, 57, 60, 92, II 13
氷河性海面変動　I 75
氷河性堆積物　I 60
氷冠　II 40
氷結圏　III 70
氷縞　II 56
氷室状態　I 93

氷床　III 70, 72, 80
氷成堆積物　II 56, III 79
氷堆石　III 79, 96
氷礫岩　I 60, 90, II 56, 57, III 79
ヒラキウス　III 27
ヒラコテリウム　III 27
ヒラコドン　III 56
ヒルナンティアン　I 92
ピレネー山脈　III 24, 44
ヒロノムス　II 49

[ふ]

ファマティナ造山運動　I 90
ファラロンプレート　III 106
フアン・デ・フカ　III 85, 106
フアン・デ・フカプレート　III 104
フィリップス, ウィリアム　II 28, 82, 102
風化作用　I 24, 25
フェナコドゥス（類）　III 27
フォルスラコス　III 38
腹足類　I 92, II 32, 60
フクロオオカミ　III 38
ブシッタコテリウム　III 27
不整合　I 26, II 18
プッシュ・モレーン　III 79
浮泥食者　I 77
筆石類　I 109, 111, II 16
普遍種　III 108
プラケリアスの化石　II 65
プラシノ藻類　I 54
ブラックスモーカー　I 34, 50, 51, 108
プラヤ　II 72, 75
ブランデ, ヨアキム　I 70
フリッシュ　III 25
プルトン　III 25
プレコルディレラ山系　I 88, 90
プレート　I 22, II 30
プレート境界　I 23
プレートテクトニクス　I 59, 75
ブロークンリッジ海台　II 106
プロトケトゥス　III 31
プロトケラトプス　II 111, 113
プロトレピドデンドロン　II 24
ブロニアール, アレクサンドル・ド　II 82
プロバレオテリウム　III 33
分解者　I 77
分岐進化　I 39
分岐図　II 121
分岐論　I 41
フンコロガシ　III 111
分子配列決定　I 41
ブンター砂岩　II 70
フンボルト, アレクサンダー・フォン　II 82

[へ]

平滑両生類　II 37
平行不整合　I 26
ペイトイア　I 80
ベクレル, アントワーヌ・アンリ　I 29
ヘス, ハリー　II 83, III 21

索　引

ヘスペロルニス　II 120
ヘッカー，ローマン　I 99
ヘッケルの法則　I 39
ペトリファイドフォレスト　II 76
ベニオフ，ユーゴ　III 23
ベニオフ帯　III 23
ヘビ類　II 102
ベルニサールの炭鉱　II 113
ペルム紀　II 13, 52
ペレット・コンベアー　I 76, 77
ベレムナイト類　II 88, 89, 97
ペロケトゥス　III 50
変色ウサギ　III 111
ペンシルヴェニアン　II 29, 39
変成岩　I 24
変成帯　III 25
変動帯　I 22
ペンニン海　III 25

[ほ]

方解石質塩　II 87
縫合線　II 99
放散虫類　I 54, II 59
胞子　I 116
胞子体　I 118
放射性同位元素　I 29
放射年代測定　I 29
堡礁　II 32, 92
ポタモテリウス　III 50
ボッグヘッド炭　II 45
ホットスポット　I 23, 46, II 106, 107, III 20
ホットスポット火山　III 23
哺乳類　II 68, 69, 77, 102, 117
　　　──の時代　III 13
　　　──の進化　III 36
哺乳類型爬虫類　II 61, 64, 71
ボヘミア地塊　I 106
ホモ・アーガスター　III 88, 95
ホモ・エレクトス　III 88, 95
ホモ・サピエンス　III 88, 94
ホモ・ハビリス　III 88, 95
ホモ・ルドルフェンシス　III 95
ホルツマーデン　II 89
ボルヒエナ類　III 55
ボレアル区　II 94

[ま]

マイクロプレート　I 47, III 24
迷子石　II 57, III 78
マイネス，フェリックス・アンドリース・フェニング　III 23
マグマ　I 18, 22, 24
枕状溶岩　II 16, III 21
マーシュ，オスニエル・チャールズ　II 91, III 26
マストドン　III 55
マーチソン，ロデリック・インピ　I 70, 86, 104, II 14, 53
末端堆石　III 79, 96
マッドクラック　II 20
マニコーガン事件　II 71

マムータス・プリミゲニウス　III 83
マルグリス，リン　I 42
マルム　II 83
マルレラ形類　I 84
蔓脚類　I 85
マンコウ，J.　II 53
マントル　I 16, 18, 19, 22
マントルプルーム　I 47

[み]

ミアキス類　III 38
ミシシッピアン　II 29, 39
ミッドランド海盆　II 54, 58
ミトコンドリア　I 36, 57
ミトコンドリア・イブ　III 89
ミトコンドリア DNA　III 89
南アップランド断層　II 19
南アメリカプレート　III 105
南大西洋　II 95
ミラー，スタンレー　I 34
ミランコビッチ，ミルティン　III 76
ミランコビッチサイクル　III 77

[む]

無煙炭　II 45
無顎類　I 113, 115, II 27
ムカシトカゲ類　II 93
無弓亜綱（無弓類）　II 80, 81
無酸素条件　II 61
無酸素状態　I 81, 105
無整合　I 26
無性生殖　I 36, 64
無脊椎動物　I 64
ムッシェルカルク石灰岩　II 70
無板類　I 97

[め]

迷歯類　II 37
メガゾストロドン　II 77
メガテリウム　III 54
メガネウラ　II 49
メガロケロス・ギガンテウス　III 83
メキシコ湾流　III 87
雌型　I 30
メソサウルス　II 57
メソニクス(類)　III 27, 30
メッシナ危機　III 48
メッセル湖　III 32
メニスコテリウム　III 27
メリキップス　III 57
メリコドゥス　III 60
メンデル，グレゴール　I 37

[も]

モイン衝上断層　II 19
木質素　II 29
木生シダ類　II 112

モクレン類　II 119
モネラ界　I 36, 42
モラッセ(堆積物)　II 30, III 25
モリソン　II 91
モリソン層　II 90
モーリタニデス褶曲帯　II 54
モルガヌコドン　III 28
モレーン　III 96

[や]

ヤスデ　II 50

[ゆ]

有殻微小化石　I 75, 79
湧昇水　I 111
有性生殖　I 36, 58, 61, 64
有爪動物　I 85, II 50
有胎盤哺乳類　II 117
有蹄類　III 63
U字(型の)谷　II 57, III 78
ユーバクテリア　I 36, 42
ユーラメリカ植物相　II 74
ユーリー，ハロルド　I 34
ユリノキ　III 111

[よ]

溶解空隙　II 33
羊群岩　III 78
葉状植物　I 61
葉緑体　I 57
翼竜(類)　II 89, 93, 97, 100, 114
横ずれ境界　I 22
横ずれ断層　I 27
ヨハンソン，ドナルド　III 59
よろい竜　II 69

[ら]

ライアス　II 82
ライエル，チャールズ　II 28, 52, III 14, 70
ラウイスクス類　II 79
ラガニア　I 80
ラーゲルシュテッテン　I 80, 81, 93, 103
裸子植物　II 68, 83
ラスコーの洞窟　III 91
ラディオキアス　I 94
ラプワース，チャールズ　I 86, 105
ラマピテクス科　III 13
ラマルク，ジャン・バプティスト　I 38
藍藻類　I 34, 48, 53, 57
ランチョ・ラ・ブレア　III 85
ランディアン期　I 45

[り]

リアレナサウラ　II 111
リオグランデ海台　II 107
リーキー，メアリー　III 58

リーキー，リチャード　III 88
陸上植物最古の化石証拠　I 116
陸棚海　II 31, 88, 95
リグニン　II 29
リストロサウルス　II 57
リソスフェア　I 19, III 24
陸橋　III 72, 87
リニア(類)　I 116, II 23
リボ核酸　I 34, 37
竜脚類　II 97, 112
竜盤類　II 101
両生類　II 13, 27, 28, 35, 37, 49, 71, 117
緑色植物　I 20
緑藻類　I 20, 54, II 58
リング・オブ・ファイア　III 18
鱗甲類　I 79
リンコサウルス類　II 76
リンネ，カール・フォン　I 41

[る]

類人猿　III 13, 57, 65
ルクレール，ジョルジュ・ルイ　I 38
ルーシー　III 59, 94

[れ]

レイクス，アーサー　II 90
霊長類　III 64
レーイック海　I 69
瀝青炭　II 45
レセプタクリテス類　I 94
裂歯類　III 28
レピデンドロン　II 47
レプティクティジウム　III 33
連続歩行跡　II 75

[ろ]

ろ過摂食者　I 77
六放サンゴ類　I 112, II 93
ローソン　III 80
ロッキー山脈　III 16, 42
六脚類　II 51
ロディニア　I 57-59, 69
ロドケトゥス　III 30
ローラシア　II 29, 54, 72
ローレンシア　I 69, 72, 86, 88, 90, 105, 106, II 12, 15, 16, 18, 32, 38, 42, 83
ロンズデール，ウィリアム　II 14

[わ]

ワニ類　II 100, 117
ワラス，アルフレッド・ラッセル　I 38, II 57, 58, III 53, 108
ワラス線　III 53
腕足類　I 78, 92, 117, II 32, 61